高等教育"十二五"规划教材

公共基础系列

高等数学

吕端良　许曰才　边平勇　主　编

陈贵磊　朱笑荣　吕芳芳　副主编

北京交通大学出版社

·北京·

内 容 简 介

本书在保持高等数学自身系统性与完整性的基础上，注重介绍方法、应用。主要内容包括：函数、极限与连续，导数与微分，导数的应用，不定积分，定积分及其应用，常微分方程，无穷级数，向量代数与空间解析几何，多元函数微分，多元函数的积分。

本书可作为普通高校、成人高校的高等数学教材，亦可作为高职高专院校学生及教师的教学参考资料。

图书在版编目（CIP）数据

高等数学 / 吕端良，许曰才，边平勇主编．—北京：北京交通大学出版社，2014.11（2018.6 重印）

ISBN 978-7-5121-2169-0

Ⅰ.①高… Ⅱ.①吕… ②许… ③边… Ⅲ.①高等数学－高等学校－教材 Ⅳ.①O13

中国版本图书馆 CIP 数据核字（2014）第 282741 号

策划编辑：刘　辉　刘建明

责任编辑：刘　辉

出版发行：北京交通大学出版社　　电话：010-51686414

北京市海淀区高梁桥斜街 44 号　　邮编：100044

印 刷 者：北京泽宇印刷有限公司

经　　销：全国新华书店

开　　本：185mm×260mm　印张：15　字数：374 千字

版　　次：2015 年 1 月第 1 版　2018 年 6 月第 4 次印刷

书　　号：ISBN 978-7-5121-2169-0/O·143

印　　数：6 001～8 000 册　定价：36.00 元

本书如有质量问题，请向北京交通大学出版社质监组反映。对您的意见和批评，我们表示欢迎和感谢。

投诉电话：010-51686043，51686008；传真：010-62225406；E-mail：press@bjtu.edu.cn。

前　言

高等数学是一门十分重要的基础课。本书作者都是从事多年成人高等教育教学的人员，对受教育学员有充分的了解，对这个层次学生的知识基础和认知规律有充分的掌握，同时具有丰富的教学实践经验。在编写过程中参照教育部颁发的全国成人高等教育高等数学课程教学基本要求，并结合多年的教学实践经验，参考近几年出版的高等数学有关教材编写而成。

本书基本保持高等数学自身的系统性和完整性。在内容上注重介绍方法、应用，删去了一些烦琐的理论证明，同时，力求编写叙述简练、通俗易懂；在章节安排上，注意了知识体系的衔接，取材少而精；在课程知识难易程度上，既照顾到了内容体系的严谨，又照顾到了学生的接受程度，力求逻辑上严密。

本书适合函授教育的特点，通俗易懂、深入浅出、难点分散、重点突出、并注重启发引导，便于自学。

本书不仅可作为成人高等教育的高等数学教材，亦可作为高职高专及普通专科学校数学教师的教学参考资料。

本书由吕端良、许曰才、边平勇任主编，陈贵磊、朱笑荣、吕芳芳任副主编。

囿于水平，加之时间仓促，书中难免有不妥与错误之处，恳切希望读者批评指正。

编　者

2015 年 1 月

目　　录

1 函数、极限与连续

函数是高等数学研究的主要概念,所以,本章将首先介绍函数概念,并在此基础上重点讨论函数的极限和连续性.

1.1 函数及其性质

1.1.1 集合

1. 集合的概念

人们在研究事物时,有时需要把事物按照某些性质分类,由此产生了数学上的集合的概念.所谓集合就是指具有某种特定性质的事物的总体,组成这个集合的事物称为集合的元素.例如,某大学图书馆内的所有藏书构成一个集合,某班里的所有学生构成一个集合,全体实数构成一个集合,所有正整数构成一个集合,等等.

集合通常用大写字母 $A,B,C,\cdots$ 表示,用小写字母 $a,b,c,\cdots$ 表示集合的元素.如果 a 是集合 A 的元素,就说 a 属于 A,记作 $a\in A$;如果 a 不是集合 A 的元素,就说 a 不属于 A,记作 $a\notin A$.一个集合,若它只含有限个元素,则称为有限集;不是有限集的集合称为无限集.

集合的表示方法通常有以下两种.

一种是列举法,就是把集合的全体元素一一列举出来表示.例如,由元素 1,2,3,4,5 组成的集合 A,可以表示成

$$A=\{1,2,3,4,5\}$$

另一种是描述方法,若集合 M 是由具有某种性质 P 的元素 x 的全体组成的,就可以表示成

$$M=\{x\,|\,x\text{ 具有性质 }P\}$$

例如,集合 B 是方程 $x^2-2x=0$ 的解集,就可表示成

$$B=\{x\,|\,x^2-2x=0\}$$

习惯上,全体非负整数即自然数的集合记作 $\mathbf{N}$,即

$$\mathbf{N}=\{0,1,2,\cdots,n,\cdots\}$$

全体正整数的集合为

$$\mathbf{N}^+=\{1,2,\cdots,n,\cdots\}$$

全体整数的集合,记作 $\mathbf{Z}$,即

$$\mathbf{Z}=\{\cdots,-n,\cdots,-2,-1,0,1,2,\cdots,n,\cdots\}$$

全体有理数的集合记作 $\mathbf{Q}$,全体实数的集合记作 $\mathbf{R}$,$\mathbf{R}^*$ 为排除数 0 的实数集,$\mathbf{R}^+$ 为全体正实数的集合.

设 A、B 是两个集合,如果集合 A 的元素都是集合 B 的元素,则称 A 是集合 B 的子集,记作 $A\subset B$(读作 A 包含于 B)或 $B\supset A$(读作 B 包含 A). 如 $\mathbf{N}\subset\mathbf{Z}$,$\mathbf{Z}\subset\mathbf{Q}$,$\mathbf{Q}\subset\mathbf{R}$ 等.

如果集合 A 与集合 B 互为子集,即 $B\subset A$ 且 $A\subset B$,则称集合 A 与 B 相等,记作 $A=B$. 例如,设 $A=\{1,5\}$,$B=\{x\,|\,x^2-6x+5=0\}$,则 $A=B$.

特别的,不含任何元素的集合称为空集. 记作 $\varnothing$. 规定空集是任何集合的子集,即 $\varnothing\subset A$. 例如:$\{x\,|\,x\in\mathbf{R},x^2+1=0\}$是空集.

下面介绍集合的运算.

并集 设 A、B 是两个集合,由属于 A 或者属于 B 的元素组成的集合称为 A 与 B 的并集,记作 $A\cup B$,即

$$A\cup B=\{x\,|\,x\in A\text{或 }x\in B\}$$

交集 由属于 A 且属于 B 的元素组成的集合,称为 A 与 B 的交集,记作 $A\cap B$,即

$$A\cap B=\{x\,|\,x\in A\text{且 }x\in B\}$$

差集 由所有属于 A 而不属于 B 的元素组成的集合,称为 A 与 B 的差集,记作 $A-B$,即

$$A-B=\{x\,|\,x\in A\text{ 且 }x\notin B\}$$

有时,我们研究某个问题限定在一个集合 I 中进行,所研究的其他集合 A 都是 I 的子集. 此时,称集合 I 为全集.

余集(或补集) 设集合 I 为全集,称 $I-A$ 为 A 的余集(或补集),记作 $\overline{A}$或 $\complement_I A$(例如,在实数集 $\mathbf{R}$ 中,集合 $A=\{x\,|\,x\leqslant-3\text{ 或 }x>1\}$的余集就是

$$\overline{A}=\{x\,|\,-3<x\leqslant 1\}.$$

设 A、B、C 是任意三个集合,则有下列集合的运算法则:

(1) 交换律 $A\cup B=B\cup A$,$A\cap B=B\cap A$;

(2) 结合律 $(A\cup B)\cup C=A\cup(B\cup C)$,

$(A\cap B)\cap C=A\cap(B\cap C)$;

(3) 分配律 $(A\cup B)\cap C=(A\cap C)\cup(B\cap C)$,

$(A\cap B)\cup C=(A\cup C)\cap(B\cup C)$;

(4) 对偶律 $\overline{(A\cup B)}=\overline{A}\cap\overline{B}$,

$\overline{(A\cap B)}=\overline{A}\cup\overline{B}$.

2. 区间和邻域

区间是由实数组成的一类集合,在高等数学中常用. 设 a 和 b 都是实数,且 $a<b$. 则称实数集$\{x\,|\,a<x<b\}$为开区间,记作(a,b),即

$$(a,b)=\{x\,|\,a<x<b\}.$$

类似地,闭区间和半开半闭区间的定义和记号为:

闭区间

$$[a,b]=\{x\,|\,a\leqslant x\leqslant b\};$$

半开半闭区间

$$[a,b)=\{x\,|\,a\leqslant x<b\}\text{和}(a,b]=\{x\,|\,a<x\leqslant b\}.$$

以上这些区间都称为有限区间. a 和 b 称为区间的端点,数 $b-a$ 称为区间的长度.

此外还有所谓无限区间. 引进记号 $+\infty$(读作正无穷大)及 $-\infty$(读作负无穷大),则其定义与记号为

$$[a,+\infty)=\{x|x\geqslant a\},\quad (a,+\infty)=\{x|x>a\},$$
$$(-\infty,b]=\{x|x\leqslant b\},\quad (-\infty,b)=\{x|x<b\}.$$

无限区间在数轴上对应长度为无限且只可向一端无限延伸的直线. 例如 $[a,+\infty)$ 和 $(-\infty,b)$ 这两个无限区间在数轴上. 全体实数 R 也可表示为 $(-\infty,+\infty)$.

以后我们会看到有些定理的成立与区间的开、闭有很大关系,因此我们在学习时要多加注意. 但有些情形不需要区分上述各种情形,我们就简单地称为"区间",且常用 I 表示.

邻域也是高等数学中经常用到的集合,它可以看作一类特殊的开区间.

实数集 $\{x||x-a|<\delta\}=(a-\delta,a+\delta)$ 在数轴上表示以点 a 中心以 δ 为半径的开区间,这一点集称为点 a 的 δ 邻域. 记作 $U(a,\delta)$. 即

$$U(a,\delta)=\{x|a-\delta<x<a+\delta\}.$$

其中称点 a 为这邻域的中心,称 δ 为这领域的半径(见图 1-1).

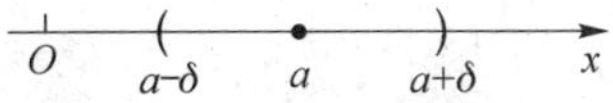

O　a-δ　a　a+δ　x

图 1-1

因为绝对值 $|x-a|$ 表示点 x 与点 a 之间的距离,所以 $U(a,\delta)$ 表示:与点 a 距离小于 δ 的一切点 x 的全体.

有时需要把邻域的中心 a 去掉,点 a 的 δ 邻域去中心 a 后,称为点 a 的去心 δ 邻域(见图 1-2),记作 $\mathring{U}(a,\delta)$,即

$$\mathring{U}(a,\delta)=\{x|0<|x-a|<\delta\}.$$

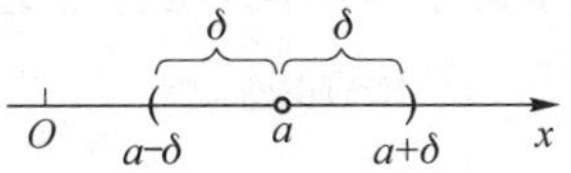

δ　δ
O　a-δ　a　a+δ　x

图 1-2

为了方便,有时把开区间 $(a-\delta,a)$ 称为点 a 的左 δ 邻域,把开区间 $(a,a+\delta)$ 称为点 a 的右 δ 邻域.

1.1.2　函数的概念

在自然现象或社会现象中,往往同时存在几个不断变化的量,这些变量不是孤立的,而是相互联系并遵循一定的规律. 函数就是描述这种联系的一个法则. 比如,一个运动着的物体,它的速度和位移都是随时间的变化而变化的,它们之间的关系就是一种函数关系.

定义 1.1　设 x,y 是两个变量,X 是给定的一个数集,若对任意确定的 $x\in X$,根据某一对应法则 f,变量 y 都有唯一确定的值与之对应,则称 y 是 x 的函数. 记作

$$y=f(x),\quad x\in X$$

其中称 X 为该函数的定义域,称 x 为自变量,称 y 为因变量.

对于确定的 $x_0\in X$,函数 y 有唯一确定的值 y_0 与之对应,则称 y_0 为 $y=f(x)$ 在 x_0 处的

函数值,记作 $y_0=y|_{x=x_0}=f(x_0)$. 函数值的集合称为函数的值域,常记作 Y,即

$$Y=\{y|y=f(x),x\in X\}$$

注意:我们把函数的定义域、对应法则称为函数的两个要素,而把函数的值域称为派生要素. 因此,如果两个函数相等,则两函数的定义域和对应法则必须相同,而与自变量、因变量及对应法则用什么字母表示无关. 例如:$y=x$ 与 $y=\sqrt{x^2}$ 不是同一个函数,而 $y=x$ 与 $s=t$ 是同一个函数.

例 1 设 $f(x)=3x^2-1$,求 $f(-1)$,$f(x_0)$,$f(a+1)$.

解 由函数的定义可知:

$$f(-1)=3\times(-1)^2-1=2,$$

$$f(x_0)=3{x_0}^2-1,$$

$$f(a+1)=3(a+1)^2-1=3a^2+6a+2$$

例 2 判定下列各对函数是否相同:

(1) $f(x)=x$ 与 $g(x)=\sqrt{x^2}$;

(2) $f(x)=x+1$ 与 $g(x)=\dfrac{x^2-1}{x-1}$;

(3) $f(x)=\cos 2x$ 与 $g(x)=\cos^2 x-\sin^2 x$;

(4) $f(x)=2x+1$ 与 $g(t)=2t+1$.

解 (1) 因为 $f(x)$ 与 $g(x)$ 对应法则不同,所以它们不是同一个函数;

(2) 因为 $f(x)$ 的定义域为 $(-\infty,+\infty)$,$g(x)$ 的定义域为 $(-\infty,1)\cup(1,+\infty)$,定义域不同,所以它们不是同一个函数;

(3) 由于 $\cos 2x=\cos^2 x-\sin^2 x$,这两个函数定义域及对应法则都相同,所以它们是同一个函数;

(4) 虽然 $f(x)$ 与 $g(t)$ 中自变量的字母不同,但它们定义域及对应法则都相同,所以它们是同一个函数.

1.1.3 函数的表示法

函数作为表述客观问题的数学模型,为了很好的研究函数,就应该采取适当的方法表示出来,常用的函数表示法有三种:图像法、表格法、公式法.

1. 图像法

在坐标系中用图形来表示函数关系的方法,称为图像法.

例:气象台用自动记录仪把一天的气温变化情况自动描绘在记录纸上(见图 1-3),根据这条曲线,就能知道一天内任何时刻的气温了.

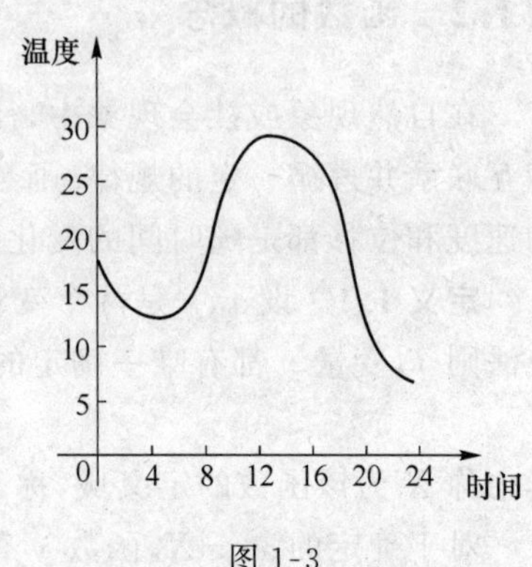

图 1-3

2. 表格法

将自变量的值与对应的函数值列成表的方法,称为表格法. 如平方表、三角函数表等都是用表格法表示的函数关系.

例：某班第一小组学生第一次金工实习生产零件数和合格品数统计如下：

时间（单位：天）	1	2	3	4	5	6	7	8	9	10	11	12	13	14	15
产品数（单位：件）	23	27	30	36	43	54	61	70	72	76	79	81	82	81	83
合格品数（单位：件）	16	20	24	30	38	48	57	67	70	75	78	79	81	81	82

从表中可以很直观地看到学生实习每天的产量和正品率.

3. 公式法

将自变量和因变量之间的关系用数学式子表示的方法，称为公式法.这些数学式子也叫解析表达式.根据函数解析表达式的类型，函数可分为显函数、隐函数和分段函数.

(1) 显函数，函数 y 由 x 的解析式直接表示出来.例如 $y=x^2-1$.

(2) 隐函数：函数的自变量 x 和因变量 y 的对应关系是由方程 $F(x,y)=0$ 来确定.例如$y-\sin(x+y)=0$.

(3) 分段函数：函数在其定义域的不同范围，具有不同的解析表达式.

例如 $$y=\begin{cases}-x+1, & x\geqslant 0\\ x+1, & x<0\end{cases}$$ (见图 1-4)；

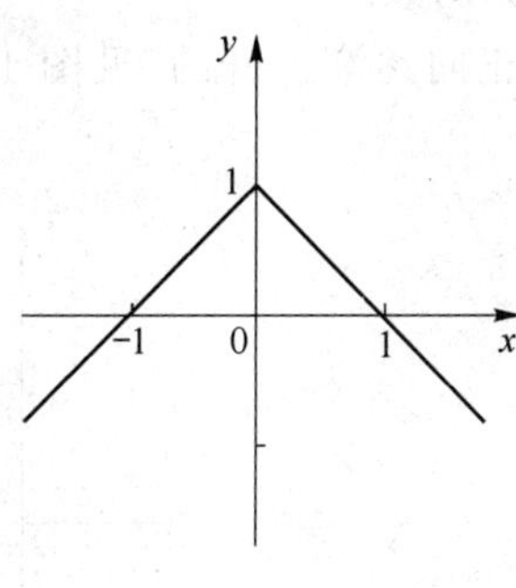

图 1-4

符号函数 $$y=\operatorname{sgn} x=\begin{cases}1, & x>0\\ 0, & x=0\\ -1, & x<0\end{cases}$$ (见图 1-5).

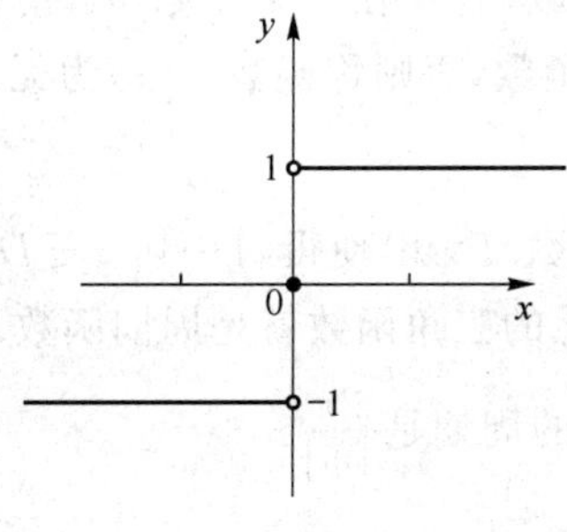

图 1-5

1.1.4 函数的几种特性

1. 函数的奇偶性

设函数 $y=f(x)$ 的定义域 X 关于原点对称，且对任意 $x\in X$ 均有 $f(-x)=f(x)$，则称函数 $f(x)$ 为偶函数；若对任意 $x\in X$ 均有 $f(-x)=-f(x)$，则称函数 $f(x)$ 为奇函数. 偶函数的图像关于 y 轴对称(见图 1-6)，奇函数的图像关于原点对称(见图 1-7).

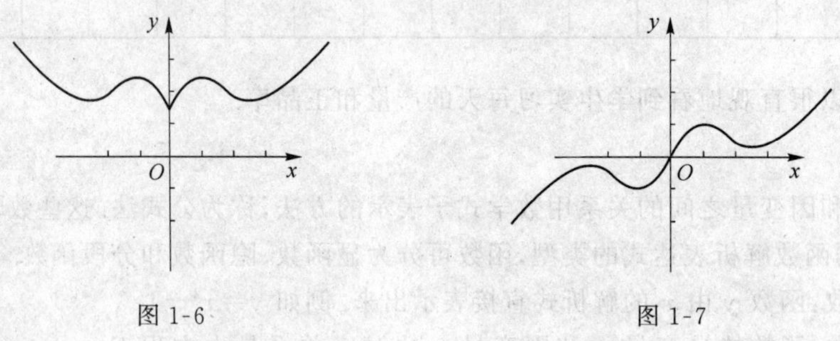

图 1-6　　图 1-7

2. 函数的单调性

若函数 $y=f(x)$ 对区间 (a,b) 内的任意两点 x_1,x_2，当 $x_2>x_1$ 时，有 $f(x_2)>f(x_1)$，则称此函数在区间 (a,b) 内单调增加. 若有 $f(x_2)<f(x_1)$，则称此函数在区间 (a,b) 内单调减少. 单调增加与单调减少的函数统称为单调函数.

单调增加函数的图形是沿 x 轴正向逐渐上升的(见图 1-8)；单调减少函数的图形是沿 x 轴正向逐渐下降的(见图 1-9).

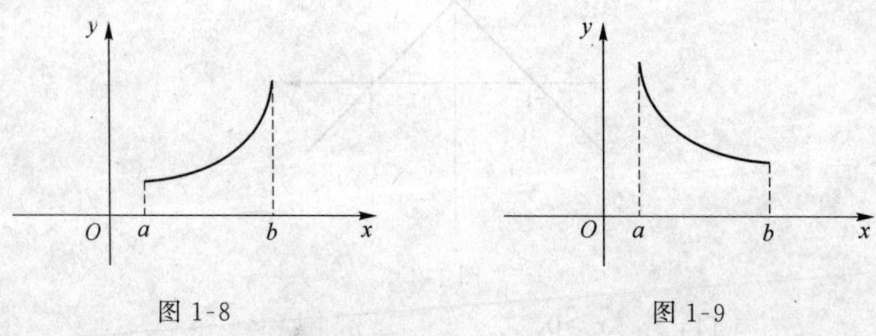

图 1-8　　图 1-9

3. 函数的有界性

设 D 是函数 $y=f(x)$ 的定义域，若存在一个正数 M，使得对一切 $x\in D$，都有 $|f(x)|\leqslant M$，则称函数 $f(x)$ 在 D 上是有界函数，否则称函数 $f(x)$ 为无界函数.

4. 函数的周期性

对于函数 $y=f(x)$，若存在常数 $T\neq 0$，使得对一切 $x\in D$，皆有 $f(x)=f(x+T)$ 成立，则称函数 $f(x)$ 为周期函数. 大家熟悉的三角函数就是周期函数，函数 $y=\sin x$，$y=\cos x$ 的周期都是 2π，则 $y=\sin \omega x$、$y=\cos \omega x$ 的周期是 $\frac{2\pi}{|\omega|}$.

例 3 判断函数 $f(x)=\frac{x\cos x}{1+x^2}$ 的奇偶性与有界性.

解 1) 奇偶性

因为 $f(-x)=\dfrac{-x\cos(-x)}{1+(-x)^2}=\dfrac{-x\cos x}{1+x^2}=-f(x)$，故 $f(x)$为奇函数.

2) 有界性

因为 $1+x^2\geqslant 2x$，所以 $|f(x)|=\left|\dfrac{x\cos x}{1+x^2}\right|\leqslant\left|\dfrac{x}{1+x^2}\right|\leqslant\left|\dfrac{x}{2x}\right|=\dfrac{1}{2}$，故 $f(x)$为有界函数.

1.1.5 反函数

定义 1.2 已知函数 $y=f(x)$，如果把 y 看作自变量，x 看作因变量，由关系式 $y=f(x)$所确定的函数 $x=\varphi(y)$称为函数 $y=f(x)$的反函数，而 $y=f(x)$称为直接函数.

注意：(1) 由于习惯用 x 表示自变量而用 y 表示函数，因此常常将 $y=f(x)$的反函数 $x=\varphi(y)$改写成 $y=\varphi(x)$，记作 $y=f^{-1}(x)$. $y=f(x)$与 $y=f^{-1}(x)$互为反函数.

(2) 互为反函数的两函数 $y=f(x)$与 $y=f^{-1}(x)$的图像是关于直线 $y=x$ 对称的.

反函数的求法：由方程 $y=f(x)$解出 x，得到 $x=f^{-1}(y)$；将函数 $x=f^{-1}(y)$中的 x 和 y 分别换成 y 和 x，这样得到反函数$y=f^{-1}(x)$.（注意：要标出反函数的定义域）

例 4 求函数 $y=x^3-1$ 的反函数.

解 因为 $y=x^3-1$，

所以 $x=\sqrt[3]{y+1}$，

再改写为 $y=\sqrt[3]{x+1}$，$x\in\mathbf{R}$(见图 1-10).

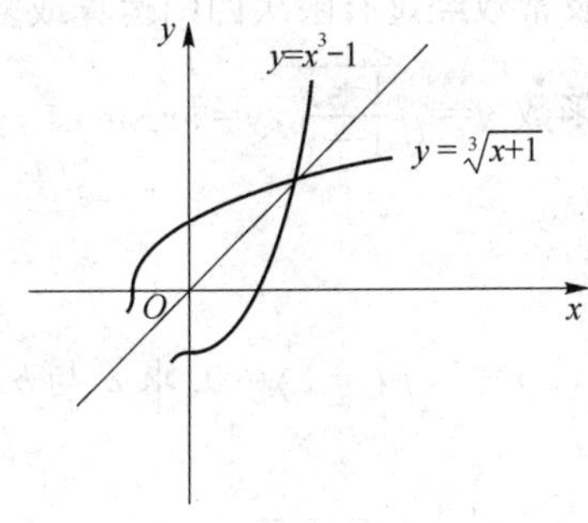

图 1-10

1.1.6 基本初等函数

常数函数 $y=C$(C 是任意实数)；

幂函数 $y=x^\mu$(μ 是任意实数)；

指数函数 $y=a^x$($a>0$，$a\neq 1$，a 为常数)；

对数函数 $y=\log_a x$($a>0$，$a\neq 1$，a 为常数，当 $a=\mathrm{e}$ 时记为 $y=\ln x$)；

三角函数 $y=\sin x$，$y=\cos x$，$y=\tan x$，$y=\cot x$，$y=\sec x$，$y=\csc x$；

反三角函数 $y=\arcsin x$，$y=\arccos x$，$y=\arctan x$，$y=\operatorname{arccot} x$.

以上六种函数统称为基本初等函数.

1.1.7 复合函数

定义 1.3 如果 y 是 u 的函数 $y=f(u)$，u 是 x 的函数 $u=\varphi(x)$，当 x 在某一区间上取值时，相应的 u 值使 y 有意义，则称 y 是 x 的复合函数，记作 $y=f(u)=f[\varphi(x)]$，其中 x 是自变量，u 是中间变量. 有的复合函数是多重复合，有多个中间变量.

例 5 设 $y=f(u)=\sin u$，$u=\varphi(x)=x^2+1$，求 $f[\varphi(x)]$.

解 $f[\varphi(x)]=\sin u=\sin(x^2+1)$.

例 6 设 $y=f(u)=\arctan u$，$u=\varphi(t)=\dfrac{1}{\sqrt{t}}$，$t=\psi(x)=x^2-1$，求 $f[\varphi(\psi(x))]$.

解 $f[\varphi(\psi(x))]=\arctan u=\arctan\dfrac{1}{\sqrt{t}}=\arctan\dfrac{1}{\sqrt{x^2-1}}$，$\{x\,|\,x\neq\pm1,x\in R\}$.

例 7 已知函数 $f(x)$ 的定义域为 $[0,1]$，求 $f(x+a)$ 的定义域.

解 设 $u=x+a$，则函数 $f(x+a)$ 可看作是由函数 $f(u)$ 和 $u=x+a$ 复合而成的复合函数. 由于 $f(u)$ 和 $f(x)$ 是同一个函数，于是由已知条件知：$0\leqslant u\leqslant1$，即

$$0\leqslant x+a\leqslant1,$$

解此不等式得

$$-a\leqslant x\leqslant1-a,$$

因此函数 $f(x+a)$ 的定义域为 $[-a,1-a]$.

例 8 分析函数 $y=e^{\arcsin\sqrt{x^2-1}}$ 的复合结构.

解 所给函数是由 $y=e^u$，$u=\arcsin t$，$t=\sqrt{v}$，$v=x^2-1$ 复合而成.

定义 1.4 由基本初等函数及常数经过有限次四则运算或复合所得到的能用一个解析式子表示的函数都是初等函数. 例如，函数 $y=\sqrt{\dfrac{1+x}{1-x}}$，$y=\arcsin e^{\frac{x}{2}}$，$y=\lg(\sin x)$ 等都是初等函数.

习题 1-1

1. 已知 $f(x)=ax+b$，且 $f(2)=1$，$f(-1)=0$. 求 a 与 b 的值.

2. 求下列函数的自然定义域：

(1) $y=\dfrac{1}{1-x^2}$；　(2) $y=\dfrac{1}{x}-\sqrt{1-x^2}$；　(3) $y=\dfrac{1}{\sqrt{4-x^2}}$；

(4) $y=\sin\sqrt{x}$；　(5) $y=\tan(x+1)$；　(6) $y=\sqrt{3-x}+\arctan\dfrac{1}{x}$.

3. 下列各题中，函数 $f(x)$ 和 $g(x)$ 是否相同？为什么？

(1) $f(x)=2-x$，$g(x)=\dfrac{4-x^2}{2+x}$；　(2) $f(x)=\sqrt{x^2-x^3}$，$g(x)=x\sqrt{1-x}$；

(3) $f(x)=2x+1$，$g(y)=2y+1$；　(4) $f(x)=1$，$g(x)=\sec x^2-\tan^2 x$.

4. 设 $f(x)$ 的定义域 $[0,1]$，求下列各函数的定义域：

(1) $f(x^2)$；　(2) $f(\sin x)$；

(3) $f\left(x+\dfrac{1}{3}\right)+f\left(x-\dfrac{1}{3}\right)$；　(4) $f(\ln x)$.

5. 求下列函数的反函数：

(1) $y=\sqrt[3]{x+1}$；　　(2) $y=\dfrac{1-x}{1+x}$；

(3) $y=\arcsin\dfrac{x-1}{4}$；　　(4) $y=\dfrac{2^x}{1+2^x}$.

6. 把下列函数分解成几个简单函数的复合：

(1) $y=\arcsin\sqrt{\sin x}$；　　(2) $y=3\ln\left(x+\sqrt{x^2+1}\right)$；

(3) $y=\tan^3\sqrt{x^2+1}$；　　(4) $y=(2^x+1)^5$；

(5) $y=\mathrm{e}^{\tan 2x}$.

7. 指出哪些是单调函数：

(1) $y=\sqrt[3]{x}$；　　(2) $y=\left(\dfrac{1}{2}\right)^x$；

(3) $y=\sin x$.

8. 下列函数中哪些是偶函数,哪些是奇函数，哪些既非偶函数又非奇函数？

(1) $y=x^2(1-x^2)$；　　(2) $y=3x^2-x^3$；

(3) $y=\dfrac{1-x^2}{1+x^2}$；　　(4) $y=\sin x$.

1.2 函数的极限及运算法则

本节将给出函数极限的定义.根据自变量的变化情况,我们将函数的极限分为两种情况进行讨论.

1.2.1 函数极限

1. x 趋向于∞时函数的极限

x 趋向于∞表示 $|x|$ 无限增大.当 $x>0$ 且无限增大时,记作 $x\to+\infty$；当 $x<0$ 且 $|x|$ 无限增大时,记作 $x\to-\infty$.

考察函数 $y=\dfrac{1}{x}$ 图像,如图 1-11 所示,可以看到,当 $|x|$ 无限增大时,$\dfrac{1}{x}$ 无限接近于零,即函数图形无限接近于直线 $y=0$.我们称 $x\to\infty$ 时 $y=\dfrac{1}{x}$ 有极限.

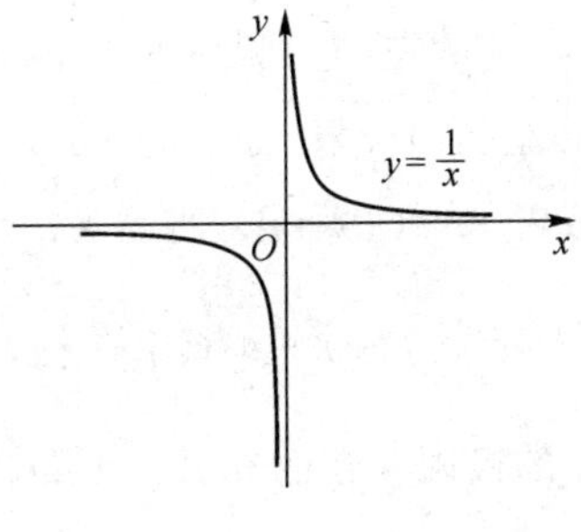

图 1-11

定义 1.5 设函数 $y=f(x)$在$(-\infty,+\infty)$内有定义，若当$|x|\to\infty$时，函数 $f(x)$无限接近于某个常数 a，那么称常数 a 为 $x\to\infty$时，函数 $f(x)$的极限，常记作

$$\lim_{x\to\infty} f(x)=a \quad 或 当 x\to\infty 时, f(x)\to a.$$

当自变量 $x>0$ 无限增大时，函数 $f(x)$的极限为 a，记作 $\lim\limits_{x\to+\infty} f(x)=a$；当自变量 $x<0$ 而绝对值无限增大时，函数 $f(x)$的极限为 a，记作 $\lim\limits_{x\to-\infty} f(x)=a$.

2. $x\to x_0$ 时函数的极限

先考察如下函数的变化趋势：

(1) $y=2x+1 \quad (x\to1)$；　　(2) $y=\dfrac{x^2-4}{x-2} \quad (x\to2)$.

通过观察图像，我们容易发现：在(1)中，当自变量 x 从常数 1 的左右两边无限接近时，因变量 y 的值也无限接近另一常数 3(见图 1-12)；在(2)中，当自变量 x 从常数 2 的左右两边无限接近时，因变量 y 的值也无限接近另一常数 4(见图 1-13).

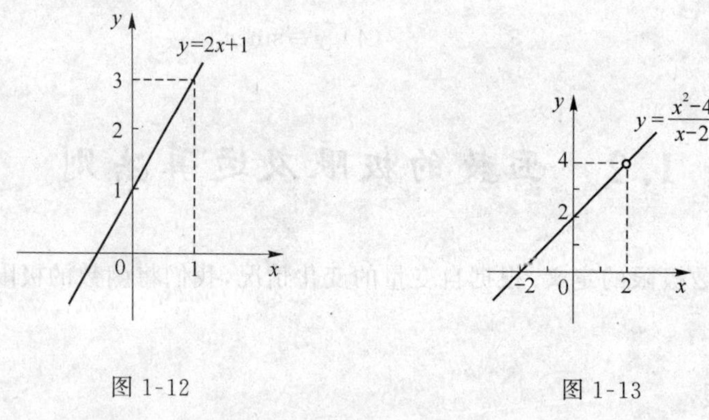

图 1-12　　图 1-13

定义 1.6 设函数 $y=f(x)$在 x_0 的去心邻域内有定义，若当自变量 x 无限接近于 x_0 时，函数 $f(x)$无限接近于某个常数 a，那么称常数 a 为 $x\to x_0$ 时，函数 $f(x)$的极限，记作

$$\lim_{x\to x_0} f(x)=a \quad 或 \quad 当 x\to x_0 时, f(x)\to a$$

注：(1) $x\to x_0$ 的方式是可以任意的，既可以从 x_0 的左边也可以从 x_0 的右边或同时从两边趋近于 x_0；

(2) 当 $x\to x_0$ 时，函数 $f(x)$在点 x_0 是否有极限与其在点 x_0 是否有定义无关.

定义 1.7 如果自变量 x 仅从 x_0 的左(右)侧趋近于 x_0 时，函数 $f(x)$无限趋近于 a，则称 a 为函数 $f(x)$当 x 趋近于 x_0 时的左(右)极限，分别记作：

左极限 $\lim\limits_{x\to x_0^-} f(x)=A$ 　或者　 $f(x)\to A$ (当 $x\to x_0^-$)；

右极限 $\lim\limits_{x\to x_0^+} f(x)=A$ 　或者　 $f(x)\to A$ (当 $x\to x_0^+$).

定理 1.1 函数 $f(x)$在点 x_0 的极限存在的充分必要条件是 $f(x)$在点 x_0 的左、右极限都存在且相等，即

$$\lim_{x\to x_0}f(x)=A\Leftrightarrow \lim_{x\to x_0^-}f(x)=\lim_{x\to x_0^+}f(x)=A$$

注：极限 $\lim\limits_{x\to x_0^-}f(x)$ 和 $\lim\limits_{x\to x_0^+}f(x)$ 中只要有一个不存在，或虽然二者都存在但不相等，则极限 $\lim\limits_{x\to x_0}f(x)$ 不存在.

1.2.2　极限的运算法则

假定在同一自变量的变化过程中，极限 $\lim f(x)$ 与 $\lim g(x)$ 都存在，则极限的运算有如下法则.

法则 1　$\lim[f(x)\pm g(x)]=\lim f(x)\pm\lim g(x)$.

法则 2　$\lim[f(x)\cdot g(x)]=\lim f(x)\cdot\lim g(x)$.

推论 1　$\lim[C\cdot f(x)]=C\cdot\lim f(x)$.

推论 2　$\lim[f(x)]^n=[\lim f(x)]^n$.

法则 3　若 $\lim g(x)\neq 0$，则 $\lim\dfrac{f(x)}{g(x)}=\dfrac{\lim f(x)}{\lim g(x)}$.

1.2.3　极限的性质

定理 1.2（唯一性）　如果函数 $f(x)$ 的极限存在，则极限值唯一.

定理 1.3（有界性）

设 $\lim\limits_{x\to a(或\infty)}f(x)=A$ 存在，则一定存在一个去心邻域 $\mathring{U}(a,\delta)$（或正数 M），使在该邻域内（或 $|x|>M$ 时）$f(x)$ 有界，即有正数 S，使 $|f(x)|<S$ 在该邻域内（或 $|x|>M$ 时）恒成立.

定理 1.4（保号性）

（1）如果 $\lim\limits_{x\to a}f(x)=L$，且 $L>0$（或 $L<0$），则存在点 a 的一个去心邻域 $\mathring{U}(a,\delta)$，使得当 $x\in\mathring{U}(a,\delta)$ 时，恒有 $f(x)>0$（或 $f(x)<0$）.

（2）如果 $\lim\limits_{x\to\infty}f(x)=L$，且 $L>0$（或 $L<0$），则存在 $M>0$，使得当 $|x|>M$ 时，恒有 $f(x)>0$（或 $f(x)<0$ 成立.

（3）如果 $\lim f(x)=A$，$f(x)\geqslant 0$（或 $\leqslant 0$），则 $A\geqslant 0$（或 $A\leqslant 0$）.

（4）若 $f(x)\geqslant g(x)$，$\lim f(x)=A$，$\lim g(x)=B$，则 $A\geqslant B$.

例 1　求 $\lim\limits_{x\to 1}(2x-1)$.

解　$\lim\limits_{x\to 1}(2x-1)=\lim\limits_{x\to 1}2x-\lim\limits_{x\to 1}1=2\lim\limits_{x\to 1}x-1=2\times 1-1=1$

例 2　求 $\lim\limits_{x\to 2}\dfrac{x^3-1}{x^2-5x+3}$.

解　这里分母的极限不为零，故利用商的极限运算法则可得

$$\begin{aligned}\lim_{x\to 2}\frac{x^3-1}{x^2-5x+3}&=\frac{\lim\limits_{x\to 2}(x^3-1)}{\lim\limits_{x\to 2}(x^2-5x+3)}\\&=\frac{\lim\limits_{x\to 2}x^3-\lim\limits_{x\to 2}1}{\lim\limits_{x\to 2}x^2-5\lim\limits_{x\to 2}x+\lim\limits_{x\to 2}3}=\frac{(\lim\limits_{x\to 2}x)^3-1}{(\lim\limits_{x\to 2}x)^2-5\times 2+3}\\&=\frac{2^3-1}{2^2-10+3}=\frac{7}{-3}=-\frac{7}{3}.\end{aligned}$$

从上面例子可看出,求有理整函数(多项式)或有理分式函数(分母不为零)当 $x \to x_0$ 的极限时,只要把 x_0 代替函数中的 x 就行了.

事实上,设有理整函数

$$f(x)=a_0x^n+a_1x^{n-1}+\cdots+a_n,$$

则

$$\begin{aligned}\lim_{x\to x_0}f(x)&=\lim_{x\to x_0}(a_0x^n+a_1x^{n-1}+\cdots+a_n)\\&=a_0\ (\lim x)^n+a_1\ (\lim x)^{n-1}+\cdots+\lim a_n\\&=a_0x_0^n+a_1x_0^{n-1}+\cdots+a_n=f(x_0).\end{aligned}$$

又设有理分式函数(有理整函数与有理分式函数统称为有理函数)

$$F(x)=\frac{P(x)}{Q(x)},$$

其中 $P(x),Q(x)$ 都是多项式,于是

$$\lim_{x\to x_0}P(x)=P(x_0),\quad \lim_{x\to x_0}Q(x)=Q(x_0),$$

如果 $Q(x_0)\neq 0$,则

$$\lim_{x\to x_0}F(x)=\lim_{x\to x_0}\frac{P(x)}{Q(x)}=\frac{\lim\limits_{x\to x_0}P(x)}{\lim\limits_{x\to x_0}Q(x)}=\frac{P(x_0)}{Q(x_0)}=F(x_0).$$

但必须注意:对于分母等于零的有理分式函数,这样代入后,则没有意义,那么关于商的极限的运算法则就不能应用,需要特别考虑.下面我们讨论属于这种情形的例题.

例 3 求 $\lim\limits_{x\to 3}\dfrac{x-3}{x^2-9}$.

解 当 $x\to 3$ 时,分子及分母的极限都是零,于是分子、分母不能分别求极限.因分子及分母有公因子 $x-3$,而 $x\to 3$ 时,$x\neq 3$,$x-3\neq 0$,可约去这个不为零的公因子.所以

$$\lim_{x\to 3}\frac{x-3}{x^2-9}=\lim_{x\to 3}\frac{1}{x+3}=\frac{\lim\limits_{x\to 3}1}{\lim\limits_{x\to 3}(x+3)}=\frac{1}{6}$$

例 4 求 $\lim\limits_{x\to\infty}\dfrac{3x^3+4x^2+2}{7x^3+5x^2-3}$.

解 先用 x^3 去除分母及分子,然后取极限,即

$$\lim_{x\to\infty}\frac{3x^3+4x^2+2}{7x^3+5x^2-3}=\lim_{x\to\infty}\frac{3+\dfrac{4}{x}+\dfrac{2}{x^3}}{7+\dfrac{5}{x}+\dfrac{3}{x^3}}=\frac{3}{7},$$

这是因为 $\lim\limits_{x\to\infty}\dfrac{a}{x^n}=a\lim\limits_{x\to\infty}\dfrac{1}{x^n}=a\left(\lim\limits_{x\to\infty}\dfrac{1}{x}\right)^n=0$,其中 a 为常数,n 为正整数,$\lim\limits_{x\to\infty}\dfrac{1}{x}=0$.

例 5 求 $\lim\limits_{x\to\infty}\dfrac{3x^2-2x-1}{2x^3-x^2+5}$.

解 先用 x^3 除分母和分子,然后求极限,得

$$\lim_{x\to\infty}\frac{3x^2-2x-1}{2x^3-x^2+5}=\lim_{x\to\infty}\frac{\dfrac{3}{x}-\dfrac{2}{x^2}-\dfrac{1}{x^3}}{2-\dfrac{1}{x}+\dfrac{5}{x^3}}=\frac{0}{2}=0.$$

结论：当 $a_0\neq0,b_0\neq0,m$ 和 n 为非负整数时，有

$$\lim_{x\to\infty}\frac{a_0x^m+a_1x^{m-1}+\cdots+a_m}{b_0x^n+b_1x^{n-1}+\cdots+b_n}=\begin{cases}0, & m<n\\ \frac{a_0}{b_0}, & m=n.\\ \infty & m>n\end{cases}$$

例 6 求 $\lim\limits_{x\to1}\left(\frac{1}{x-1}-\frac{3}{x^3-1}\right)$.

解 经过通分，整理得

$$\lim_{x\to1}\left(\frac{1}{x-1}-\frac{3}{x^3-1}\right)=\lim_{x\to1}\frac{(x^2+x+1)-3}{(x-1)(x^2+x+1)}=\lim_{x\to1}\frac{x^2+x-2}{(x-1)(x^2+x+1)}$$

$$=\lim_{x\to1}\frac{(x-1)(x+2)}{(x-1)(x^2+x+1)}=\lim_{x\to1}\frac{x+2}{x^2+x+1}=1.$$

习题 1-2

计算下列极限：

(1) $\lim\limits_{x\to2}\frac{x^2+5}{x-3}$；

(2) $\lim\limits_{x\to\sqrt{3}}\frac{x^2+3}{x^2+1}$；

(3) $\lim\limits_{x\to1}\frac{x^2-2x+1}{x^2-1}$；

(4) $\lim\limits_{x\to2}\frac{4x^3-2x^2+x}{3x^2+2x}$；

(5) $\lim\limits_{h\to0}\frac{(x+h)^2-x^2}{h}$；

(6) $\lim\limits_{x\to\infty}\left(2-\frac{1}{x}+\frac{1}{x^2}\right)$；

(7) $\lim\limits_{x\to\infty}\frac{x^2-1}{2x^2-x-1}$；

(8) $\lim\limits_{x\to\infty}\frac{x^2+x}{x^4-3x^2+1}$；

(9) $\lim\limits_{x\to4}\frac{x^2-6x+8}{x^2-5x+4}$；

(10) $\lim\limits_{x\to\infty}\left(1+\frac{1}{x}\right)\left(2-\frac{1}{x^2}\right)$；

(11) $\lim\limits_{x\to\infty}\frac{(x+1)(x+2)(x+3)}{5x^3}$；

(12) $\lim\limits_{x\to1}\left(\frac{1}{1-x}-\frac{3}{1-x^3}\right)$.

1.3 两个重要极限

下面给出两个重要极限.

重要极限 1

$$\lim_{x\to0}\frac{\sin x}{x}=1$$

重要极限 2

$$\lim_{x\to\infty}\left(1+\frac{1}{x}\right)^x=e$$

推论

$$\lim_{g(x)\to\infty}\left(1+\frac{1}{g(x)}\right)^{g(x)}=\mathrm{e}$$

例 1 求 $\lim\limits_{x\to0}\frac{\tan x}{x}$.

解 $$\lim_{x\to 0}\frac{\tan x}{x}=\lim_{x\to 0}\frac{\sin x}{x}\cdot\frac{1}{\cos x}=\lim_{x\to 0}\frac{\sin x}{x}\cdot\lim_{x\to 0}\frac{1}{\cos x}=1$$

例 2 求$\lim\limits_{x\to 0}\dfrac{\sin 4x}{x}$.

解 $\lim\limits_{x\to 0}\dfrac{\sin 4x}{x}=\lim\limits_{x\to 0}\dfrac{\sin 4x}{4x}\cdot 4=4\lim\limits_{x\to 0}\dfrac{\sin 4x}{4x}=4$

例 3 求$\lim\limits_{x\to 0}\dfrac{1-\cos x}{x^2}$.

解 $$\lim_{x\to 0}\frac{1-\cos x}{x^2}=\lim_{x\to 0}\frac{2\sin^2\frac{x}{2}}{x^2}=\frac{1}{2}\lim_{x\to 0}\frac{2\sin^2\frac{x}{2}}{\left(\frac{x}{2}\right)^2}$$

$$=\frac{1}{2}\lim_{x\to 0}\left(\frac{\sin\frac{x}{2}}{\frac{x}{2}}\right)^2=\frac{1}{2}\times 1^2=\frac{1}{2}$$

例 4 求$\lim\limits_{x\to 0}\dfrac{\arcsin x}{x}$.

解 令 $t=\arcsin x$,所以 $x=\sin t$,当 $x\to 0$ 时,$t\to 0$.

因此,$\lim\limits_{x\to 0}\dfrac{\arcsin x}{x}=\lim\limits_{t\to 0}\dfrac{t}{\sin t}=\lim\limits_{t\to 0}\dfrac{1}{\frac{\sin t}{t}}=1$

类似地:$\lim\limits_{x\to 0}\dfrac{\arctan x}{x}=1$

例 5 求$\lim\limits_{x\to\infty}\left(1+\dfrac{3}{x}\right)^x$.

解 $\lim\limits_{x\to\infty}\left(1+\dfrac{3}{x}\right)^x=\lim\limits_{x\to\infty}\left[\left(1+\dfrac{3}{x}\right)^{\frac{x}{3}}\right]^3=\mathrm{e}^3$

例 6 求$\lim\limits_{x\to\infty}\left(1-\dfrac{1}{x}\right)^x$.

解 令 $t=-x$,则当 $x\to\infty$时,$t\to\infty$于是

$$\lim_{x\to\infty}\left(1-\frac{1}{x}\right)^x=\lim_{t\to\infty}\left(1+\frac{1}{t}\right)^{-t}=\lim_{t\to\infty}\frac{1}{\left(1+\frac{1}{t}\right)^t}=\frac{1}{\mathrm{e}}.$$

例 7 求$\lim\limits_{x\to 0}\left(\dfrac{1+2x}{1-2x}\right)^{\frac{1}{x}}$.

解 $$\lim_{x\to 0}\left(\frac{1+2x}{1-2x}\right)^{\frac{1}{x}}=\lim_{x\to 0}\frac{(1+2x)^{\frac{1}{x}}}{(1-2x)^{\frac{1}{x}}}=\lim_{x\to 0}\frac{[(1+2x)^{\frac{1}{2x}}]^2}{[(1-2x)^{-\frac{1}{2x}}]^{-2}}=\frac{\mathrm{e}^2}{\mathrm{e}^{-2}}=\mathrm{e}^4.$$

习题 1-3

1. 计算下列极限.

(1) $\lim\limits_{x\to 0}\dfrac{\sin\omega x}{x}$; (2) $\lim\limits_{x\to 0}\dfrac{\tan 3x}{x}$;

(3) $\lim\limits_{x\to0}\dfrac{\sin 2x}{\sin 5x}$;　　(4) $\lim\limits_{x\to0}x\cot x$;

(5) $\lim\limits_{x\to0}\dfrac{1-\cos 2x}{x\sin x}$.

2. 计算下列极限.

(1) $\lim\limits_{x\to0}(1-x)^{\frac{1}{x}}$;　　(2) $\lim\limits_{x\to0}(1+2x)^{\frac{1}{x}}$;

(3) $\lim\limits_{x\to\infty}\left(\dfrac{1+x}{x}\right)^{2x}$;　　(4) $\lim\limits_{x\to\infty}\left(1-\dfrac{1}{x}\right)^{kx}$ (k 为正整数);

(5) $\lim\limits_{x\to\infty}\left(\dfrac{1+x^2}{x^2}\right)^{x}$.

1.4 函数的连续性

在自然界中,有许多现象都是连续变化的,如生物的生长、气温的变化、钢材受热膨胀,等等,都是随着时间而连续变化的.这些现象抽象到函数关系上,就是函数的连续性.本节就以函数极限为基础,讨论函数的连续性.

1.4.1 函数连续的定义

设变量 x 从它的一个初值 x_1 变到终值 x_2,则称终值 x_2 与 x_1 的差 x_2-x_1 为变量 x 的增量(或改变量),记作 Δx,即 $\Delta x=x_2-x_1$,增量 Δx 可以是正的也可以是负的,当 $\Delta x\geqslant0$ 时,$x_2\geqslant x_1$,反之,$x_2<x_1$.

如果函数 $f(x)$ 在点 x_0 处及 x_0 的"附近"(或邻域)有定义,当自变量 x 在 x_0 的这个"附近"区间内取得增量 Δx,即自变量 x 由 x_0 变到 $x_0+\Delta x$ 时,相应地函数 $y=f(x)$ 从 $f(x_0)$ 变到 $f(x_0+\Delta x)$,则称 $\Delta y=f(x_0+\Delta x)-f(x_0)$ 为函数 $y=f(x)$ 的对应增量(见图 1-14).

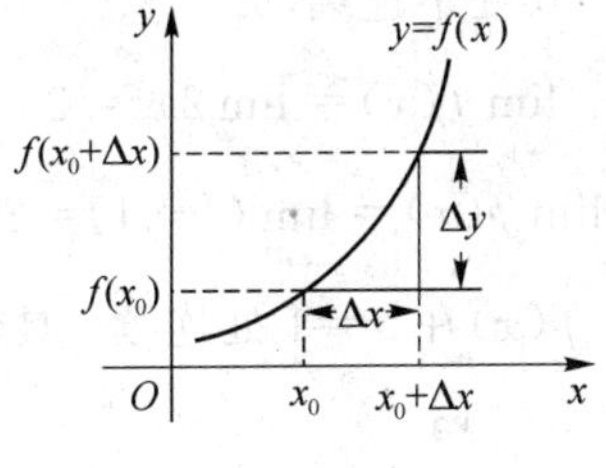

图 1-14

定义 1.8 设函数 $y=f(x)$ 在 x_0 的某个邻域内有定义,若

$$\lim_{\Delta x\to0}\Delta y=\lim_{\Delta x\to0}[f(x)-f(x_0)]=0 \tag{1-1}$$

则称函数 $y=f(x)$ 在点 x_0 处连续.

(1-1)式等价于 $\lim\limits_{x\to x_0}f(x)=f(x_0)$,因此可有如下定义.

定义 1.9 设函数 $y=f(x)$ 在 x_0 的某个邻域内有定义,若

$$\lim_{x\to x_0}f(x)=f(x_0), \tag{1-2}$$

则称 $y=f(x)$ 在点 x_0 处连续,此时 x_0 称为 $f(x)$ 的连续点.

在函数连续定义中，若有 $\lim\limits_{x \to x_0^+} f(x)=f(x_0)$，则称 $f(x)$ 在点 $x=x_0$ 右连续；若 $\lim\limits_{x \to x_0^-} f(x)=f(x_0)$，则称 $f(x)$ 在点 $x=x_0$ 左连续. 若函数在区间 (a,b) 内每一点都连续，则称此函数在 (a,b) 内连续. 如果函数在 (a,b) 内连续，同时在 a 点右连续，在 b 点左连续，则称此函数在 $[a,b]$ 上连续.

从函数极限的定义，我们知道函数极限存在等价与其左、右极限存在且相等，因此有如下定理.

定理 1.5 函数 $f(x)$ 在点 x_0 处连续的充分必要条件是 $f(x)$ 在 x_0 左、右都连续.

函数的连续性可以通过函数的图像——曲线的连续性表示出来，即若 $f(x)$ 在 $[a,b]$ 上连续，则 $f(x)$ 在 $[a,b]$ 上的图像就是一条连绵不断的曲线(见图 1-15).

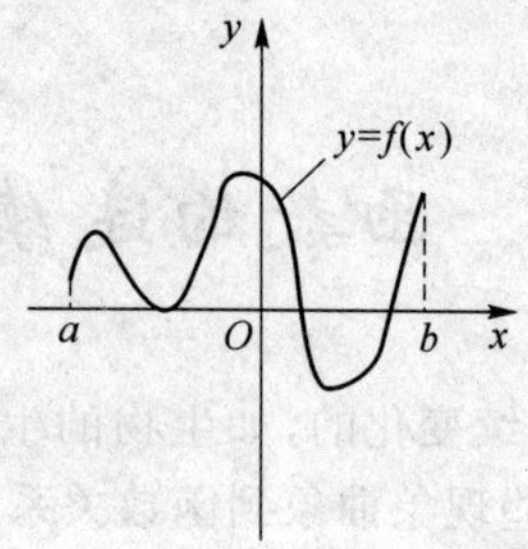

图 1-15

例 1 设函数设 $f(x)=\begin{cases} x-1, & x\leqslant 0 \\ 2x^2, & 0<x\leqslant 1. \\ x+1, & x>1 \end{cases}$

讨论 $f(x)$ 在 $x=0, x=1$ 处的连续性.

解 $f(0)=-1$

$$\lim_{x \to 0^-} f(x)=\lim_{x \to 0^-}(x-1)=-1$$

$$\lim_{x \to 0^+} f(x)=\lim_{x \to 0^+} 2x^2=0$$

故 $\lim\limits_{x \to 0} f(x)$ 不存在，所以 $f(x)$ 在 $x=0$ 处不连续.

$$\lim_{x \to 1^-} f(x)=\lim_{x \to 1^-} 2x^2=2$$

$$\lim_{x \to 1^+} f(x)=\lim_{x \to 1^+}(x+1)=2$$

故有 $\lim\limits_{x \to 1} f(x)=2=f(1)$，所以 $f(x)$ 在 $x=1$ 处连续. 具体如图 1-16 所示.

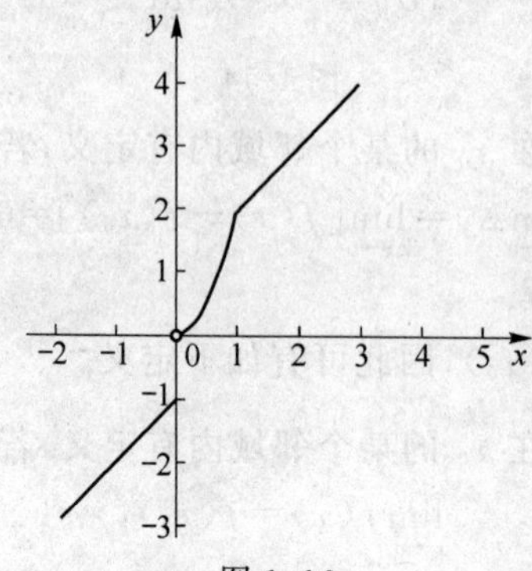

图 1-16

根据函数连续定义可知，函数在一点连续，必须同时满足下列三个条件：

(1) 函数 $f(x)$ 在点 x_0 及其附近有定义；

(2) 极限 $\lim\limits_{x\to x_0} f(x)$ 存在；

(3) $\lim\limits_{x\to x_0} f(x)=f(x_0)$.

若上述三个条件中只要有一个条件不满足，则函数 $f(x)$ 在点 x_0 处不连续，称 x_0 为 $f(x)$ 的间断点. 根据产生间断的原因不同，将间断点分成两大类，定义如下.

定义 1.12　设 x_0 为 $f(x)$ 的一个间断点，如果当 $x\to x_0$ 时，$f(x)$ 的左、右极限都存在，则称 x_0 为 $f(x)$ 的第一类间断点；否则，称 x_0 为 $f(x)$ 的第二类间断点.

由第一类间断点的定义可以看出，其包含以下两种情况：

(1) $\lim\limits_{x\to x_0^-} f(x)$ 与 $\lim\limits_{x\to x_0^+} f(x)$ 都存在，但不相等时，称 x_0 为 $f(x)$ 的跳跃间断点；

(2) $\lim\limits_{x\to x_0} f(x)$ 存在，但不等于 $f(x_0)$ 或 $f(x)$ 在 x_0 处没定义，称 x_0 为 $f(x)$ 可去间断点.

例 2　指出函数 $f(x)=\dfrac{x^2}{x}$ 的间断点.

解　因为 $f(x)$ 在 $x=0$ 处没有定义，所以 $f(x)$ 在 $x=0$ 处间断.

例 3　指出函数 $f(x)=\begin{cases}-x+1, & x<1\\ 1, & x=1\\ -x+3, & x>1\end{cases}$ 的间断点，并做出函数的图像.

解　因为 $\lim\limits_{x\to 1^+} f(x)=\lim\limits_{x\to 1^+}(-x+3)=2$ ，$\lim\limits_{x\to 1^-} f(x)=\lim\limits_{x\to 1^-}(-x+1)=0$.

所以 $\lim\limits_{x\to 1^+} f(x)\neq\lim\limits_{x\to 1^-} f(x)$　$\lim\limits_{x\to 1} f(x)$ 不存在

故 $f(x)$ 在 $x=1$ 处间断(见图 1-17).

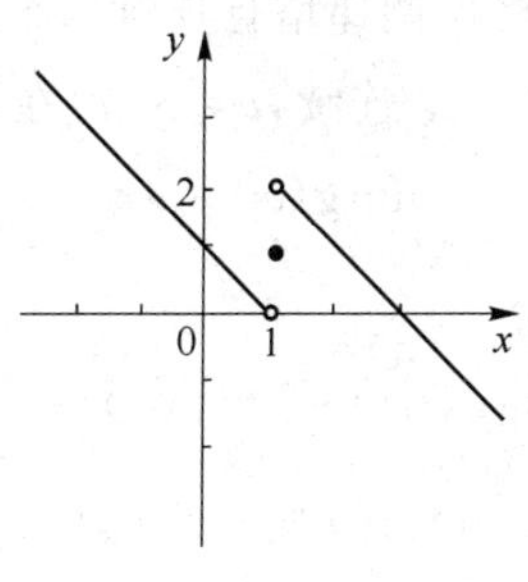

图 1-17

例 4　指出函数 $f(x)=\dfrac{x}{x-1}$ 的间断点，并做出函数的图像.

解　因为 $f(x)$ 在 $x=1$ 处没有定义，且 $\lim\limits_{x\to 1} f(x)=\infty$，所以 $f(x)$ 在 $x=1$ 处间断.

用坐标平移的方法做函数 $f(x)=\dfrac{x}{x-1}=1+\dfrac{1}{x-1}$ 的图像(见图 1-18).

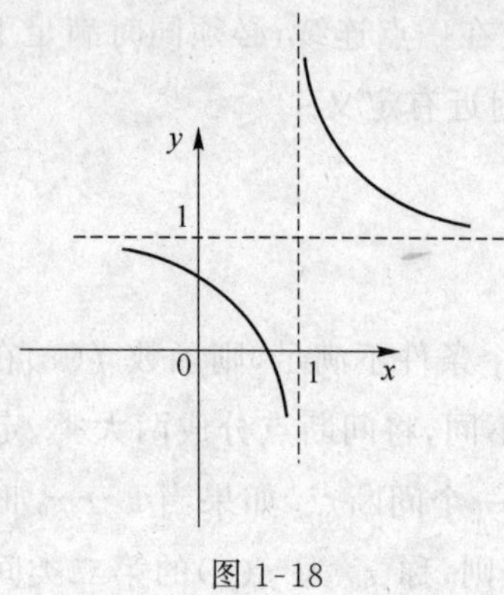

图 1-18

1.4.2 连续函数的性质

由函数连续的定义和极限的运算法则，可以得到如下定理.

定理 1.6 有限个在某点连续的函数的和、差、积是一个在该点连续的函数.

定理 1.7 两个在某点连续的函数的商是一个在该点连续的函数（分母函数在该点不为零）.

在前面我们介绍过反函数和复合函数的概念，当我们知道一个在区间 I 的连续函数，我们必然会关心其反函数的连续性，下面定理给出了连续函数与其反函数的关系.

定理 1.8 设函数 $f(x)$在区间 I 上严格单调递增（递减）且连续，其值域为

$$M=\{y\,|\,y=f(x),x\in I\}$$

则其反函数 $f^{-1}(x)$在区间 M 上严格单调递增（递减）且连续.

如 $y=\sin x$ 在闭区间$\left[-\frac{\pi}{2},\frac{\pi}{2}\right]$上严格单调递增且连续，其值域为$[-1,1]$. 其反函数 $y=\arcsin x$ 在闭区间$[-1,1]$上也是严格单调递增且连续.

定理 1.9 设函数 $y=f(u)$在 $u=u_0$ 连续，$u=g(x)$在点 $x=x_0$ 的极限为 u_0，即

$$\lim_{x\to x_0} g(x)=u_0$$

则复合函数 $y=f[g(x)]$满足

$$\lim_{x\to x_0} f[g(x)]=\lim_{u\to u_0} f(u)=f(u_0) \qquad (*)$$

$(*)$也可写为：$\lim\limits_{x\to x_0} f[g(x)]=f[\lim\limits_{x\to x_0} g(x)]=f(u_0) \qquad (**)$

在定理 1.9 条件下，求复合函数 $y=f[g(x)]$的极限时，函数符号 f 与极限符号$\lim\limits_{x\to x_0}$可以交换次序.

定理 1.10 设函数 $y=f(u)$在 $u=u_0$ 连续，$u=g(x)$在 $x=x_0$ 点连续且 $g(x_0)=u_0$，则复合函数 $y=f[g(x)]$在 $x=x_0$ 点连续.

在上面的例子中我们讨论了三角函数和反三角函数在其定义区间内是连续的，其实我们还可以证明指数函数、对数函数和幂函数在其定义区间内也是连续的，也就是说：基本初等函数在其定义区间内都是连续的. 根据前面的定理我们可以得到如下结论：

定理 1.11　一切初等函数在其定义区间内都是连续的.

因此若函数 $f(x)$是初等函数，且点 x_0 是它定义区间内的点，则当 $x \to x_0$ 时，函数 $f(x)$的极限值就是 $f(x)$在点 x_0 处的函数值，即

$$\lim_{x \to x_0} f(x) = f(x_0) = f(\lim_{x \to x_0} x)$$

上式为计算初等函数的极限提供了一个实用而又简便的方法.

例如，
$$\lim_{x \to 0} \sqrt{x^2 - 2x + 5} = \sqrt{0^2 - 2 \times 0 + 5} = \sqrt{5}.$$

$$\lim_{x \to 0} \arctan(e^x) = \arctan(e^0) = \arctan 1 = \frac{\pi}{4}.$$

习题 1-4

1. 研究下列函数的连续性，并画出函数的图形：

(1) $f(x) = \begin{cases} x^2 & 0 \leqslant x \leqslant 1 \\ 2 - x & 1 < x \leqslant 2 \end{cases}$；

(2) $f(x) = \begin{cases} x & -1 \leqslant x \leqslant 1 \\ 1 & x < -1 \text{ 或 } x > 1 \end{cases}$.

2. 下列函数在指出的点处间断，说明这些间断点属于哪一类. 如果是可去间断点，则补充或改变函数的定义使它连续：

(1) $y = \dfrac{x^2 - 1}{x^2 - 3x + 2}, x = 1, x = 2$；

(2) $y = \dfrac{x}{\tan x}, x = k\pi, x = k\pi + \dfrac{\pi}{2}\ (k = 0, \pm 1, \pm 2, \cdots)$；

(3) $y = \cos^2 \dfrac{1}{x}, x = 0$；

(4) $y = \begin{cases} x - 1, x \leqslant 1, \\ 3 - x, x > 1, \end{cases}\quad x = 1.$

1.5　闭区间上连续函数的性质

前面我们给出了函数在闭区间上连续的概念，在本节我们主要讨论连续函数在闭区间上的主要性质.

如图 1-19 所示，设函数 $f(x)$在闭区间$[a,b]$上连续，则有以下几个定理成立.

定理 1.12(最值定理)　$f(x)$在$[a,b]$上有最大值与最小值.

推论(有界定理)　$f(x)$在$[a,b]$上有界.

若 x_0 使得 $f(x_0) = 0$，则称 x_0 为函数 $f(x)$的零点或称 x_0 为方程 $f(x) = 0$ 的根.

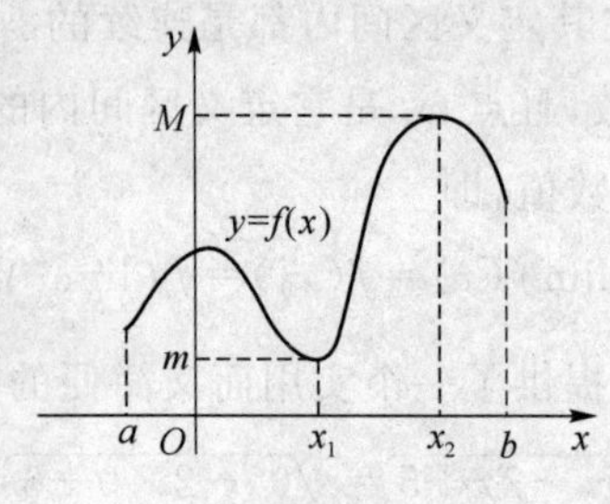

图 1-19

定理 1.13（零点存在定理） 若 $f(a)$ 与 $f(b)$ 异号，则在 (a,b) 内至少存在一点 ξ，使得 $f(\xi)=0$.

推论 如果连续函数 $f(x)$ 图像的两个端点位于 x 轴的两侧，那么 $f(x)$ 与 x 轴至少有一个交点. 如图 1-20 所示.

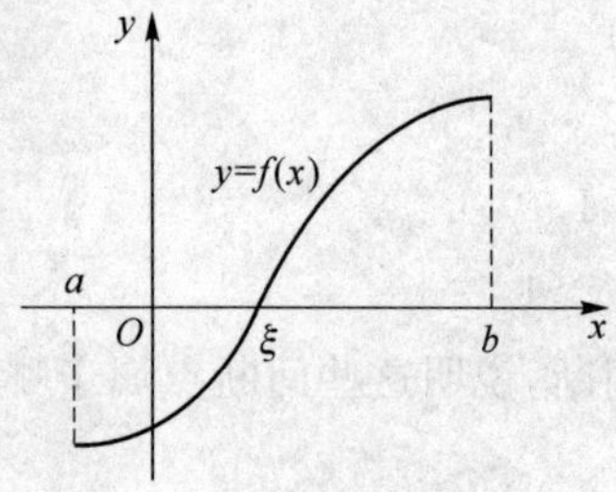

图 1-20

定理 1.14（介值定理） 若 $f(a)\neq f(b)$，对介于 $f(a)$ 与 $f(b)$ 之间的任一数 C，则在 (a,b) 内至少存在一点 ξ，使得 $f(\xi)=C$.

推论 $f(x)$ 在 $[a,b]$ 上的最大值与最小值分别为 M 和 m，对介于 M 和 m 之间的任一数 C，则在 (a,b) 内至少存在一点 ξ，使得 $f(\xi)=C$. 如图 1-21 所示.

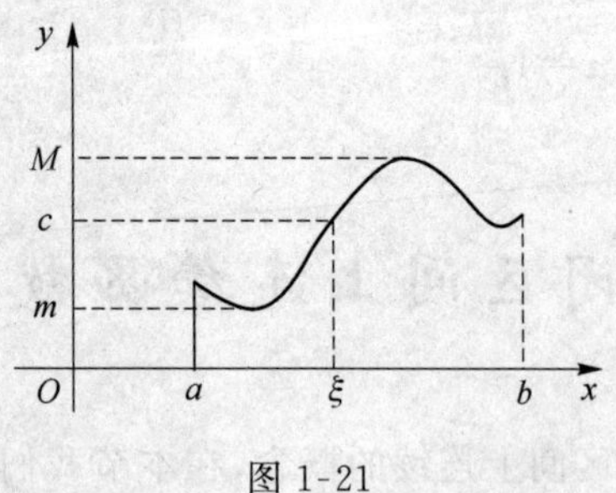

图 1-21

注意：(1) 若函数不是在闭区间而是在开区间连续，以上定理不一定成立；

(2) 若函数在闭区间上有间断点，以上定理不一定成立.

例如，函数 $y=\dfrac{1}{x}$ 在 $(0,1]$ 上连续，但在 $(0,1]$ 上无界（见图 1-22）.

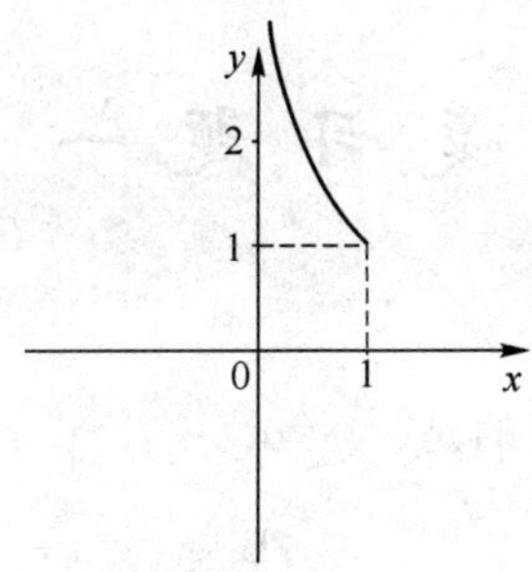

图 1-22

再如，函数 $y=\begin{cases} x^2, & -1\leqslant x<0 \\ 1, & x=0 \\ 2-x^2, & 0<x\leqslant 1 \end{cases}$ 在闭区间 $[-1,1]$ 上有间断点 $x=0$，则它既取不到最大值也取不到最小值(见图 1-23).

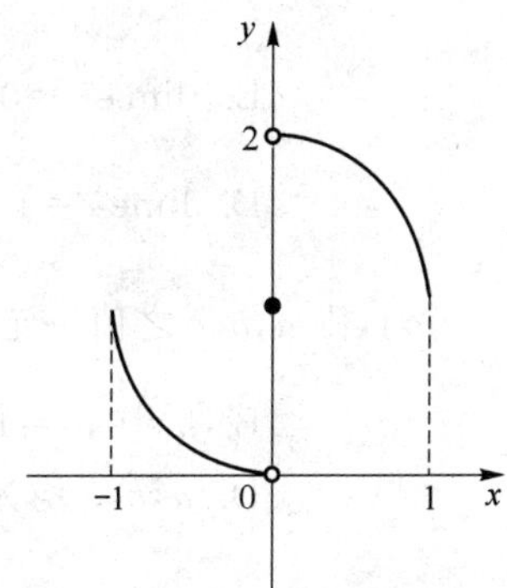

图 1-23

例 1 证明方程 $x^3-4x^2+1=0$ 在区间 $(0,1)$ 内至少有一个根.

证 函数 $f(x)=x^3-4x^2+1$ 在闭区间 $[0,1]$ 上连续，又

$$f(0)=1>0,\quad f(1)=-2<0.$$

根据零点定理，在 $(0,1)$ 内至少有一点 ξ，使得

$$f(\xi)=0,$$

即

$$\xi^3-4\xi^2+1=0,\qquad 0<\xi<1.$$

这等式说明方程 $x^3-4x^2+1=0$ 在区间 $(0,1)$ 内至少有一个根是 ξ.

习题 1-5

1. 求 $\lim\limits_{x\to\frac{\pi}{6}}\ln(2\cos 2x)$

2. 证明方程 $x^3-x-2=0$ 在区间 $(0,2)$ 内至少有一个根.

3. 设 $f(x)$ 在 $[0,2]$ 上连续，$f(0)=f(2)$，证明方程 $f(x)=f(x+1)$ 在 $[0,1]$ 上至少有一个实根.

复习题一

一、选择题：

1. 下列函数对中为同一个函数的是（　　）.

A. $y_1=x$，$y_2=\dfrac{x^2}{x}$　　B. $y_1=x$，$y_2=\sqrt{x^2}$

C. $y_1=x$，$y_2=\left(\sqrt{x}\right)^2$　　D. $y_1=|x|$，$y_2=\sqrt{x^2}$

2. 在下列函数中偶函数的是（　　）.

A. $y=x+\cos x$　　B. $y=x\ln\left(x+\sqrt{1+x^2}\right)$

C. $y=x\cos x$　　D. $y=x^2\ln(1+x)$

3. 极限正确的有（　　）.

A. $\lim\limits_{x\to0}\mathrm{e}^{\frac{1}{x}}=\infty$　　B. $\lim\limits_{x\to0^-}\mathrm{e}^{\frac{1}{x}}=0$

C. $\lim\limits_{x\to0^+}\mathrm{e}^{\frac{1}{x}}=\infty$　　D. $\lim\limits_{x\to\infty}\mathrm{e}^{\frac{1}{x}}=1$

4. 已知$\dfrac{1}{ax^2+bx+c}\sim\dfrac{1}{x+1}$，$(x\to\infty)$，则 a,b,c 之值一定为（　　）.

A. $a=0,b=1,c=1$　　B. $a=0,b=1,c$ 为任意实数

C. $a=0,b,c$ 为任意实数　　D. a,b,c 均为任意实数

5. 极限$\lim\limits_{x\to0}\sin\dfrac{1}{x}=$（　　）.

A. 1　　B. 0　　C. ∞　　D. 不存在

6. 设 $f(x)=\dfrac{\ln(1+x)}{x}$，则 $x=0$ 是 $f(x)$ 的（　　）.

A. 连续点　　B. 可去间断点　　C. 跳跃间断点　　D. 无穷间断点

7. 若 x_0 为 $f(x)$ 的间断点，则一定有（　　）.

A. $f(x)$ 在点 x_0 无定义

B. $f(x)$ 在点 x_0 有定义，但是 $\lim\limits_{x\to x_0}f(x)$ 不存在

C. $f(x_0)$ 存在，$\lim\limits_{x\to x_0}f(x)$ 也存在，但是它们不相等

D. 上述三种情况中至少有一种出现

8. 下列各式中，正确的为（　　）.

A. $\lim\limits_{x\to\infty}(1+x)^{\frac{1}{x}}=\mathrm{e}$　　B. $\lim\limits_{x\to0}(1+x)^{\frac{1}{x}}=\mathrm{e}$

C. $\lim\limits_{x\to\infty}\left(1+\dfrac{1}{x}\right)^x=\mathrm{e}$　　D. $\lim\limits_{x\to0}\left(1+\dfrac{1}{x}\right)^x=\mathrm{e}$

二、计算题：

1. 设 $f(x)=x^2$，$g(x)=2^x$，求 $f[g(x)]$，$g[f(x)]$.

2. $f(x+1)=x^2+4x+2$，求 $f(x)$.

3. $\lim\limits_{x\to 0}\dfrac{\cos 2x+\sin x^2}{5\mathrm{e}^x+3x^2}$；

4. $\lim\limits_{x\to 0}\dfrac{2x^3-2x+3}{5x^3+3x^2-x}$；

5. $\lim\limits_{x\to 0}\dfrac{\sqrt{1-x}-1}{x}$；

6. $\lim\limits_{x\to 2}\left(\dfrac{1}{x-2}-\dfrac{12}{x^3-8}\right)$；

7. $\lim\limits_{x\to\infty}\left(\dfrac{x+1}{x-1}\right)^x$；

8. $\lim\limits_{x\to 0}(1+\sin 2x)^{\frac{1}{x}}$；

9. $\lim\limits_{x\to 0}\dfrac{\sin 3x}{\tan 5x}$；

10. $\lim\limits_{x\to 0}\sin x\cos\dfrac{1}{x}$.

三、证明方程 $\mathrm{e}^x+x=2$ 至少有一个小于 1 的正根.

四、证明方程 $\sin x+x+1=0$ 在开区间 $\left(-\dfrac{\pi}{2},\dfrac{\pi}{2}\right)$ 内至少有一个根.

2 导数与微分

在自然科学、社会科学、工程实践甚至日常生活中，我们不仅需要研究变量之间的绝对变化关系，有时还需要从数量上研究函数相对于自变量的变化快慢程度，即变化率的问题，如曲线的切线问题，物体运动的速度、加速度，电流的强度，温度的变化程度等，所有这些在数量关系上都归结为函数的变化率，即导数. 这一章，我们从几个实际问题入手，引进导数概念，然后介绍导数的基本公式和运算法则.

2.1 导数的概念

2.1.1 引例

1. 变速运动的瞬时速度问题——路程相对时间的变化率

在物理学中，我们曾学习过匀速直线运动的一个基本关系：路程＝速度×时间，即

$$s=vt$$

可以得出匀速运动速度为

$$v=\frac{s}{t}$$

但在日常生活中，我们所遇到的物体的运动大都是变速运动，平常人们所说的物体运动的速度，是指物体在一段时间内的平均速度. 如何求出公交车在某一时刻的瞬时速度呢？

设 s 表示公交车从某一时刻开始到时刻 t 做直线运动所经过的路程，则 s 是时刻 t 的函数 $s=s(t)$. 现在来确定该物体在某一给定时刻 t_0 的速度.

当时刻由 t_0 改变到 $t_0+\Delta t$ 时，公交车在 Δt 这段时间内所经过的距离为

$$\Delta s=s(t_0+\Delta t)-s(t_0)$$

因此在 Δt 这段时间内，物体的平均速度为

$$\bar{v}=\frac{\Delta s}{\Delta t}=\frac{s(t_0+\Delta t)-s(t_0)}{\Delta t}$$

若物体做匀速运动，平均速度 $\bar{v}$ 就是物体在任何时刻的速度 v，若物体的运动是变速的，则当 Δt 很小时，$\bar{v}$ 可以近似地表示物体在 t_0 时刻的速度，Δt 越小，近似程度越好，当 $\Delta t\to 0$ 时，如果极限 $\lim\limits_{\Delta t\to 0}\frac{\Delta s}{\Delta t}$ 存在，则此极限为物体在 t_0 时刻的瞬时速度，即

$$v=\lim_{\Delta t\to 0}\frac{\Delta s}{\Delta t}=\lim_{\Delta t\to 0}\frac{s(t_0+\Delta t)-s(t_0)}{\Delta t}$$

2. 曲线的切线斜率

在平面几何里，圆的切线定义为“与曲线有唯一交点的直线”. 显然这一定义具有特殊性，并不适合一般的连续曲线. 下面给出一般连续曲线的切线定义：“在曲线 L 上，点 M 为曲线上一定点，在 M 附近再取一点 N，作割线 MN，当点 N 沿曲线移动而趋向于 M 时，割线 MN 的极限位置 MT 就称为曲线 L 在点 M 处的切线”(见图 2-1).

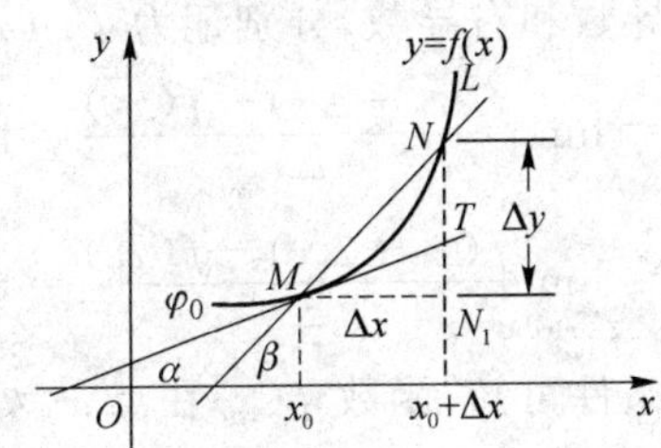

图 2-1

根据这个定义，我们可以用极限的方法来求曲线的切线斜率. 设曲线 $y=f(x)$ 的图形如图 2-1 所示，点 $M(x_0,y_0)$ 为曲线上一定点，在曲线上另取一点 $N(x_0+\Delta x, y_0+\Delta y)$，点 N 的位置取决于 Δx，它是曲线上的一个动点，作割线 MN，设其倾斜角(即 MN 与 x 轴正向的夹角)为 β，由图可知割线 MN 的斜率为

$$\tan\beta=\frac{\Delta y}{\Delta x}=\frac{f(x_0+\Delta x)-f(x_0)}{\Delta x}$$

当 $\Delta x\to 0$ 时，动点 N 将沿着曲线趋向于定点 M，从而割线 MN 也随之变动而趋向于极限位置——切线 MT. 显然，此时倾斜角 β 趋向于切线的倾角 α，于是得到切线的斜率为

$$k=\tan\alpha=\lim_{\Delta x\to 0}\tan\beta=\lim_{\Delta x\to 0}\frac{\Delta y}{\Delta x}=\lim_{\Delta x\to 0}\frac{f(x_0+\Delta x)-f(x_0)}{\Delta x}$$

上面两个实例的具体含义虽然各不相同，但是从抽象的数量关系来看，它们的实质是一样的，都归结为计算函数改变量 Δy 与自变量改变量 Δx 的比，当自变量改变量趋向零时的极限，即变化率的极限. 这种特殊的极限叫作函数的导数.

2.1.2　导数概念

1. 导数的定义

定义 2.1　设函数 $y=f(x)$ 时在点 x_0 及其某个邻域内有定义，当自变量 x 在 x_0 处取得增量 Δx(点 $x_0+\Delta x$ 仍在定义范围内)时，函数有相应的增量

$$\Delta y=f(x_0+\Delta x)-f(x_0)$$

如果极限 $\lim\limits_{\Delta x\to 0}\dfrac{\Delta y}{\Delta x}$ 存在，则称函数 $f(x)$ 在点 x_0 处可导，并称这个极限为函数 $y=f(x)$ 在点 x_0 处的导数，记为 $f'(x_0)$，即

$$f'(x_0)=\lim_{\Delta x\to 0}\frac{\Delta y}{\Delta x}=\lim_{\Delta x\to 0}\frac{f(x_0+\Delta x)-f(x_0)}{\Delta x}$$

也可记作 $y'\big|_{x=x_0}$，　$\dfrac{\mathrm{d}y}{\mathrm{d}x}\bigg|_{x=x_0}$ 或 $\dfrac{\mathrm{d}f(x)}{\mathrm{d}x}\bigg|_{x=x_0}$，　或 $f'(x_0)$.

如果极限$\lim\limits_{\Delta x \to 0}\dfrac{\Delta y}{\Delta x}$不存在，就说函数在点$x_0$处没有导数或不可导，如果不可导的原因是当$\Delta x \to 0$时$\dfrac{\Delta y}{\Delta x}\to\infty$，即说函数$y=f(x)$在点$x_0$处的导数为无穷大.

与函数$y=f(x)$在点x_0处的左、右极限概念相似，如果$\lim\limits_{\Delta x \to 0^-}\dfrac{\Delta y}{\Delta x}$和$\lim\limits_{\Delta x \to 0^+}\dfrac{\Delta y}{\Delta x}$存在，则分别称此两极限为$f(x)$在点$x_0$处的左导数和右导数，分别记为$f'_-(x_0)$和$f'_+(x_0)$. 有

$$f'_-(x_0)=\lim_{\Delta x \to 0^-}\frac{\Delta y}{\Delta x}=\lim_{\Delta x \to 0^-}\frac{f(x_0+\Delta x)-f(x_0)}{\Delta x}=\lim_{x \to x_0^-}\frac{f(x)-f(x_0)}{x-x_0}$$

$$f'_+(x_0)=\lim_{\Delta x \to 0^+}\frac{\Delta y}{\Delta x}=\lim_{\Delta x \to 0^+}\frac{f(x_0+\Delta x)-f(x_0)}{\Delta x}=\lim_{x \to x_0^+}\frac{f(x)-f(x_0)}{x-x_0}$$

由函数极限存在的充分必要条件可知，函数$f(x)$在点x_0处的导数与在该点的左、右导数的关系有如下结论.

定理 2.1 函数$f(x)$在点x_0处可导且$f'(x_0)=A$的充分必要条件是它在点x_0的左导数$f'_-(x_0)$、右导数$f'_+(x_0)$均存在，且都等于A，即

$$f'(x_0)=A \Leftrightarrow f'_-(x_0)=A=f'_+(x_0)$$

如果函数$f(x)$在某区间(a,b)内的每一点都可导，则称$f(x)$在区间(a,b)内可导，这时，对于(a,b)内的每一点x，都有确定的导数值与它对应，这样就构成了一个新的函数，称为函数$f(x)$的导函数，记作$f'(x)$或y'，$\dfrac{\mathrm{d}y}{\mathrm{d}x}$，$\dfrac{\mathrm{d}f(x)}{\mathrm{d}x}$，在不致发生混淆的情况下，导函数也简称导数.

下面根据定义我们计算几个初等函数的导数.

例 1 求$f(x)=C$(C为常数)的导数.

解 $f'(x)=\lim\limits_{\Delta x \to 0}\dfrac{f(x+\Delta x)-f(x)}{\Delta x}=\lim\limits_{\Delta x \to 0}\dfrac{C-C}{\Delta x}=0$

例 2 求函数$f(x)=x^n$($n\in N$)的导数.

解
$$\begin{aligned}\Delta y&=(x+\Delta x)^n-x^n\\&=C_n^0x^n+C_n^1x^{n-1}\Delta x+C_n^2x^{n-2}(\Delta x)^2+\cdots+C_n^n(\Delta x)^n-x^n\\&=C_n^1x^{n-1}\Delta x+C_n^2x^{n-2}(\Delta x)^2+\cdots+(\Delta x)^n\end{aligned}$$

$$\frac{\Delta y}{\Delta x}=C_n^1x^{n-1}+C_n^2x^{n-2}(\Delta x)+\cdots+(\Delta x)^{n-1}$$

$$\lim_{\Delta x \to 0}\frac{\Delta y}{\Delta x}=C_n^1x^{n-1}=nx^{n-1}$$

即 $(x^n)'=nx^{n-1}$

注意：当μ为实数时，$(x^\mu)'=\mu x^{\mu-1}$仍成立.

例 3 求函数$f(x)=\log_a x$ ($a>0, a\neq 1$)的导数.

解
$$\begin{aligned}f'(x)&=\lim_{\Delta x \to 0}\frac{f(x+\Delta x)-f(x)}{\Delta x}=\lim_{\Delta x \to 0}\frac{\log_a(x+\Delta x)-\log_a x}{\Delta x}\\&=\lim_{\Delta x \to 0}\frac{1}{\Delta x}\log_a\left(1+\frac{\Delta x}{x}\right)\\&=\lim_{\Delta x \to 0}\log_a\left[\left(1+\frac{\Delta x}{x}\right)^{\frac{x}{\Delta x}}\right]^{\frac{1}{x}}\end{aligned}$$

$$=\lim_{\Delta x\to 0}\frac{1}{x}\log_a\left(1+\frac{\Delta x}{x}\right)^{\frac{x}{\Delta x}}=\frac{1}{x}\log_a\left(1+\frac{\Delta x}{x}\right)^{\frac{x}{\Delta x}}$$

$$=\frac{1}{x}\log_a\left[\lim_{\Delta x\to 0}\left(1+\frac{\Delta x}{x}\right)^{\frac{x}{\Delta x}}\right]$$

$$=\frac{1}{x}\log_a \mathrm{e}=\frac{1}{x\ln a}$$

即
$$(\log_a x)'=\frac{1}{x\ln a}\quad(x>0)$$

显然
$$(\ln x)'=\frac{1}{x}\quad(x>0)$$

例 4　求函数 $f(x)=\sin x$ 的导数.

解　$f'(x)=\lim\limits_{\Delta x\to 0}\dfrac{f(x+\Delta x)-f(x)}{\Delta x}=\lim\limits_{\Delta x\to 0}\dfrac{\sin(x+\Delta x)-\sin x}{\Delta x}$

$$=\lim_{\Delta x\to 0}\frac{2\cos\left(x+\frac{\Delta x}{2}\right)\sin\frac{\Delta x}{2}}{\Delta x}$$

$$=\lim_{\Delta x\to 0}\cos\left(x+\frac{\Delta x}{2}\right)\cdot\frac{\sin\frac{\Delta x}{2}}{\frac{\Delta x}{2}}$$

$$=\lim_{\Delta x\to 0}\cos\left(x+\frac{\Delta x}{2}\right)\cdot\lim_{\Delta x\to 0}\frac{\sin\frac{\Delta x}{2}}{\frac{\Delta x}{2}}$$

$$=\cos x$$

即
$$(\sin x)'=\cos x$$
类似地可得
$$(\cos x)'=-\sin x$$

以上我们通过导数的定义求出了几个基本初等函数的导数,基本初等函数作为基本函数,在函数的导数计算中起到重要的作用,我们不加证明地给出如下基本初等函数的求导公式.

(1) $(C)'=0$(C 为任意常数)

(2) $(x^\mu)'=\mu x^{\mu-1}$(μ 为任意实数)

(3) $(a^x)'=a^x\ln a\quad(a>0,a\neq 1)$,　　$(\mathrm{e}^x)'=\mathrm{e}^x$

(4) $(\log_a x)'=\dfrac{1}{x\ln a}\quad(a>0,a\neq 1)$,　　$(\ln x)'=\dfrac{1}{x}$

(5) $(\sin x)'=\cos x$　　$(\cos x)'=-\sin x$

$(\tan x)'=\sec^2 x=\dfrac{1}{\cos^2 x}$　　$(\cot x)'=-\csc^2 x=-\dfrac{1}{\sin^2 x}$

$(\sec x)'=\sec x\cdot\tan x$　　$(\csc x)'=-\csc x\cdot\cot x$

(6) $(\arcsin x)'=\dfrac{1}{\sqrt{1-x^2}}$　　$(\arccos x)'=-\dfrac{1}{\sqrt{1-x^2}}$

$(\arctan x)'=\dfrac{1}{1+x^2}$　　$(\operatorname{arccot} x)'=-\dfrac{1}{1+x^2}$

2. 导数的几何意义

由前面的讨论可知，函数 $f(x)$ 在一具体点 x_0 处的导数等于函数所表示的曲线 L 在相应点 (x_0, y_0) 处的切线斜率，这就是导数的几何意义.

有了曲线在点 (x_0, y_0) 处的切线斜率，我们就可以写出曲线在该点处的切线方程，事实上，若 $f'(x_0)$ 存在，则曲线 L 上点 $M(x_0, y_0)$ 处的切线方程为

$$y-y_0=f'(x_0)\cdot(x-x_0)$$

例 5 求曲线 $f(x)=\sin x$ 在点 $\left(\frac{\pi}{3},\frac{\sqrt{3}}{2}\right)$ 处的切线.

解 设切线的斜率为 k，因切点处的导数就等于切线的斜率，可根据上例的结果得出

$$k=f'\left(\frac{\pi}{3}\right)=\cos\frac{\pi}{3}=\frac{1}{2}$$

则切线为 $\qquad y-\frac{\sqrt{3}}{2}=\frac{1}{2}\left(x-\frac{\pi}{3}\right)\qquad$ 即 $3x-6y+3\sqrt{3}-\pi=0$.

3. 可导与连续的关系

从导数的定义，我们很容易推出可导与连续的关系.

定理 2.2 如果函数 $y=f(x)$ 在点 x_0 上可导，则函数 $y=f(x)$ 在点 x_0 必连续.

证明 设函数 $y=f(x)$ 在点 x_0 处可导，则有 $\lim\limits_{\Delta x\to 0}\frac{\Delta y}{\Delta x}=f'(x_0)$，根据函数的极限与无穷小的关系，由上式可得

$$\frac{\Delta y}{\Delta x}=f'(x_0)+\alpha(\Delta x)$$

其中 $\alpha(\Delta x)$ 为当 $\Delta x\to 0$ 时的无穷小，两端各乘以 Δx 即得

$$\Delta y=f'(x_0)\cdot\Delta x+\alpha(\Delta x)\cdot\Delta x$$

两边取极限得 $\lim\limits_{\Delta x\to 0}\Delta y=0$，即函数 $y=f(x)$ 在点 x_0 处连续定理得证.

因 x_0 是区间 I 上的任意一点，所以如果 $f(x)$ 在区间 I 可导，$f(x)$ 必在区间 I 上连续.

上述定理说明：如果函数 $f(x)$ 在某一点上可导，则函数 $f(x)$ 在该点必连续. 但反过来结论成不成立呢？我们通过下面的例子说明这个问题.

例 6 判断函数 $y=|x|=\begin{cases}x, x\geqslant 0\\ -x, x<0\end{cases}$ 在点 $x=0$ 处是否连续，是否可导？

解 该函数图形如图 2-2 所示，

显然 $\lim\limits_{x\to 0^+}f(x)=\lim\limits_{x\to 0^-}f(x)=0=f(0)$

所以函数在点 $x=0$ 处是连续的.

又
$$f'_+(0)=\lim_{x\to 0^+}\frac{f(x)-f(0)}{x-0}=\lim_{x\to 0^+}\frac{x-0}{x-0}=1$$

$$f'_-(0)=\lim_{x\to 0^-}\frac{f(x)-f(0)}{x-0}=\lim_{x\to 0^-}\frac{-x-0}{x-0}=-1$$

$$f'_-(x)\neq f'_+(x)$$

所以函数 $y=|x|=\begin{cases}x, x\geqslant 0\\ -x, x<0\end{cases}$ 在点 $x=0$ 处连续，但不可导.

由此可见,如果函数 $f(x)$ 在点 x 处连续,则函数在该点不一定可导.即函数在某点连续是函数在该点可导的必要条件,但不是充分条件.

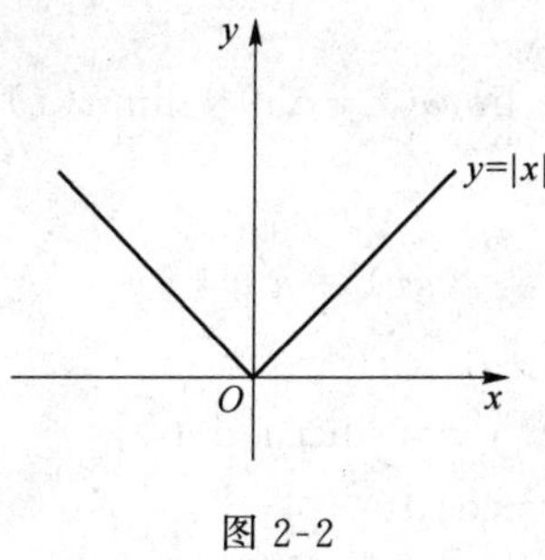

图 2-2

习题 2-1

1. 下列各题中均假定 $f'(x_0)$ 存在,按照导数定义观察下列极限,指出 A 表示什么.

(1) $\lim\limits_{\Delta x\to 0}\dfrac{f(x_0+\Delta x)-f(x_0-\Delta x)}{\Delta x}=A$

(2) $\lim\limits_{h\to 0}\dfrac{f(x_0+2h)-f(x_0-3h)}{h}=A$

2. 设 $f(x)=\cos x$,试按导数定义求 $f'(x)$.

3. 设 $f(x)=\cos x$,求 $f(x)$ 在点 $x=\dfrac{\pi}{4}$ 处的切线方程.

2.2 函数的求导法则

通过上节的学习我们知道,利用导数的定义求函数的导数很麻烦,同时这种计算也很有局限性.在本节中我们学习函数和、差、积、商的求导法则,给出求导基本公式,从而解决了导数的基本计算问题.

2.2.1 导数的四则运算法则

法则 2.1 设函数 $u=u(x)$,$v=v(x)$ 都是可导函数,则

(1) $(u\pm v)'=u'\pm v'$

(2) $(uv)'=u'v+uv'$

(3) $\left(\dfrac{u}{v}\right)'=\dfrac{u'v-uv'}{v^2}\quad (v(x)\neq 0)$

下面只给出本法则(2)的证明,其他法则学生可仿照证明.

证明 设 $y=u(x)\cdot v(x)$,给自变量 x 以增量 Δx,函数 $u=u(x)$,$v=v(x)$ 及 $y=u(x)\cdot v(x)$ 相应地有增量 $\Delta u,\Delta v,\Delta y$.

$$\begin{aligned}\Delta y&=[u(x+\Delta x)\cdot v(x+\Delta x)]-[u(x)\cdot v(x)]\\&=[u(x+\Delta x)-u(x)]\cdot v(x+\Delta x)+u(x)\cdot[v(x+\Delta x)-v(x)]\\&=\Delta u\cdot v(x+\Delta x)+u(x)\cdot\Delta v\end{aligned}$$

$$\frac{\Delta y}{\Delta x}=\frac{\Delta u}{\Delta x}\cdot v(x+\Delta x)+u(x)\cdot\frac{\Delta v}{\Delta x}$$

于是

$$y'=\lim_{\Delta x\to 0}\frac{\Delta y}{\Delta x}=\lim_{\Delta x\to 0}\frac{\Delta u}{\Delta x}\cdot\lim_{\Delta x\to 0}v(x+\Delta x)+\lim_{\Delta x\to 0}u(x)\cdot\lim_{\Delta x\to 0}\frac{\Delta v}{\Delta x}=u'v+uv'$$

即

$$(uv)'=u'v+uv'$$

例 1 设 $y=x^4+\sin x+8$,求 y'.

解 $y'=(x^4+\sin x+8)'=(x^4)'+(\sin x)'+(8)'$

$=4x^3+\cos x+0=4x^3+\cos x$.

例 2 设 $y=\dfrac{x^2+\sqrt{\pi x}+2}{\sqrt{x}}+\sin\dfrac{\pi}{2}$,求 y'.

解 $y'=\left(\dfrac{x^2+\sqrt{\pi x}+2}{\sqrt{x}}+\sin\dfrac{\pi}{2}\right)'=\left(x^{\frac{3}{2}}+\sqrt{\pi}+2x^{-\frac{1}{2}}+\sin\dfrac{\pi}{2}\right)'$

$=(x^{\frac{3}{2}})'+(\sqrt{\pi})'+(2x^{-\frac{1}{2}})'+\left(\sin\dfrac{\pi}{2}\right)'$

$=\dfrac{3}{2}x^{\frac{1}{2}}+0+2\left(-\dfrac{1}{2}\right)x^{-\frac{3}{2}}=\dfrac{3}{2}\sqrt{x}-\dfrac{1}{x\sqrt{x}}$.

例 3 设 $y=(\cos x+\sin x)\log_2 x$,求 y'.

解 $y'=[(\cos x+\sin x)\log_2 x]'=(\log_2 x)'(\cos x+\sin x)+\log_2 x\cdot(\cos x+\sin x)'$

$=\dfrac{1}{x\ln 2}(\cos x+\sin x)+\log_2 x(-\sin x+\cos x)$.

例 4 求函数 $y=\tan x$ 的导数.

解 $y'=(\tan x)'=\left(\dfrac{\sin x}{\cos x}\right)'=\dfrac{(\sin x)'\cos x-\sin x(\cos x)'}{\cos^2 x}$

$=\dfrac{\cos^2 x+\sin^2 x}{\cos^2 x}=\dfrac{1}{\cos^2 x}=\sec^2 x$

即

$$(\tan x)'=\sec^2 x$$

类似地可得

$$(\cot x)'=-\csc^2 x$$

例 5 求函数 $y=\sec x$ 的导数.

解 $y'=(\sec x)'=\left(\dfrac{1}{\cos x}\right)'=\dfrac{(1)'\cos x-1\cdot(\cos x)'}{\cos^2 x}$

$=\dfrac{\sin x}{\cos^2 x}=\sec x\cdot\tan x$

即

$$(\sec x)'=\sec x\cdot\tan x$$

类似地可得

$$(\csc x)'=-\csc x\cdot\cot x$$

2.2.2 反函数的求导法则

法则 2.2 设函数 $x=\varphi(y)$ 在区间 (a,b) 内单调、可导,且 $\varphi'(y)\neq 0$,则其反函数 $y=f(x)$

在相应区间内也单调、可导，且

$$f'(x)=\frac{1}{\varphi'(y)} \quad \text{或} \quad \frac{dy}{dx}=\frac{1}{\frac{dx}{dy}}$$

证 函数 $x=\varphi(y)$ 单调、可导，从而连续，故则其反函数 $y=f(x)$ 在相应区间内也单调、连续.

对于反函数 $y=f(x)$，当自变量 x 取增量 $\Delta x(\Delta x\neq 0)$ 时，函数 y 相应地有增量 $\Delta y(\Delta y\neq 0)$，且 $\Delta x\to 0$ 时，$\Delta y\to 0$.

所以

$$\frac{\Delta y}{\Delta x}=\frac{1}{\frac{\Delta x}{\Delta y}}$$

$$\lim_{\Delta x\to 0}\frac{\Delta y}{\Delta x}=\lim_{\Delta x\to 0}\frac{1}{\frac{\Delta x}{\Delta y}}=\frac{1}{\lim\limits_{\Delta y\to 0}\frac{\Delta x}{\Delta y}}$$

即

$$f'(x)=\frac{1}{\varphi'(y)} \quad \text{或} \quad \frac{dy}{dx}=\frac{1}{\frac{dx}{dy}}$$

本法则表明，反函数的导数等于原函数导数的倒数.

例 6 求指数函数 $y=a^x(0<a$，且 $a\neq 1)$ 的导数.

解 因为 $y=a^x$ 是 $x=\log_a y$ 的反函数

所以

$$(a^x)'=\frac{1}{(\log_a y)'}=\frac{1}{\frac{1}{y\ln a}}=y\ln a=a^x\ln a$$

特殊地当 $a=\mathrm{e}$ 时有 $$(\mathrm{e}^x)'=\mathrm{e}^x$$

例 7 求 $y=\arcsin x(-1<x<1)$ 的导数.

解 因为 $y=\arcsin x\quad(-1<x<1)$ 的反函数是 $x=\sin y\left(-\frac{\pi}{2}<y<\frac{\pi}{2}\right)$

而

$$(\sin y)'=\cos y\neq 0 \qquad \left(-\frac{\pi}{2}<y<\frac{\pi}{2}\right)$$

所以

$$y'=(\arcsin x)'=\frac{1}{(\sin y)'}$$

$$=\frac{1}{\cos y}=\frac{1}{\sqrt{1-\sin^2 y}}=\frac{1}{\sqrt{1-x^2}}$$

由于 $\cos y$ 在 $\left(-\frac{\pi}{2},\frac{\pi}{2}\right)$ 内恒为正值，故上述根式前取正号. 即

$$(\arcsin x)'=\frac{1}{\sqrt{1-x^2}}$$

类似有

$$(\arccos x)'=-\frac{1}{\sqrt{1-x^2}}$$

$$(\arctan x)'=\frac{1}{1+x^2}$$

$$(\operatorname{arccot} x)'=-\frac{1}{1+x^2}$$

2.2.3 复合函数的求导法则

法则 2.3 设函数 $u=\varphi(x)$在点 x 可导,而函数 $y=f(u)$在对应的点 u 可导,则复合函数 $y=f(\varphi(x))$在点 x 可导,且

$$\frac{\mathrm{d}y}{\mathrm{d}x}=\frac{\mathrm{d}y}{\mathrm{d}u}\cdot\frac{\mathrm{d}u}{\mathrm{d}x}\quad 或\quad y'_x=y'_u\cdot u'_x$$

或记作 $$[f(\varphi(x))]'=f'(u)\varphi'(x)=f'(\varphi(x))\varphi'(x)$$

证 因为 $y=f(u)$在点 u 可导,所以$\lim\limits_{\Delta u\to 0}\frac{\Delta y}{\Delta u}$存在

从而 $$\frac{\Delta y}{\Delta u}=\frac{\mathrm{d}y}{\mathrm{d}u}+o(\Delta u)$$

即 $$\Delta y=\frac{\mathrm{d}y}{\mathrm{d}u}\Delta u+o(\Delta u)\cdot\Delta u$$

进而有 $$\frac{\Delta y}{\Delta x}=\frac{\mathrm{d}y}{\mathrm{d}u}\frac{\Delta u}{\Delta x}+o(\Delta u)\cdot\frac{\Delta u}{\Delta x}$$

因为 $u=\varphi(x)$在点 x 可导从而连续,即 $\lim\limits_{\Delta x\to 0}\frac{\Delta u}{\Delta x}=\frac{\mathrm{d}u}{\mathrm{d}x}$存在,且当 $\Delta x\to 0$ 时, $\Delta u\to 0, o(\Delta u)\to 0$.

所以 $$\lim_{\Delta x\to 0}\frac{\Delta y}{\Delta x}=\frac{\mathrm{d}y}{\mathrm{d}u}\cdot\lim_{\Delta x\to 0}\frac{\Delta u}{\Delta x}$$

即 $$\frac{\mathrm{d}y}{\mathrm{d}x}=\frac{\mathrm{d}y}{\mathrm{d}u}\cdot\frac{\mathrm{d}u}{\mathrm{d}x}$$

本法则表明,复合函数的导数等于函数对中间变量的导数,乘以中间变量对自变量的导数.此法则称为复合函数求导的链式法则.

本法则对由多个可导函数复合而成的复合函数求导,同样也适用.如,设函数 $v=\psi(x)$在点 x 可导,函数 $u=\varphi(v)$在对应点 $v=\psi(x)$可导,$y=f(u)$在对应点 $u=\varphi(v)$可导,则复合函数 $y=f(\varphi(\psi(x)))$在点 x 可导,且

$$\frac{\mathrm{d}y}{\mathrm{d}x}=\frac{\mathrm{d}y}{\mathrm{d}u}\cdot\frac{\mathrm{d}u}{\mathrm{d}v}\cdot\frac{\mathrm{d}v}{\mathrm{d}x}\quad 或\quad y'_x=y'_u\cdot u'_v\cdot v'_x$$

例 8 设 $y=5\sin(2x+1)$,求 y'.

解 $y=5\sin(2x+1)$可看作 $y=5\sin u, u=2x+1$ 复合而成,因此

$$\frac{\mathrm{d}y}{\mathrm{d}x}=\frac{\mathrm{d}y}{\mathrm{d}u}\cdot\frac{\mathrm{d}u}{\mathrm{d}x}=5\cos u\cdot(2x+1)'=10\cos(2x+1).$$

例 9 设 $y=\mathrm{e}^{x^2+2\tan x}$,求 y'.

解 $y=\mathrm{e}^{x^2+2\tan x}$可看作 $y=\mathrm{e}^u, u=x^2+2\tan x$ 复合而成,因

$$\frac{\mathrm{d}y}{\mathrm{d}u}=\mathrm{e}^u,\ \frac{\mathrm{d}u}{\mathrm{d}x}=2x+2\sec^2 x,$$

所以

$$\frac{\mathrm{d}y}{\mathrm{d}x}=\frac{\mathrm{d}y}{\mathrm{d}u}\cdot\frac{\mathrm{d}u}{\mathrm{d}x}=\mathrm{e}^u\cdot(2x+2\sec^2 x)=\mathrm{e}^{x^2+2\tan x}(2x+2\sec^2 x).$$

运用复合函数的求导法则关键在于把复合函数的复合过程搞清楚.一般情形下,复合函数求导后,都要把引进的中间变量代换成原来的自变量的式子.在运用复合函数求导法则熟练到一定程度后,就可以不写中间变量,只要心中明确对哪个变量求导就可以了.

例 10 求 $y=\mathrm{e}^{-x^2}\cos^2 x$ 的导数.

解

$$\begin{aligned} y'&=(\mathrm{e}^{-x^2})'\cos^2 x+\mathrm{e}^{-x^2}(\cos^2 x)' \\ &=\mathrm{e}^{-x^2}(-2x)\cos^2 x+\mathrm{e}^{-x^2}(2\cos x)(-\sin x) \\ &=-2\mathrm{e}^{-x^2}\cos x(x\cos x+\sin x)\end{aligned}$$

例 11 求函数 $y=\arctan\sqrt{\dfrac{1+x}{1-x}}$ 的导数.

解

$$\begin{aligned} y'&=\frac{1}{1+\left(\sqrt{\dfrac{1+x}{1-x}}\right)^2}\cdot\frac{1}{2\sqrt{\dfrac{1+x}{1-x}}}\cdot\frac{(1-x)+(1+x)}{(1-x)^2} \\ &=\frac{1}{2\sqrt{1+x}\sqrt{1-x}}=\frac{1}{2\sqrt{1-x^2}}\end{aligned}$$

习题 2-2

1. 求下列函数的导数:

(1) $y=x^4+\dfrac{2}{x^2}+\dfrac{1}{\sqrt{x}}+12$;　　(2) $y=5x^3-2^x+3\mathrm{e}^x$;

(3) $y=\dfrac{3x^5-x^2+1}{\sqrt{x}}$;　　(4) $y=2\tan x+\sec x-1$;

(5) $y=x^2\sin x$;　　(6) $y=\sin x\cdot\cos x$;

(7) $y=\dfrac{\mathrm{e}^x}{x^2}+\ln 3$;　　(8) $y=\dfrac{\sin x}{x}$;

(9) $y=\arcsin x+\arccos x$.

2. 求下列函数在给定点的导数:

(1) $y=\sin x+\cos x$,求 $y'\big|_{x=\frac{\pi}{6}}$;$y'\big|_{x=\frac{\pi}{4}}$;

(2) $\rho=\theta\tan\theta+\dfrac{1}{2}\sin\theta$,求 $\dfrac{\mathrm{d}\rho}{\mathrm{d}\theta}\bigg|_{\theta=\frac{\pi}{4}}$.

3. 求下列函数的导数:

(1) $y=(2x^2+1)^5$;　　(2) $y=\cos(4x-x^2)$;

(3) $y=\mathrm{e}^{-4x^2}$;　　(4) $y=\ln\sqrt{1+x^2}$;

(5) $y=\ln\cos(x+1)$.

2.3 高阶导数

在变速直线运动中，速度函数 $v=v(t)$ 是位移函数 $s=s(x)$ 对时间 t 的导数即 $v=\frac{\mathrm{d}s}{\mathrm{d}t}$，而加速度 a 又是速度函数 $v=v(t)$ 对时间 t 的导数即 $a=\frac{\mathrm{d}v}{\mathrm{d}t}$，所以 $a=\frac{\mathrm{d}}{\mathrm{d}t}\left(\frac{\mathrm{d}s}{\mathrm{d}t}\right)$，此时，我们称 a 为 s 对 t 的二阶导数，记作 $\frac{\mathrm{d}^2 s}{\mathrm{d}t^2}$ 或者 s''.

一般地，函数 $y=f(x)$ 的导数 $y'=f'(x)$ 仍是 x 的函数，如果导函数 $f'(x)$ 仍可导，则称 $f'(x)$ 的导数为函数 $y=f(x)$ 的二阶导数，记作

$$y'' \text{或} f''(x) \text{或} \frac{\mathrm{d}^2 y}{\mathrm{d}x^2} \text{或} \frac{\mathrm{d}^2 f}{\mathrm{d}x^2}$$

这时，也称函数 $y=f(x)$ 二阶可导，按照导数的定义，二阶导数可用极限表示为

$$f''(x)=\lim_{\Delta x\to 0}\frac{\Delta y'}{\Delta x}=\lim_{\Delta x\to 0}\frac{f'(x+\Delta x)-f'(x)}{\Delta x}$$

函数 $y=f(x)$ 在某具体点 x_0 处的二阶导数，记作

$$y''\big|_{x=x_0} \quad \text{或} \quad f''(x_0) \quad \text{或} \quad \frac{\mathrm{d}^2 y}{\mathrm{d}x^2}\bigg|_{x=x_0} \quad \text{或} \quad \frac{\mathrm{d}^2 f}{\mathrm{d}x^2}\bigg|_{x=x_0}$$

仿上，函数 $y=f(x)$ 的二阶导数 $f''(x)$ 的导数称函数 $y=f(x)$ 的三阶导数，记作

$$y''' \quad \text{或} \quad f'''(x) \quad \text{或} \quad \frac{\mathrm{d}^3 y}{\mathrm{d}x^3} \quad \text{或} \quad \frac{\mathrm{d}^3 f}{\mathrm{d}x^3}.$$

依此类推，函数 $y=f(x)$ 的 $(n-1)$ 阶导数 $f^{(n-1)}(x)$ 的导数称为 $y=f(x)$ 的 n 阶导数，记作

$$y^{(n)} \quad \text{或} \quad f^{(n)}(x) \quad \text{或} \quad \frac{\mathrm{d}^n y}{\mathrm{d}x^n} \quad \text{或} \quad \frac{\mathrm{d}^n f}{\mathrm{d}x^n}$$

我们把二阶及二阶以上的导数统称为高阶导数，称 $f'(x)$ 为一阶导数. 根据高阶导数的定义，我们看出求函数的高阶导数，就是应用一阶导数的求导法则，对导函数逐次求导.

例 1 设 $y=\mathrm{e}^{-x}\sin 2x$，求 y''.

解
$$\begin{aligned} y' &= -\mathrm{e}^{-x}\sin 2x+\mathrm{e}^{-x}\cdot 2\cos 2x \\ &= \mathrm{e}^{-x}(2\cos 2x-\sin 2x), \\ y'' &= -\mathrm{e}^{-x}(2\cos 2x-\sin 2x)+\mathrm{e}^{-x}(-4\sin 2x-2\cos 2x) \\ &= -\mathrm{e}^{-x}(4\cos 2x+3\sin 2x). \end{aligned}$$

例 2 设 $s=A\sin(\omega t+\varphi)$，求 $\frac{\mathrm{d}^2 s}{\mathrm{d}t^2}$.

解 $\frac{\mathrm{d}s}{\mathrm{d}t}=A\omega\cos(\omega t+\varphi)$，$\frac{\mathrm{d}^2 s}{\mathrm{d}t^2}=-A\omega^2\sin(\omega t+\varphi)$.

例 3 求 $y=x^n$ 的 k 阶导数 $y^{(k)}$.

解
$$\begin{aligned} y' &= nx^{n-1} \\ y'' &= n(n-1)x^{n-2} \\ y''' &= n(n-1)(n-2)x^{n-3} \\ &\vdots \end{aligned}$$

依此类推，可得

$$y^{(k)}=n(n-1)(n-2)\cdots(n-k+1)x^{n-k}(k\leqslant n)$$

显然

$$y^{(n)}=n(n-1)(n-2)\cdots2\cdot1=n!,即(x^n)^{(n)}=n!.$$

x^n 的 $n+1$ 阶导数为零，即幂函数的幂次若低于所求导的阶数，则结果为零.

例如，$(x^4)^{(5)}=0$.

例 4 求 $y=11x^{10}+10x^9+9x^8+\cdots+2x+1$ 的 10 阶导数 $y^{(10)}$.

解 $$y^{(10)}=(11x^{10})^{(10)}+(10x^9)^{(10)}+\cdots+(2x)^{(10)}+(1)^{(10)}$$

由上例的结果知：低于 10 次幂的项的 10 阶导数为零，所以

$$y^{(10)}=(11x^{10})^{(10)}=11\cdot10!=11!$$

例 5 求 $y=\sin x$ 的 n 阶导数 $y^{(n)}$.

解

$$y'=\cos x=\sin\left(x+\frac{\pi}{2}\right)$$

$$y''=\cos\left(x+\frac{\pi}{2}\right)=\sin\left(x+2\cdot\frac{\pi}{2}\right)$$

$$y'''=\cos\left(x+2\cdot\frac{\pi}{2}\right)=\sin\left(x+3\cdot\frac{\pi}{2}\right)$$

$$\vdots$$

$$y^{(n)}=\sin\left(x+n\cdot\frac{\pi}{2}\right)$$

即 $$(\sin x)^{(n)}=\sin\left(x+n\cdot\frac{\pi}{2}\right)$$

同理

$$(\cos x)^{(n)}=\cos\left(x+n\cdot\frac{\pi}{2}\right)$$

例 6 求 $y=a^x$ 的 n 阶导数 $y^{(n)}$.

解

$$y'=a^x\cdot\ln a$$

$$y''=(a^x)'\cdot\ln a=a^x\cdot(\ln a)^2$$

$$y'''=(a^x)'\cdot(\ln a)^2=a^x\cdot(\ln a)^3$$

$$\vdots$$

$$y^{(n)}=a^x\cdot(\ln a)^n$$

即 $$(a^x)^{(n)}=a^x\cdot(\ln a)^n$$

特别地 $$(\mathrm{e}^x)^{(n)}=\mathrm{e}^x$$

例 7 设 $y=\ln(1+x)$，求 $y^{(n)}$.

解 $y'=\dfrac{1}{1+x}$,

$$y''=-\frac{1}{(1+x)^2},$$

$$y'''=\frac{1\times2}{(1+x)^3},$$

$$\vdots$$

$$y^{(n)}=(-1)^{n-1}\frac{(n-1)!}{(1+x)^n}.$$

则 $$[\ln(1+x)]^{(n)}=(-1)^{n-1}\frac{(n-1)!}{(1+x)^n}.$$

习题 2-3

1. 求下列函数的二阶导数.

(1) $y=\tan x$　(2) $y=x^2-\ln x$　(3) $y=x\sec^2 x-\tan x$

(4) $y=e^{-x}\sin x$　(5) $y=\sqrt{1+x^2}$　(6) $y=x^3\ln x$

2. 求下列函数的 n 阶导数.

(1) $y=xe^x$　(2) $y=x\ln x$

3. 设 $y=\frac{x}{\ln x}$,求 y''.

4. 设函数 $y=\ln\tan x$,求 y''.

2.4 隐函数的导数 参数方程所确定的函数的导数

2.4.1 隐函数的导数

在前面,我们讨论的函数都可以表示成 $y=f(x)$的形式,其中 $f(x)$由 x 的解析式表示.这种形式的函数称为显函数.

除了显函数以外,有时会遇到另一种表示形式的函数,例如,方程 $x^2+y^3=1$ 中,x 在$(-\infty,+\infty)$内任取一值,相应的就有一个满足方程的 y 与之对应,这就是说方程 $x^2+y^3=1$ 确定了一个以 x 为自变量的函数 y.我们把这种由方程 $f(x,y)=0$ 所确定的函数称为隐函数.

我们求解方程 $x^2+y^3=1$,可以得到 $y=\sqrt[3]{1-x^2}$,就将隐函数化成了显函数,这个过程叫作隐函数显化.有些隐函数可以显化,有些则很难甚至不可能,例如开普勒方程 $y-x-\varepsilon\sin y=0(0<\varepsilon<1)$所确定的隐函数,就不能表示成 y 是 x 的显函数.在实际问题中,有时需要计算隐函数的导数,无论隐函数能否被显化,我们都希望能直接由方程 $f(x,y)=0$ 计算出由它确定的隐函数的导数.下面就给出隐函数的求导方法:

在方程两端同时对自变量 x 求导数,遇到 y 就把它看成 x 的函数,利用复合函数的求导法则求导,得到含有 y'的方程,从方程中求出 y',就得到所求隐函数的导数.

例 1 设 $y=y(x)$由 $e^x+x=e^y+xy$ 确定,求 y'.

解 在方程两边关于 x 求导,把 y 看作 x 的函数,则方程两边的导数相等,所以

$$e^x+1=e^y\cdot y'+y+xy',$$

解上述方程得

$$y'=\frac{e^x+1-y}{e^y+x}.$$

例 2 设 $xe^y-y+1=0$，求$\dfrac{dy}{dx},\dfrac{dy}{dx}\bigg|_{x=0},\dfrac{d^2y}{dx^2}$.

解 在方程 $xe^y-y+1=0$ 两边关于 x 求导，把 y 看作 x 的函数，得

$$e^y+xe^y\frac{dy}{dx}-\frac{dy}{dx}=0,$$

解得

$$\frac{dy}{dx}=\frac{e^y}{1-xe^y}=\frac{e^y}{2-y}.$$

将 $x=0$ 代入方程 $xe^y-y+1=0$，得 $y=1$. 所以

$$\frac{dy}{dx}\bigg|_{x=0}=\frac{dy}{dx}\bigg|_{\substack{x=0\\y=1}}=\frac{e^y}{2-y}\bigg|_{\substack{x=0\\y=1}}=e.$$

在$\dfrac{dy}{dx}=\dfrac{e^y}{2-y}$两端再对 x 求导，得

$$\frac{d^2y}{dx^2}=\frac{d}{dx}\left(\frac{dy}{dx}\right)=\frac{d}{dx}\left(\frac{e^y}{2-y}\right)=\frac{e^y\dfrac{dy}{dx}\cdot(2-y)-e^y\left(-\dfrac{dy}{dx}\right)}{(2-y)^2}$$

$$=\frac{e^y\cdot\dfrac{e^y}{2-y}\cdot(2-y)-e^y\left(-\dfrac{e^y}{2-y}\right)}{(2-y)^2}=\frac{e^{2y}(3-y)}{(2-y)^3}.$$

例 3 求椭圆$\dfrac{x^2}{9}+\dfrac{y^2}{4}=1$ 在点 $P\left(1,\dfrac{4\sqrt{2}}{3}\right)$处的切线方程(见图 2-3).

解 将方程两边同时对 x 求导，得

$$\frac{2x}{9}+\frac{2yy'}{4}=0$$

$$y'=-\frac{4x}{9y}$$

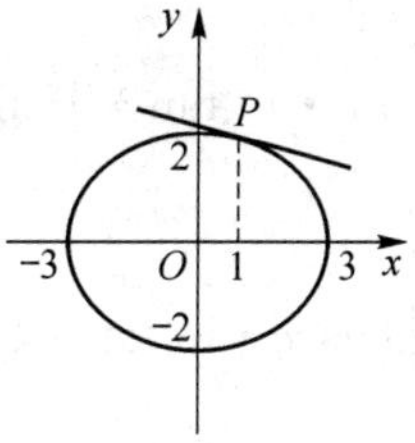

图 2-3

将 $P\left(1,\dfrac{4\sqrt{2}}{3}\right)$代入，得所求切线斜率

$$k=-\frac{4x}{9y}\bigg|_{\substack{x=1\\y=\frac{4\sqrt{2}}{3}}}=-\frac{4\times1}{9\times\dfrac{4\sqrt{2}}{3}}=-\frac{\sqrt{2}}{6}$$

则切线方程为

$$y-\frac{4\sqrt{2}}{3}=-\frac{\sqrt{2}}{6}(x-1)$$

即

$$2x+6\sqrt{2}y-18=0$$

2.4.2 幂指函数的求导与对数求导法

所谓幂指函数是指形如 $y=f(x)^{g(x)}$（注 $f(x)$大于 0 且不等 1）的函数，这类函数求导时，既不能用幂函数的导数公式，也不能用指数函数的导数公式. 解决幂指函数求导运算的途径有两条.

(1) 指数恒等变形法.

先将幂指函数 $y=f(x)^{g(x)}$ 化为：$y=f(x)^{g(x)}=e^{\ln f(x)^{g(x)}}=e^{g(x)\ln f(x)}$

再按复合函数求导法则求导即可.

(2) 两边取对数求导法.

这种方法是通过将幂指函数 $y=f(x)^{g(x)}$ 两边取对数转化为

$$\ln y=\ln f(x)^{g(x)}=g(x)\ln f(x)$$

再按隐函数求导法则求导即可，并记住 y 是 x 的函数，且 $y=f(x)^{g(x)}$.

例 4 求 $y=x^x$ 的导数.

解法一 化幂指函数为指数函数 $y=x^x=e^{x\ln x}$，由复合函数求导法则有

$$y'=(e^{x\ln x})'=e^{x\ln x}\cdot(x\ln x)'=x^x(\ln x+1)$$

解法二 两边取以 e 为底的自然对数，得 $\ln y=x\ln x$，两边对 x 求导，有

$$\frac{1}{y}\cdot y'=1\cdot\ln x+x\cdot\frac{1}{x}$$

故
$$y'=y\cdot(\ln x+1)=x^x\cdot(1+\ln x)$$

例 5 求函数 $y=(\tan x)^{\sin x}$ 的导数.

解 函数 $y=(\tan x)^{\sin x}$ 两边取自然对数得

$$\ln y=\sin x\cdot\ln\tan x$$

两边对 x 求导得

$$\frac{1}{y}y'_x=\cos x\cdot\ln\tan x+\sin x\,\frac{\sec^2 x}{\tan x}$$

即

$$\begin{aligned}y'_x&=y\left(\cos x\cdot\ln\tan x+\frac{1}{\cos x}\right)\\&=(\tan x)^{\sin x}\left(\cos x\cdot\ln\tan x+\frac{1}{\cos x}\right)\end{aligned}$$

例 6 求函数 $y=\sqrt[3]{\dfrac{(x-a)(x-b)}{(x-c)(x-d)}}$ 的导数.

解 函数两边取自然对数得

$$\ln y=\frac{1}{3}[\ln(x-a)+\ln(x-b)-\ln(x-c)-\ln(x-d)]$$

两边对 x 求导得

$$\frac{1}{y}y'=\frac{1}{3}\left(\frac{1}{x-a}+\frac{1}{x-b}-\frac{1}{x-c}-\frac{1}{x-d}\right)$$

即

$$y'=\frac{1}{3}\sqrt[3]{\frac{(x-a)(x-b)}{(x-c)(x-d)}}\left(\frac{1}{x-a}+\frac{1}{x-b}-\frac{1}{x-c}-\frac{1}{x-d}\right)$$

注意：例 6 的解法说明，如果遇到函数是积、商、幂、方根构成的表达式，可以利用对数求导法，把它转换成隐函数来求解.

2.4.3　参数方程所确定的函数的导数

在前面，我们讨论了由显函数 $y=f(x)$ 或隐函数 $f(x,y)=0$ 给出的函数关系的导数问题. 但在研究物体运动轨迹时，曲线(如抛体运动包括平抛、斜抛)常被看作质点运动的轨迹，动点 $M(x,y)$ 的位置随时间 t 变化，因此，动点坐标 x,y 可分别利用时间 t 的函数表示.

即
$$\begin{cases}x=\phi(t)\\ y=\varphi(t)\end{cases}$$

变量 x、y 之间的关系通过 t 发生联系，消去 t 即得 y 与 x 之间的确定的显性函数关系 $y=f(x)$，上述这种通过第三个变量(t)表示函数关系的方程叫参数方程.

对于参数方程所确定的函数的求导，通常也并不需要首先由参数方程消去参数 t 化为 y 与 x 之间的直接的显性函数关系 $y=f(x)$ 后再求导.

如果函数 $x=\phi(t)$，$y=\varphi(t)$ 都可导，且 $\phi'(t)\neq 0$，则

$$\frac{\mathrm{d}y}{\mathrm{d}x}=\frac{\frac{\mathrm{d}y}{\mathrm{d}t}}{\frac{\mathrm{d}x}{\mathrm{d}t}}=\frac{\varphi'(t)}{\phi'(t)}$$

例 7　设由参数方程 $\begin{cases}x=t-\arctan t\\ y=\ln(1+t^2)\end{cases}$，确定 y 是 x 的函数，求 $\frac{\mathrm{d}y}{\mathrm{d}x}$.

解　$$\frac{\mathrm{d}y}{\mathrm{d}x}=\frac{\varphi'(t)}{\phi'(t)}=\frac{[\ln(1+t^2)]'}{[t-\arctan t]'}=\frac{\frac{1}{1+t^2}\cdot 2t}{1-\frac{1}{1+t^2}}=\frac{2t}{t^2}=\frac{2}{t}$$

例 8　试求椭圆 $\begin{cases}x=a\cos t\\ y=b\sin t\end{cases}$，在 $t=\frac{\pi}{4}$ 处的切线方程和法线方程.

解　将 $t=\frac{\pi}{4}$ 代入椭圆方程，得曲线上对应的点 $\left(\frac{a}{\sqrt{2}},\frac{b}{\sqrt{2}}\right)$，由于

$$\frac{\mathrm{d}y}{\mathrm{d}x}=\frac{y'(t)}{x'(t)}=\frac{(b\sin t)'}{(a\cos t)'}=\frac{b\cos t}{a(-\sin t)}=-\frac{b}{a}\tan t$$

所以椭圆在 $t=\frac{\pi}{4}$ 处的切线斜率为

$$k=\left.\frac{\mathrm{d}y}{\mathrm{d}t}\right|_{t=\frac{\pi}{4}}=-\frac{b}{a}\tan\frac{\pi}{4}=-\frac{b}{a}$$

故椭圆在 $t=\frac{\pi}{4}$ 处，切线方程为 $y-\frac{b}{\sqrt{2}}=-\frac{b}{a}\left(x-\frac{a}{\sqrt{2}}\right)$

法线方程为
$$y-\frac{b}{\sqrt{2}}=\frac{a}{b}\left(x-\frac{a}{\sqrt{2}}\right)$$

习题 2-4

1. 设函数 $y=(\cot x)^{\frac{1}{x}}$,求 y'.
2. 设 $y=x^{\cos x}$,求 y'.
3. 设函数 $y=y(x)$由参数方程$\begin{cases}x=\cos t\\ y=\sin t-t\cos t\end{cases}$确定,求$\dfrac{dy}{dx}$.
4. 设函数 $y=y(x)$由方程 $\sin(x^2+y)=xy$ 确定,试求$\dfrac{dy}{dx}$.
5. 求曲线$\begin{cases}x=t^2\\ y=2t-1\end{cases}$在 $t=2$ 处的切线方程及法线方程.

2.5 微分及其运算

2.5.1 微分的定义

我们知道,函数 $y=f(x)$在点 x 处的导数 $f'(x)$表示该函数在点 x 处的变化率,它是描述函数变化性态的一个局部性概念.但有时需要计算函数在一点处,当自变量有一个微小的改变量 Δx 时,函数的改变量 Δy 的大小.而精确计算 $\Delta y=f(x+\Delta x)-f(x)$有时是很困难的,甚至是不可能的.并且在理论研究和实际应用中,往往只需了解 Δy 的近似值就可以了.

那么,如何才能做到既简便又精确地计算函数改变量 Δy 的近似值呢?我们通过下面的两个具体实例分析说明.

引例 1 设正方形的面积为 S,当边长由 x 变到 $x+\Delta x$ 时,面积 S 有相应的改变量 ΔS,如图 2-4 所示阴影部分的面积,则

$$\Delta S=(x+\Delta x)^2-x^2=2x\Delta x+(\Delta x)^2$$

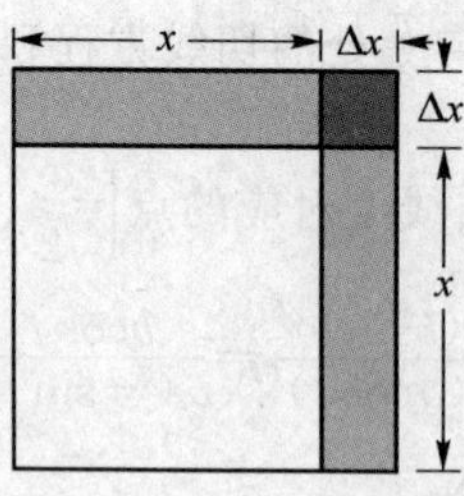

图 2-4

从上式可以看出,Δy 分成两部分,第一部分 $2x_0\Delta x$ 是 Δx 的线性函数,即图 2-4 中带有斜线的两个矩形面积之和,而第二部分$(\Delta x)^2$ 在图中是带有交叉斜线的小正方形的面积,当 $\Delta x\to 0$ 时,第二部分$(\Delta x)^2$ 是比 Δx 高阶的无穷小,即$(\Delta x)^2=o(\Delta x)$.由此可见,如果边长改变很微小,即$|\Delta x|$很小时,面积的改变量 Δy 可近似地用第一部分来代替.

$$\Delta y\approx 2x_0\Delta x$$

由于 $S'=2x_0$，所以上式可写成

$$\Delta y \approx S'\Delta x$$

引例 2 自由落体的路程 s 与时间 t 的关系是 $s=\frac{1}{2}gt^2$，当时间从 t 变到 $t+\Delta t$ 时，路程 s 有相应的改变量 Δs，则

$$\Delta s=\frac{1}{2}g(t+\Delta t)^2-\frac{1}{2}gt^2=gt\Delta t+\frac{1}{2}g(\Delta t)^2$$

Δs 由两部分组成. 第一部分 $gt\Delta t$ 是 Δt 的线性函数，当 $\Delta t\to 0$ 时，它是 Δt 的同阶无穷小，而第二部分 $\frac{1}{2}g(\Delta t)^2$ 是比 Δt 高阶的无穷小，因此，当 $|\Delta t|$ 很小时，$\frac{1}{2}g(\Delta t)^2$ 可以忽略不计，这时

$$\Delta s \approx gt\Delta t$$

又因为

$$s'=\left(\frac{1}{2}gt^2\right)'=gt$$

所以路程改变量的近似值为

$$\Delta s \approx s'\Delta t$$

以上两个问题的实际意义虽然不同，但在数量关系上却有共同点：函数的改变量可以表示成两部分，一部分为自变量增量的线性部分；另一部分是当自变量增量趋于零时，是比自变量增量高阶的无穷小，且当自变量增量绝对值很小时，函数的增量可以由该点的导数与自变量乘积来近似代替. 为此，我们引进微分的概念.

定义 2.2 设函数 $y=f(x)$ 在点 x_0 处的某邻域内有定义，$x_0+\Delta x$ 也在该领域内，如果函数的增量 $\Delta y=f(x_0+\Delta x)-f(x_0)$ 可表示为

$$\Delta y=A\Delta x+o(\Delta x)$$

其中 $o(\Delta x)$ 是 Δx 的高阶无穷小. 我们称函数 $y=f(x)$ 在点 x_0 处可微，称 $A\Delta x$ 为函数 $y=f(x)$ 在点 x_0 处的微分，记为

$$\mathrm{d}y\Big|_{x=x_0}=A\mathrm{d}x$$

由微分的定义可知，微分 $\mathrm{d}y$ 是 Δx 的线性函数且满足 $\Delta y-\mathrm{d}y=o(\Delta x)$，因此我们称 $A\Delta x$ 为 Δy 的线性主部.

如果函数 $y=f(x)$ 在点 x_0 处可微，由微分的定义可得：

$$\lim_{\Delta x\to 0}\frac{\Delta y}{\Delta x}=\lim_{\Delta x\to 0}\left[A+\frac{o(\Delta x)}{\Delta x}\right]=A=f'(x_0)$$

这说明：如果函数 $y=f(x)$ 在点 x_0 处可微，则 $y=f(x)$ 在 x_0 处可导，且 $A=f'(x_0)$.

另一方面，如果函数 $y=f(x)$ 在 x_0 处可导，则有 $\lim\limits_{\Delta x\to 0}\frac{\Delta y}{\Delta x}=f'(x_0)$，根据极限与无穷小的关系，有 $\frac{\Delta y}{\Delta x}=f'(x_0)+\alpha$，且 $\lim\limits_{\Delta x\to 0}\alpha=0$，从而有

$$\Delta y=f'(x_0)\Delta x+\alpha\Delta x$$

这里 $\alpha\Delta x$ 是比 Δx 的高阶无穷小，因此，函数 $y=f(x)$ 在点 x_0 处可微. 由此得到如下定理：

定理 2.3 函数 $y=f(x)$ 在点 x_0 处可微的充分必要条件是函数 $y=f(x)$ 在 x_0 处可导，且

满足 $\mathrm{d}y\Big|_{x=x_0}=f'(x_0)\mathrm{d}x$.

由上述结论可知,一元函数的可导与可微是等价的.且由 $\mathrm{d}y=f'(x)\cdot\mathrm{d}x$,有

$$f'(x)=\frac{\mathrm{d}y}{\mathrm{d}x}$$

由 $\mathrm{d}y\big|_{x=x_0}=f'(x_0)\cdot\mathrm{d}x$,有

$$f'(x_0)=\frac{\mathrm{d}y}{\mathrm{d}x}\Big|_{x=x_0}$$

因此,导数$\frac{\mathrm{d}y}{\mathrm{d}x}$可以看作微分 $\mathrm{d}y$ 与 $\mathrm{d}x$ 的商,故导数有时也称为微商,即函数在某点的导数等于因变量的微分除以自变量的微分.

函数 $y=f(x)$在点任意点 x 处的微分,称为函数的微分,记作 $\mathrm{d}y$ 或者 $\mathrm{d}f(x)$.

注意:微分与导数虽然有着密切的联系,但它们是有区别的:导数是函数在一点处的变化率,导数的值只与 x 有关;而微分是函数在一点处由自变量改变量所引起的函数改变量的近似值,微分的值与 x 和 Δx 都有关.

例 1 求函数 $y=\mathrm{e}^{2x}$在 $x=1$ 处的微分.

解 $y'\big|_{x=1}=2\mathrm{e}^{2x}\big|_{x=1}=2\mathrm{e}^2$

$\mathrm{d}y\big|_{x=1}=y'\big|_{x=1}\Delta x=2\mathrm{e}^2\cdot\Delta x$

例 2 求函数 $y=\sin x$ 的微分.

解 $\mathrm{d}y=f'(x)\mathrm{d}x=(\sin x)'\mathrm{d}x=\cos x\mathrm{d}x$

2.5.2 微分的几何意义

设图 2-5 是函数 $y=f(x)$的图像,过曲线上点 $M(x,y)$的切线为 MT,它的倾斜角为 φ,则

$$\tan\varphi=f'(x)$$

当自变量 x 有增量 Δx 时,即自变量由 N 点变化到 N'点,函数便得到增量 $\Delta y=QM'$,同时切线上的纵坐标也得到对应的增量 QP.

$$QP=\tan\varphi\cdot\Delta x=f'(x)\Delta x=\mathrm{d}y$$

因此,函数 $y=f(x)$在点 x 处的微分的几何意义,就是曲线 $y=f(x)$在点 $M(x,y)$处的切线 MT 的纵坐标的增量 QP.

由图 2-5 可知,函数的微分可能小于函数的增量,也可能大于函数的增量.

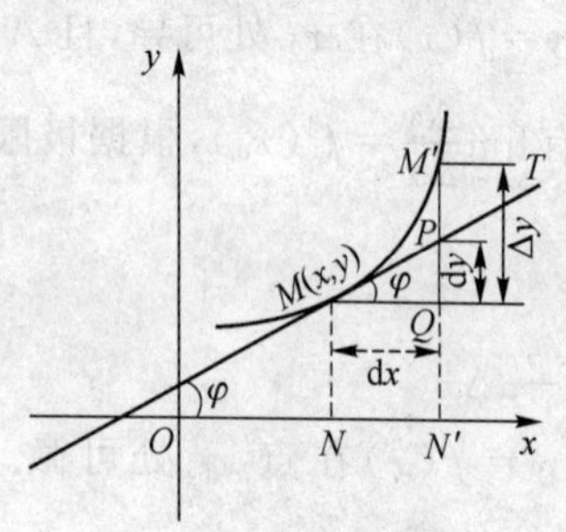

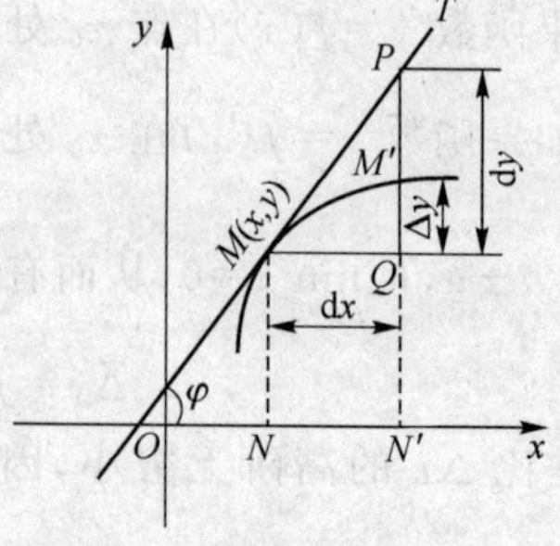

图 2-5

2.5.3 微分的基本公式和运算法则

因为 $dy=f'(x)dx$,由导数的基本公式和运算法则,可以容易推出微分的基本公式和运算法则.

1. 基本初等函数的微分公式

微分基本公式

$dc=0$ (c 为常数)	$d(x^{\mu})=\mu x^{\mu-1}dx$ (μ 为实数)
$d(a^x)=a^x\ln a dx$ ($a>0,a\neq 1$)	$d(e^x)=e^x dx$
$d(\log_a x)=\frac{1}{x\ln a}dx$ ($a>0,a\neq 1$)	$d(\ln x)=\frac{1}{x}dx$
$d(\sin x)=\cos x dx$	$d(\cos x)=-\sin x dx$
$d(\tan x)=\sec^2 x dx$	$d(\cot x)=-\csc^2 x dx$
$d(\sec x)=\sec x\tan x dx$	$d(\csc x)=-\csc x\cot x dx$
$d(\arcsin x)=\frac{1}{\sqrt{1-x^2}}dx$	$d(\arccos x)=-\frac{1}{\sqrt{1-x^2}}dx$
$d(\arctan x)=\frac{1}{1+x^2}dx$	$d(\text{arccot } x)=-\frac{1}{1+x^2}dx$

2. 微分的运算法则

若函数 $\mu(x),\varphi(x)$ 可微,则函数 $\mu(x)\pm\varphi(x),\mu(x)\cdot\varphi(x),\frac{\mu(x)}{\varphi(x)}(\varphi(x)\neq 0)$ 可微且满足:

(1) $d(\mu\pm\varphi)=d\mu\pm d\varphi$

(2) $d(\mu\cdot\varphi)=\varphi d\mu+\mu d\varphi$

(3) $d\left(\frac{\mu}{\varphi}\right)=\frac{\varphi d\mu-\mu d\varphi}{\varphi^2}$

3. 复合函数的运算法则与微分形式不变性

设函数 $y=f(u),u=\varphi(x)$ 可微,则复合函数 $y=f[\varphi(x)]$ 的微分为

$$dy=f'(u)\varphi'(x)dx$$

上式也可写成

$$dy=f'[\varphi(x)]\varphi'(x)dx$$

由于 $du=\varphi'(x)dx$,所以复合函数的微分也可以写成

$$dy=f'(u)du$$

上式表明无论 u 是自变量还是中间变量,函数 $y=f(u)$ 的微分 dy 总可以用 $f'(u)du$ 来表示,这一性质称为微分形式的不变性.

由此可知求复合函数的微分有两种方法：一种是，先用复合函数的求导法则求出复合函数对自变量的导数，再乘以自变量的微分；另一种是，用微分形式的不变性依次地求出微分.

注意：一阶微分形式的不变性是对复合函数而言的.

例 3 求函数 $y=\frac{e^{3x}}{x}$ 的微分 dy.

解法一 $dy=d\left(\frac{e^{3x}}{x}\right)=\frac{xd(e^{3x})-e^{3x}dx}{x^2}=\frac{3xe^{3x}dx-e^{3x}dx}{x^2}=\frac{3x-1}{x^2}e^{3x}dx$.

解法二 $dy=\left(\frac{e^{3x}}{x}\right)'dx=\frac{x(e^{3x})'-e^{3x}}{x^2}dx=\frac{3xe^{3x}-e^{3x}}{x^2}dx=\frac{3x-1}{x^2}e^{3x}dx$

习题 2-5

1. 设 x 的值从 $x=1$ 变到 $x=1.01$，试求函数 $y=2x^2-x$ 的改变量和微分.

2. 求函数 $y=\arctan\sqrt{x}$ 当 $x=1,\Delta x=0.2$ 时的微分.

3. 求下列函数的微分.

(1) $y=\frac{x}{1+x}$　　(2) $y=\frac{1}{\sqrt{1+x^2}}$

复 习 题 二

1. 选择题

(1) 设 $f(x)$ 是可导函数，且 $\lim\limits_{h\to 0}\frac{f(x_0+2h)-f(x_0)}{h}=1$，则 $f'(x_0)$ 为(　　).

A. 3　　B. 0　　C. 2　　D. $\frac{1}{2}$

(2) 下列函数中，在点 $x=0$ 处导数等于零的是(　　).

A. $y=x(1-x)$　　B. $y=2\sin x+e^{-2x}$

C. $y=\cos x-\arctan x$　　D. $y=\ln(1+x)$

(3) 设 $f(x-1)=x(x-1)$，则 $f'(x)$ 为(　　).

A. $2x+1$　　B. $x(x+1)$　　C. $x(x-1)$　　D. $2x-1$

(4) 直线 l 与 x 轴平行，且与曲线 $y=x-e^x$ 相切，则切点坐标是(　　).

A. (1,1)　　B. (−1,1)　　C. (0,−1)　　D. (0,1)

2. 填空题

(1) 设函数 $y=\sin\ln(x^3)x$，则 $y'=$________.

(2) 设 $y=x^e+e^x+\ln x+e^e$，则 $y'=$________.

(3) 设 $f'(x)=e^x+\ln x$，则 $f''(3)=$________.

(4) 设 $f'(1)=1$，则 $\lim\limits_{x\to 1}\frac{f(x)-f(1)}{x^2-1}=$________.

(5) 曲线$\begin{cases} x=\sin t \\ y=\cos 2t \end{cases}$在$t=\dfrac{\pi}{4}$的法线方程为____________________.

3. 设$f(x)=\sqrt[3]{4x-3}$，求$f'(1)$.

4. 求下列函数的二阶导数.

(1) $y=x\arctan x$　　(2) $y=x\ln\left(x+\sqrt{1+x^2}\right)-\sqrt{1+x^2}$

5. 设函数$f(x)=\dfrac{x}{1-\sin x}-\ln x$，求$f'(\pi)$.

6. 设y是由方程$x+e^y=\ln(x+y)$所确定的函数，求dy.

7. 设$y=\ln\cos\sqrt{x}$，求dy.

8. 设函数$y=y(x)$由方程$\sin(x^2+y)=xy$确定，试求$\dfrac{dy}{dx}$.

3 导数的应用

在第二章我们建立了导数和微分的概念,并讨论了它们的计算方法. 下面我们将利用导数逐步地研究函数的某些性质,求函数的极值,并应用这些知识描绘函数的图像. 这些知识在日常生活、科学实践、经济往来中有着广泛的应用.

3.1 微分中值定理

中值定理是微分学中最重要的定理,它描述了函数与其导数之间的联系,是导数应用的理论基础. 本章的好多结果都是建立在中值定理的基础上.

3.1.1 罗尔中值定理

观察图 3-1 所示的连续光滑曲线 $f(x)$,可以发现当 $f(a)=f(b)$ 时,在 (a,b) 内总存在 ξ_1 和 ξ_2,使 $f'(\xi_1)=0, f'(\xi_2)=0$. 因此有如下定理成立.

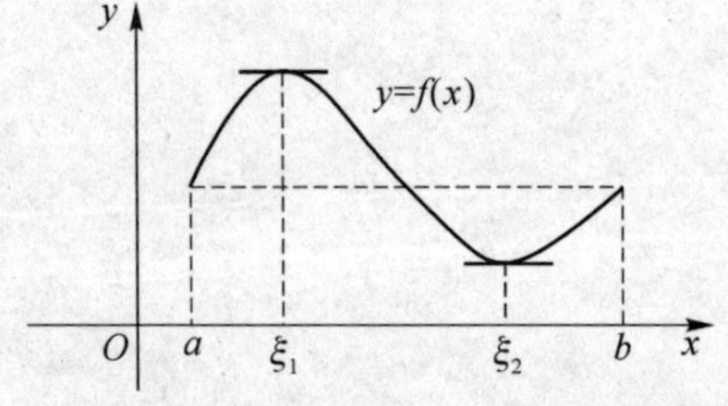

图 3-1

定理 3.1(罗尔中值定理) 若函数 $f(x)$ 满足下列条件:

(1) 在闭区间 $[a,b]$ 上连续;

(2) 在开区间 (a,b) 内可导;

(3) 在区间 $[a,b]$ 的端点处函数值相等,即 $f(a)=f(b)$,则在 (a,b) 内至少存在一点 $\xi(a<\xi<b)$,使得 $f'(\xi)=0$.

证 因为 $f(x)$ 在闭区间 $[a,b]$ 上连续,它在 $[a,b]$ 上必能取到最大的值 M 和最小值 m.

如果 $M=m$,说明 $f(x)$ 在 $[a,b]$ 上为一常数,因此对任意一点 $\xi\in(a,b)$,都有 $f'(\xi)=0$.

如果 $M>m$,则 M 与 m 至少有一个不等于 $f(a)$,不妨设 $m\neq f(a)$,这就是说,在 (a,b) 内至少有一点 ξ,使得 $f(\xi)=m$. 由于 $f(\xi)=m$ 是最小值,所以不论 Δx 为正或负,都有

$$f(\xi+\Delta x)-f(\xi)\geqslant 0 \qquad \xi+\Delta x\in(a,b),$$

当 $\Delta x > 0$ 时，有

$$\frac{f(\xi+\Delta x)-f(\xi)}{\Delta x} \geqslant 0,$$

那么
$$f'(\xi)=f'_+(\xi)=\lim_{\Delta x \to 0^+}\frac{f(\xi+\Delta x)-f(\xi)}{\Delta x} \geqslant 0, \tag{3-1}$$

当 $\Delta x < 0$ 时，有

$$\frac{f(\xi+\Delta x)-f(\xi)}{\Delta x} \leqslant 0,$$

那么
$$f'(\xi)=f'_-(\xi)=\lim_{\Delta x \to 0^-}\frac{f(\xi+\Delta x)-f(\xi)}{\Delta x} \leqslant 0 \tag{3-2}$$

由(3-1)式，(3-2)式，必有 $f'(\xi)=0$.

注意：罗尔中值定理中三个条件是结论成立的充分条件，如果有一条不满足，结论不一定成立.

3.1.2 拉格朗日中值定理

在图 3-1 中，将 AB 弦右端抬高一点，便成为如图 3-2 形状，此时存在切线 $TT' /\!/ AB$，对应的点 $x=\xi$ 处有 $f'(\xi)=AB$ 的斜率，

即
$$\frac{f(b)-f(a)}{b-a}=f'(\xi). \tag{3-3}$$

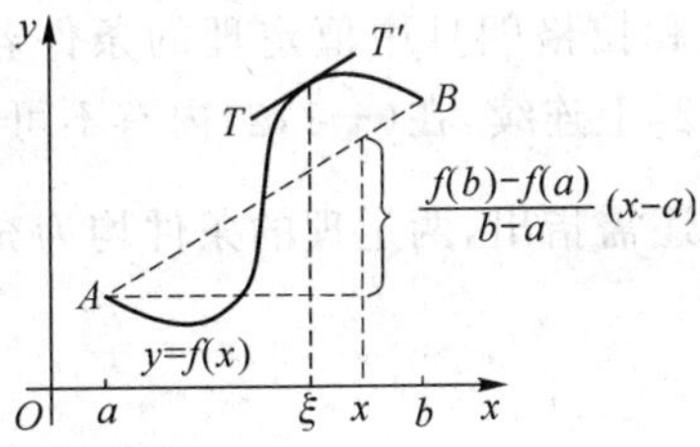

图 3-2

对应地我们有如下定理.

定理 3.2(拉格朗日中值定理)

若函数 $f(x)$ 满足下列条件：

(1) 在闭区间 $[a,b]$ 上连续；

(2) 在开区间 (a,b) 内可导.

则在 (a,b) 内至少存在一点 $\xi(a<\xi<b)$，使得

$$f(b)-f(a)=f'(\xi)(b-a)$$

为了证明这个定理，我们设想将 x 点处的函数值 $f(x)$ 减去由于前述 B 端抬高而引起的增量 $\frac{f(b)-f(a)}{b-a}(x-a)$，函数将恢复到罗尔中值定理的情况，因此作辅助函数

$$\varphi(x)=f(x)-\frac{f(b)-f(a)}{b-a}(x-a),$$

可见 $\varphi(a)=\varphi(b)=f(a)$，而且 $\varphi(x)$ 在 $[a,b]$ 上连续，在 (a,b) 内可导，根据罗尔中值定理，(a,b) 内至少有一点 ξ，使

$$\varphi'(\xi)=0,$$

即
$$f'(\xi)-\frac{f(b)-f(a)}{b-a}=0,$$

也就是
$$f(b)-f(a)=f'(\xi)(b-a).$$

推论 若对任意 $x\in(a,b)$，有 $f'(x)=0$，则 $f(x)=c$，其中 c 是常数.

证 在 (a,b) 内任取两点 $x_1,x_2(x_1<x_2)$，由拉格朗日中值定理可得

$$f(x_2)-f(x_1)=f'(\xi)(x_2-x_1)\ (x_1<\xi<x_2)$$

由对任意 $x\in(a,b)$，有 $f'(x)=0$，知 $f'(\xi)=0$，所以 $f(x_2)-f(x_1)=0$，即

$$f(x_2)=f(x_1)$$

由点 x_1,x_2 的任意性表明：函数 $f(x)$ 在区间 (a,b) 内所有点的函数值是相等的，即

$$f(x)=c,\text{其中 } c \text{ 是常数}$$

例 求出函数 $f(x)=x^3$ 在 $[-1,2]$ 上满足拉格朗日中值定理的 ξ 点.

解 显然 $f(x)=x^3$ 在 $[-1,2]$ 上满足拉格朗日中值定理的条件，由定理可知，必存在 $\xi\in(-1,1)$，使 $f'(\xi)=\dfrac{f(b)-f(a)}{b-a}$，

由于 $\dfrac{f(b)-f(a)}{b-a}=\dfrac{2^3-(-1)^3}{2-(-1)}=3$，而 $f'(x)=3x^2$，因此有

$$3\xi^2=3,$$

解得 $\xi=\pm1$，从而在 $(-1,2)$ 内，所求点 $\xi=1$.

有必要指出，罗尔中值定理和拉格朗日中值定理的条件若不能得到满足，定理将不再成立.例如 $f(x)=|x|$，它在 $[-1,2]$ 上连续，在 $(-1,2)$ 内有不可导点 $x=0$，在 $(-1,2)$ 内不存在点 ξ，使 $f'(\xi)=\dfrac{f(2)-f(-1)}{2-(-1)}$.还需指出，两定理的条件均为充分而非必要条件.

3.1.3 柯西中值定理

考察(3-3)式，注意到它是对函数 $\begin{cases}y=f(x)\\x=x\end{cases}$ 而言的，如果函数形式是 $\begin{cases}x=x(t),\\y=y(t),\end{cases}$ 也许在一定条件下有类比于(3-3)的式子：

$$\frac{y(b)-y(a)}{x(b)-x(a)}=\frac{y'(\xi)}{x'(\xi)}\left(=\left.\frac{\mathrm{d}y}{\mathrm{d}x}\right|_{t=\xi}\right).$$

相应的有：

定理 3.3(柯西中值定理) 如果函数 $f(x)$ 及 $g(x)$ 在闭区间 $[a,b]$ 上连续，在开区间 (a,b) 内可导，且 $g'(x)$ 在 (a,b) 内的每一点处均不为零，那么在 (a,b) 内至少有一点 ξ，使等式

$$\frac{f(b)-f(a)}{g(b)-g(a)}=\frac{f'(\xi)}{g'(\xi)}\tag{3-4}$$

成立.

证 仿照拉格朗日中值定理的证明，我们构造一个辅助函数

$$\psi(x)=f(x)-\frac{f(b)-f(a)}{g(b)-g(a)}[g(x)-g(a)],$$

易见 $\psi(x)$ 满足罗尔中值定理的三个条件，所以至少存在一点 $\xi\in(a,b)$，使 $\psi'(\xi)=0$，

即
$$f'(\xi)-\frac{f(b)-f(a)}{g(b)-g(a)}\cdot g'(\xi)=0,$$

于是
$$\frac{f(b)-f(a)}{g(b)-g(a)}=\frac{f'(\xi)}{g'(\xi)}.$$

习题 3-1

1. 验证罗尔中值定理对函数 $f(x)=\sin x$ 在区间 $\left[-\frac{3\pi}{2},\frac{\pi}{2}\right]$ 上的正确性.

2. 验证拉格朗日中值定理对函数 $y=\arctan x$ 在区间 $[0,1]$ 上的正确性.

3. 试证明对函数 $y=px^2+qx+r$ 应用拉格朗日中值定理时所求得的点 ξ 总是位于区间的正中间.

4. 证明恒等式：$\arcsin x+\arccos x=\frac{\pi}{2}\quad(-1\leqslant x\leqslant 1)$.

5. 若方程 $a_0x^4+a_1x^3+a_2x^2+a_3x=0$ 有一个正根 x_0，证明方程 $4a_0x^3+3a_1x^2+2a_2x+a_3=0$ 必有一个小于 x_0 的正根.

3.2 洛必达法则

在求函数的极限时，常会遇到两个函数 $f(x)$，$F(x)$ 都是无穷小或都是无穷大时，求它们比值的极限，那么极限 $\lim\frac{f(x)}{F(x)}$ 可能存在，也可能不存在. 通常把这种极限叫作未定式，并分别简称为 $\frac{0}{0}$ 型或 $\frac{\infty}{\infty}$ 型. 例如，$\lim\limits_{x\to 0}\frac{\sin x}{x}$ 就是 $\frac{0}{0}$ 型的未定式；而极限 $\lim\limits_{x\to+\infty}\frac{\ln x}{x}$ 就是 $\frac{\infty}{\infty}$ 型的未定式. 对于未定式的极限，除了前面讲过的方法外，洛必达法则是借助导数求它们极限的一种简便而又十分有效的方法.

第一章已经用恒等变形法，变量替换法等技巧解决了某些未定式的极限计算，但在很多情况下我们会感到困难. 本节介绍的洛必达法则，是求未定式极限的一种简捷而有效的方法.

3.2.1 $\frac{0}{0}$ 型未定式

洛必达法则 设函数 $f(x)$，$F(x)$ 满足下列条件：

(1) $\lim\limits_{x\to x_0}f(x)=0$，$\lim\limits_{x\to x_0}F(x)=0$；

(2) $f(x)$ 与 $F(x)$ 在 x_0 的某一去心邻域内可导，且 $F'(x)\neq 0$；

(3) $\lim\limits_{x\to x_0}\frac{f'(x)}{F'(x)}$ 存在(或为无穷大).

则 $\lim\limits_{x\to x_0}\frac{f(x)}{F(x)}=\lim\limits_{x\to x_0}\frac{f'(x)}{F'(x)}$

这个定理说明：当$\lim\limits_{x\to x_0}\dfrac{f'(x)}{F'(x)}$存在时，$\lim\limits_{x\to x_0}\dfrac{f(x)}{F(x)}$也存在且等于$\lim\limits_{x\to x_0}\dfrac{f'(x)}{F'(x)}$；当$\lim\limits_{x\to x_0}\dfrac{f'(x)}{F'(x)}$为无穷大时，$\lim\limits_{x\to x_0}\dfrac{f(x)}{F(x)}$也是无穷大.

这种在一定条件下通过分子分母分别求导再求极限来确定未定式的极限值的方法称为洛必达法则.

例 1 求$\lim\limits_{x\to 0}\dfrac{e^{2x}-1}{3x}$.

解 $\lim\limits_{x\to 0}\dfrac{e^{2x}-1}{3x}=\lim\limits_{x\to 0}\dfrac{2e^{2x}}{3}=\dfrac{2}{3}$.

例 2 求$\lim\limits_{x\to +\infty}\dfrac{\dfrac{\pi}{2}-\arctan x}{\dfrac{1}{x}}$.

解 $\lim\limits_{x\to +\infty}\dfrac{\dfrac{\pi}{2}-\arctan x}{\dfrac{1}{x}}=\lim\limits_{x\to +\infty}\dfrac{-\dfrac{1}{1+x^2}}{-\dfrac{1}{x^2}}=\lim\limits_{x\to +\infty}\dfrac{x^2}{1+x^2}=1$.

对于“$\dfrac{\infty}{\infty}$”型未定式，有类似的洛必达法则，具体做法和上面一样.

例 3 求$\lim\limits_{x\to +\infty}\dfrac{\ln x}{x^n}(n>0)$.

解 $\lim\limits_{x\to +\infty}\dfrac{\ln x}{x^n}=\lim\limits_{x\to +\infty}\dfrac{\dfrac{1}{x}}{nx^{n-1}}=\lim\limits_{x\to +\infty}\dfrac{1}{nx^n}=0$.

例 4 求$\lim\limits_{x\to +\infty}\dfrac{x^n}{e^x}$（$n$ 为正整数）.

解 连续使用洛必达法则 n 次，得

$$\lim_{x\to +\infty}\frac{x^n}{e^x}==\lim_{x\to +\infty}\frac{nx^{n-1}}{e^x}=\lim_{x\to +\infty}\frac{n(n-1)x^{n-2}}{e^x}=\cdots=\lim_{x\to +\infty}\frac{n!}{e^x}=0.$$

例 3、例 4 表明，当 $x\to+\infty$时，$\ln x$、x^n、e^x 均为无穷大，但以指数函数 e^x 增加最快，幂函数 x^n 次之，而对数函数 $\ln x$ 增加最慢.

3.2.2 其他类型的未定式

对于“$0\cdot\infty$”，“$\infty-\infty$”，“1^∞”，“∞^0”型未定式，在形式上适当作些变化，就可化为“$\dfrac{0}{0}$”型或“$\dfrac{\infty}{\infty}$”型，然后利用洛必达法则.

1. “$0\cdot\infty$”型

设 $f(x)\to 0$，$g(x)\to\infty$，则 $f(x)\cdot g(x)=\dfrac{f(x)}{\dfrac{1}{g(x)}}$，化为“$\dfrac{0}{0}$”型.

2. “∞－∞”型

设 $f(x)\to\infty, g(x)\to\infty$，则 $f(x)-g(x)=\dfrac{\dfrac{1}{g(x)}-\dfrac{1}{f(x)}}{\dfrac{1}{f(x)g(x)}}$，化为“$\dfrac{0}{0}$”型.

3. “1^∞”，“0^0”，“∞^0”型

它们都是幂指函数 $f(x)^{g(x)}$ 的形式，可作如下变化：

$$\lim f(x)^{g(x)}=\lim \mathrm{e}^{g(x)\cdot\ln f(x)}=\mathrm{e}^{\lim g(x)\ln f(x)},$$

则极限化为“$0\cdot\infty$”型未定式，再变换为“$\dfrac{0}{0}$”型或“$\dfrac{\infty}{\infty}$”型，就可使用洛必达法则了.

例 5 $\lim\limits_{x\to 0^+} x\ln x$.

解 这是“$0\cdot\infty$”型未定式，必须先变形为“$\dfrac{0}{0}$”型或“$\dfrac{\infty}{\infty}$”型.

$$\lim_{x\to 0^+} x\ln x=\lim_{x\to 0^+}\frac{\ln x}{\dfrac{1}{x}}=\lim_{x\to 0^+}\frac{\dfrac{1}{x}}{-\dfrac{1}{x^2}}=\lim_{x\to 0^+}(-x)=0$$

例 6 $\lim\limits_{x\to 0}(1-\sin 2x)^{\frac{1}{x}}$.

解 这是“1^∞”型未定式.

$$\lim_{x\to 0}(1-\sin 2x)^{\frac{1}{x}}=\lim_{x\to 0}\mathrm{e}^{\frac{1}{x}\ln(1-\sin 2x)}=\mathrm{e}^{\lim\limits_{x\to 0}\frac{\ln(1-\sin 2x)}{x}},$$

$$\lim_{x\to 0}\frac{\ln(1-\sin 2x)}{x}=\lim_{x\to 0}\frac{\dfrac{-2\cos 2x}{1-\sin 2x}}{1}=-2,$$

所以 $\lim\limits_{x\to 0}(1-\sin 2x)^{\frac{1}{x}}=\mathrm{e}^{-2}$.

3.2.3 应用洛必达法则时应注意的几个问题

(1) 洛必达法则只能对“$\dfrac{0}{0}$”型或“$\dfrac{\infty}{\infty}$”型直接使用，因此，每次使用前，务必检查是否是“$\dfrac{0}{0}$”型或“$\dfrac{\infty}{\infty}$”型未定式.

(2) 洛必达法则中的条件是充分而非必要的，当洛必达法则失效时不能断定原极限一定不存在，这时应改用其他方法求极限.

例 7 求 $\lim\limits_{x\to\infty}\dfrac{2x+\sin x}{x}$.

此时若对分子分母求导数，得到

$$\lim_{x\to\infty}\frac{2+\cos x}{1}=\lim_{x\to\infty}(2+\cos x),$$

上式右边的极限不存在，但

$$\lim_{x\to\infty}\frac{2x+\sin x}{x}=\lim_{x\to\infty}\left(2+\frac{\sin x}{x}\right)=2+0=2.$$

(3) 用洛必达法则求未定式的极限时,若配合使用等价无穷小代换,恒等变形等,有时更简便.

例 8 求$\lim\limits_{x\to 0}\dfrac{3x-\sin 3x}{(1-\cos x)\ln(1+2x)}$.

解 $$\lim_{x\to 0}\frac{3x-\sin 3x}{(1-\cos x)\ln(1+2x)}\xlongequal{\text{等价无穷小替换}}\lim_{x\to 0}\frac{3x-\sin 3x}{\frac{x^2}{2}\cdot 2x}$$

$$=\lim_{x\to 0}\frac{3x-\sin 3x}{x^3}$$

$$\xlongequal{\text{洛必达法则}}\lim_{x\to 0}\frac{3-3\cos 3x}{3x^2}$$

$$\xlongequal{\text{洛必达法则}}\lim_{x\to 0}\frac{9\sin 3x}{6x}$$

$$\xlongequal{\text{等价无穷小替换}}\lim_{x\to 0}\frac{3\cdot 3x}{2x}=\frac{9}{2}.$$

(4) 对于数列的极限不能直接使用洛必达法则,但若将$\lim\limits_{n\to\infty}f(n)$中的 n 换成 x,再用洛必达法则,求出$\lim\limits_{x\to+\infty}f(x)=L$,则$\lim\limits_{n\to\infty}f(n)=L$.

习题 3-2

1. 用洛必达法则求下列极限:

(1) $\lim\limits_{x\to 0}\dfrac{\sin ax}{\sin bx}\ (b\neq 0)$;

(2) $\lim\limits_{x\to 1}\dfrac{x^3-3x+2}{x^3-x^2-x+1}$;

(3) $\lim\limits_{x\to a}\dfrac{e^{-x}-e^{-a}}{x-a}$;

(4) $\lim\limits_{y\to 0}\dfrac{e^y+\sin y-1}{\ln(1+y)}$;

(5) $\lim\limits_{x\to+\infty}\dfrac{\sqrt{x}}{e^{2x}}$;

(6) $\lim\limits_{x\to+\infty}\dfrac{\ln(\ln x)}{x}$;

(7) $\lim\limits_{x\to 0^+}\dfrac{\ln\sin 3x}{\ln\sin x}$;

(8) $\lim\limits_{x\to+\infty}\dfrac{2^x}{x^{100}}$;

(9) $\lim\limits_{x\to 1}\left(\dfrac{2}{x^2-1}-\dfrac{1}{x-1}\right)$;

(10) $\lim\limits_{x\to 0}x\cot 2x$.

2. 验证极限$\lim\limits_{x\to\infty}\dfrac{x+\sin x}{x}$存在,但不能用洛必达法则得出.

3.3 函数的单调性

在初等数学中我们学过函数单调性的概念,现在利用导数来研究函数的单调性.

由图 3-3(a)可以看出,如果函数 $y=f(x)$在某区间上单调增加,则曲线上各点切线的倾斜角都是锐角,因此它们的斜率 $f'(x)$都是正的,即 $f'(x)>0$. 同样由图 3-4(b)可以看出,如果函数 $y=f(x)$在某区间上单调减少,则曲线上各点切线的倾斜角都是钝角,因此它们的斜率

$f'(x)$都是负的，即 $f'(x)<0$. 由此可见，函数的单调性与函数导数的符号有密切的联系. 那么，能否用导数的符号来判定函数的单调性呢？下面的定理回答了这个问题.

定理 3.4(函数单调性的判别法)　若函数 $f(x)$在闭区间$[a,b]$上连续，在开区间(a,b)内可导，那么

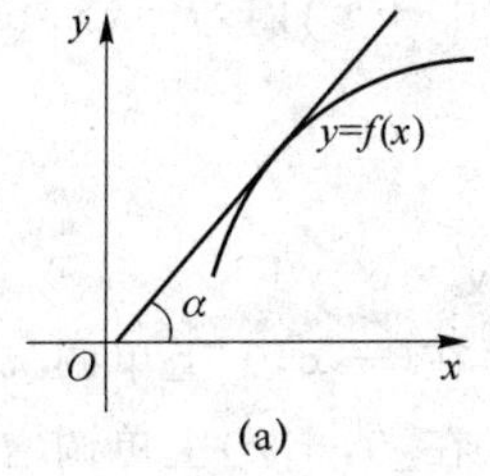

(a)

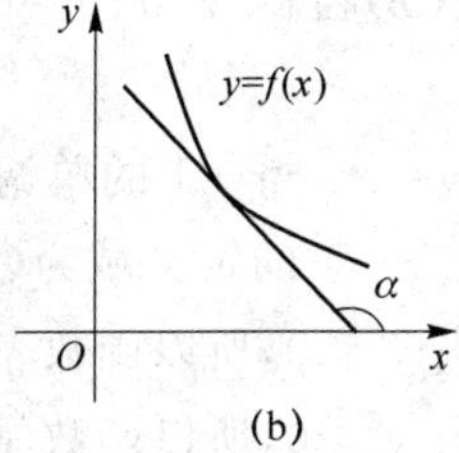

(b)

图 3-3

(1) 如果在(a,b)内 $f'(x)>0$，则 $f(x)$在$[a,b]$上单调增加；

(2) 如果在(a,b)内 $f'(x)<0$，则 $f(x)$在$[a,b]$上单调减少.

证　在$[a,b]$上任取两点 x_1,x_2(不妨设 $x_1<x_2$)

由拉格朗日中值定理可得：

$$f(x_2)-f(x_1)=f'(\xi)(x_2-x_1)\ \xi\in(x_1,x_2)$$

若 $f'(x)>0$，则必有 $f'(\xi)>0$. 又 $x_1<x_2$，则 $x_2-x_1>0$，于是

$$f(x_2)-f(x_1)=f'(\xi)(x_2-x_1)>0$$

$$\text{即}\qquad f(x_2)>f(x_1)$$

也就是说函数 $f(x)$在$[a,b]$上单调增加.

同理，如果在(a,b)内 $f'(x)<0$，则 $f'(\xi)<0$. 于是 $f(x_2)-f(x_1)<0$

即 $f(x_2)<f(x_1)$，这表明函数 $f(x)$在$[a,b]$上单调减少.

注(1) 在上面定理的证明过程中易于看到，闭区间$[a,b]$若为开区间(a,b)或无限区间，定理结论同样成立.

(2) 有的可导函数在某区间内的个别点处，导数等于零，但函数在该区间内仍为单调增加(或单调减少).

例如，幂函数 $y=x^3$ 的导数 $y'=3x^2$，

当 $x=0$ 时，$y'=0$. 但它在$(-\infty,+\infty)$内是单调增加的(如图 3-4 所示).

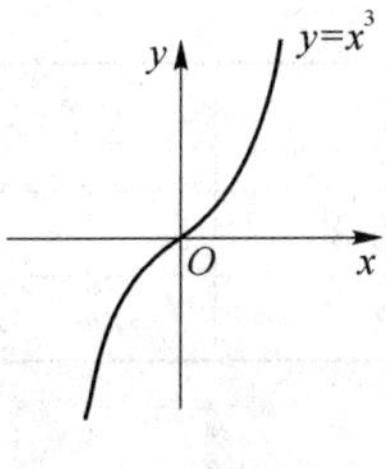

图 3-4

例 1　讨论函数 $f(x)=x^3+3x^2-1$ 的单调区间.

解　函数的定义域为$(-\infty,+\infty)$

$$f'(x)=3x^2+6x=3x(x+2)$$

令 $f'(x)=3x(x+2)=0$，得 $x_1=-2, x_2=0$. 这两个根把定义域分成三个区间 $(-\infty,-2]$，$[-2,0]$，$[0,+\infty)$

在 $(-\infty,-2)$ 内，$f'(x)>0$，因而函数 $f(x)$ 在 $(-\infty,-2]$ 上单调增加；在 $(-2,0)$ 内，$f'(x)<0$，因而函数 $f(x)$ 在 $[-2,0]$ 上单调减少；在 $(0,+\infty)$ 内，$f'(x)>0$，因而函数 $f(x)$ 在 $[0,+\infty)$ 上单调增加.

例 2　讨论函数 $y=e^x-x-1$ 的单调性.

解　函数 $y=e^x-x-1$ 的定义域为 $(-\infty,+\infty)$，$y'=e^x-1$.

因为在 $(-\infty,0)$ 内 $y'<0$，所以函数 $y=e^x-x-1$ 在 $(-\infty,0]$ 上单调减少；

因为在 $(0,+\infty)$ 内 $y'>0$，所以函数 $y=e^x-x-1$ 在 $[0,+\infty)$ 上单调增加.

由例 2 可看出，有些函数在它的定义域上不是单调的，这时我们要把整个定义域划分为若干个子区间，分别讨论函数在各子区间内的单调性. 一般可以用 $f'(x)=0$ 的根作为分界点，使得函数的导数在各子区间内符号不变，从而函数 $f(x)$ 在每个子区间内单调.

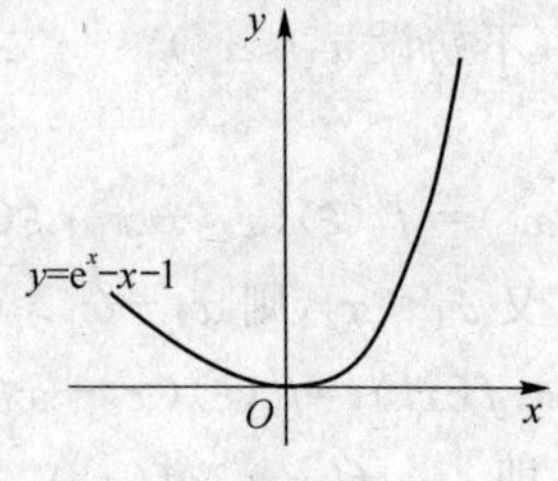

图 3-5

例 3　确定函数 $f(x)=(x-1)x^{\frac{2}{3}}$ 的单调区间.

解　函数 $f(x)=(x-1)x^{\frac{2}{3}}$ 的定义域为 $(-\infty,+\infty)$；

$$f'(x)=\frac{2}{3}x^{-\frac{1}{3}}(x-1)+x^{\frac{2}{3}}=\frac{5x-2}{3x^{\frac{1}{3}}},$$

令 $f'(x)=0$ 得 $x=\frac{2}{5}$，此外，在 $x=0$ 处 $f(x)$ 不可导，于是 $x=0, x=\frac{2}{5}$ 分定义域为三个子区间 $(-\infty,0)$，$\left(0,\frac{2}{5}\right)$，$\left(\frac{2}{5},+\infty\right)$.

列表讨论 $f(x)$ 的单调性如下.

x	$(-\infty,0)$	0	$\left(0,\frac{2}{5}\right)$	$\frac{2}{5}$	$\left(\frac{2}{5},+\infty\right)$
$f'(x)$	+	不存在	−	0	+
$f(x)$	↗		↘		↗

注：表中用“↘”表示单减，用“↗”表示单增.

所以，函数在 $(-\infty,0)$ 和 $\left(\frac{2}{5},+\infty\right)$ 内单调增加；在 $\left(0,\frac{2}{5}\right)$ 内单调减少.

由例 3 可知，使导数为零的点和导数不存在的点都可能是函数增减区间的分界点.

习题 3-3

1. 判断下列函数在指定区间内的单调性：

(1) $y=\tan x,\left(-\frac{\pi}{2},\frac{\pi}{2}\right)$；

(2) $y=2x+\sin x$，$(-\infty,+\infty)$；

(3) $f(x)=\arctan x-x,(-\infty,+\infty)$.

2. 确定下列函数的单调区间：

(1) $y=x^2-2x+4$； (2) $y=\sqrt[3]{x^2}$；

(3) $f(x)=2x^2-\ln x$； (4) $f(x)=e^{-x^2}$.

3.4 函数的极值和最值问题

3.4.1 函数极值的定义

由图 3-6 可见，函数 $y=f(x)$在点 x_2、x_5 处的函数值 $f(x_2)$、$f(x_5)$比它们近旁各点的函数值都大，而在点 x_1、x_4、x_6 处的函数值 $f(x_1)$、$f(x_4)$、$f(x_6)$比它们近旁各点的函数值都小. 对于这种性质的点和对应的函数值，我们给出如下定义.

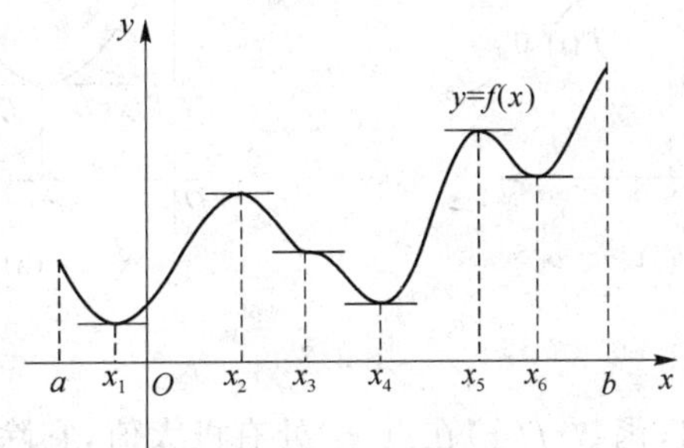

图 3-6

定义 3.1 设函数 $f(x)$在区间(a,b)内有定义，x_0 是(a,b)内的一个点. 如果存在着点 x_0 的一个去心邻域，对于这去心邻域内的任何点 x，$f(x)<f(x_0)$均成立，就称 $f(x_0)$是函数 $f(x)$的一个极大值，点 x_0 叫作函数 $f(x)$的极大点；如果存在着点 x_0 的一个去心邻域，对于这去心邻域内的任何点 x，$f(x)>f(x_0)$均成立，就称 $f(x_0)$是函数 $f(x)$的一个极小值，点 x_0 叫作函数 $f(x)$的极小点.

函数的极大值与极小值统称为极值，使函数取得极值的极大点与极小点统称为极值点.

例如图 3-7 中 $f(x_2)$、$f(x_5)$是函数的极大值，x_2、x_5 是函数的极大点；$f(x_1)$、$f(x_4)$、$f(x_6)$是函数的极小值，x_1、x_4、x_6 是函数的极小点.

值得注意的是，函数的极大值与极小值是有其局部性的，它们与函数的最大值、最小值不同.极值 $f(x_0)$是就点 x_0 近旁的一个局部范围来说的,而最大值与最小值是就函数的整个定义域而言的.所以极大值不一定是最大值,极小值不一定是最小值.在一个区间上,一个函数可能有几个极大值与几个极小值,而且甚至某些极大值还可能比另一些极小值小.

3.4.2 极值判定法

由图 3-6 可以看出,在函数取得极值处,曲线的切线是水平的,即在极值点处函数的导数为零.但反之,曲线上有水平切线的地方,即在使导数为零的点处,函数不一定取得极值.例如,在点 x_3 处,曲线虽有水平切线,这时 $f'(x_3)=0$,但 $f(x_3)$并不是极值.

关于函数具有极值的必要条件和充分条件,我们将分别在下面的三个定理中加以讨论.

定理 3.5(极值的必要条件) 设函数 $f(x)$在点 x_0 处可导,且在 x_0 处取得极值,则函数在 x_0 处的导数为零,即 $f'(x_0)=0$.

通常我们把使导数为零的点(即方程 $f'(x)=0$ 的实根)叫作函数 $f(x)$的驻点.

定理 3-5 说明可导函数的极值点必是它的驻点,但是反过来,函数的驻点并不一定是它的极值点.例如,在图 3-6 中,点 x_3 是函数的驻点,但点 x_3 并不是它的极值点.

在求出函数的驻点后,如何判定哪些驻点是极值点,以及如何进一步判定哪些极值点是极大点,哪些极值点是极小点呢?单从有无水平切线这一个方面来看是不够的,还应考察曲线在该点附近的变化情况.

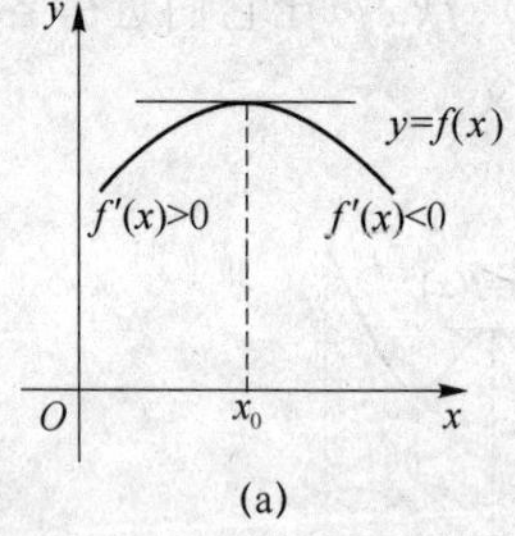

(a)

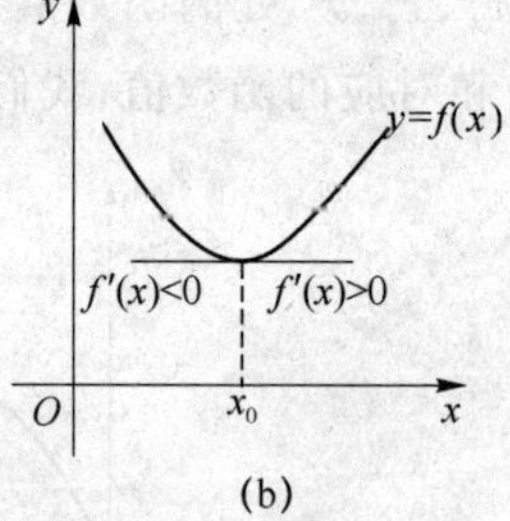

(b)

图 3-7

由图 3-7(a)中我们看出,函数 $f(x)$在点 x_0 处有极大值,它除了在 x_0 点处有一条水平切线外,曲线在点 x_0 的左侧是单调增加的,在点 x_0 的右侧是单调减少的.也就是说,在 x_0 的左侧有 $f'(x)>0$,而 x_0 的右侧有 $f'(x)<0$.利用这一特性,我们就可以判定函数 $f(x)$在点 x_0 处有极大值.对于函数 $f(x)$在点 x_0 处有极小值的情形,可结合图 3-7(b),类似地讨论.

归纳上面的分析得到下面的定理.

定理 3.6(极值的第一充分条件) 设函数 $f(x)$在点 x_0 的一个邻域内可导且 $f'(x_0)=0$.

(1) 如果当 x 取 x_0 左侧邻近的值时,$f'(x)$恒为正;当 x 取 x_0 右侧邻近的值时,$f'(x)$恒为负,则函数 $f(x)$在 x_0 处有极大值;

(2) 如果当 x 取 x_0 左侧邻近的值时,$f'(x)$恒为负;当 x 取 x_0 右侧邻近的值时,$f'(x)$恒为正,则函数 $f(x)$在 x_0 处有极小值;

(3) 如果当 x 取 x_0 左右两侧邻近的值时,$f'(x)$恒为正或恒为负,则函数 $f(x)$在 x_0 处没有极值.

根据上面两个定理,我们得到求可导函数的极值点和极值的步骤如下.

(1) 确定函数的定义域.

(2) 求函数的导数 $f'(x)$,并求出函数 $f(x)$的全部驻点(即求出方程 $f'(x)=0$ 在定义域内的全部实根).

(3) 列表考察每个驻点的左右邻近 $f'(x)$的符号情况:

① 如果左侧正而右侧负,那么该驻点是极大点,函数在该点处有极大值;

② 如果左侧负而右侧正,那么该驻点是极小点,函数在该点处有极小值;

③ 如果两侧符号相同,那么该驻点不是极值点,函数在该点处没有极值.

例 1 求函数 $y=2x^3-6x^2-18x+7$ 的极值.

解 函数 $f(x)$的定义域为$(-\infty,+\infty)$.

$$y'=6x^2-12x-18=6(x+1)(x-3).$$

令 $y'=0$,得驻点 $x_1=-1,x_2=3$.

列表考察:

x	$(-\infty,-1)$	-1	$(-1,3)$	3	$(3,+\infty)$
y'	+	0	−	0	+
y	↗	极大值 17	↘	极小值 −47	↗

所以函数的极大值为 $y\big|_{x=-1}=17$;极小值为 $y\big|_{x=3}=-47$(见图 3-8).

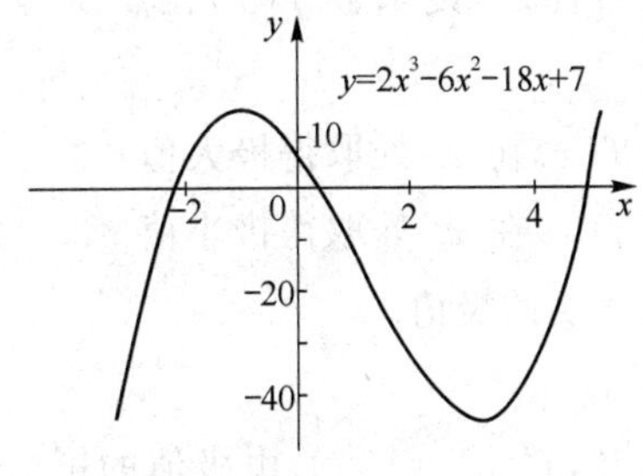

图 3-8

例 2 求函数 $f(x)=\frac{1}{5}x^5-\frac{1}{3}x^3$ 的极值.

解 (1) 函数的定义域为$(-\infty,+\infty)$,显然 $f(x)$在其定义域内连续.

(2) $f'(x)=x^4-x^2=x^2(x^2-1)$.

(3) 令 $f'(x)=0$ 即 $x^2(x^2-1)=0$,解得驻点为 $x_1=-1$、$x_2=0$、$x_3=1$.

在$(-\infty,-1)$内,$f'(x)>0$,在$(-1,0)$内,$f'(x)<0$,从而 $x=-1$ 为极大值点;

在$(0,1)$内 $f'(x)<0$,故 $x=0$ 不是极值点;在$(1,+\infty)$内 $f'(x)>0$,故 $x=1$ 是极小值点.

当 $x=-1$ 时,函数取极大值 $f(-1)=\frac{2}{15}$;当 $x=1$ 时,函数取极小值 $f(1)=-\frac{2}{15}$.

列表如下.

x	$(-\infty,-1)$	-1	$(-1,0)$	0	$(0,1)$	1	$(1,+\infty)$
$f'(x)$	$+$	0	$-$	0	$-$	0	$+$
$f(x)$	↗	极大值 $f(-1)=\frac{2}{15}$	↘	不取极值	↘	极小值 $f(1)=-\frac{2}{15}$	↗

还应当强调指出,以上讨论函数极值时是就可导函数而言的,实际上,连续但不可导的点也可能是极值点,即函数还可能在连续但不可导的点取得极值.

例如,函数 $y=|x|$,显然在 $x=0$ 处连续,但不可导,但是 $x=0$ 为该函数的极小点(见图 3-9).

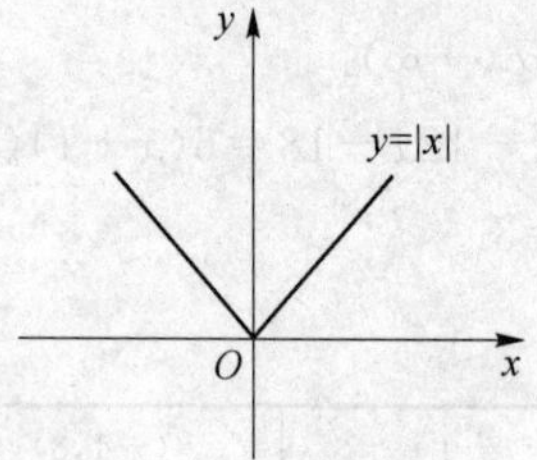

图 3-9

因此,函数可能在其驻点,或者是连续但不可导的点处取得极值.

当函数 $f(x)$在驻点处的二阶导数存在且不为零时,也可以利用下列定理来判断 $f(x)$在驻点处取得极大值还是极小值.

定理 3.7(极值的第二充分条件)　设函数 $f(x)$在点 x_0 处具有二阶导数且 $f'(x_0)=0$,$f''(x_0)\neq 0$,则

(1) 当 $f''(x_0)<0$ 时,函数 $f(x)$在 x_0 处取得极大值;

(2) 当 $f''(x_0)>0$ 时,函数 $f(x)$在 x_0 处取得极小值.

例 3　求函数 $f(x)=e^x-x-1$ 的极值.

解　$f'(x)=e^x-1$,$f''(x)=e^x$

令 $f'(x)=e^x-1=0$,得驻点 $x=0$,$f''(0)=1>0$,由极值的第二充分条件得,当 $x=0$ 时,函数取极小值 $f(0)=0$.

3.4.3　最大值、最小值问题

在实际工作中,为了发挥最大的经济效益,我们经常遇到如何能使用料最省、产量最大、效率最高的问题.这类"最省""最大""最高"的问题,在数学上就是最大值、最小值问题.

设函数 $f(x)$是闭区间$[a,b]$上的连续函数,由闭区间上的连续函数的性质可知,函数 $f(x)$在闭区间$[a,b]$上一定存在最大值和最小值.如果最大(小)值在区间(a,b)内取得,则这个最大(小)值一定是极大(小)值.又由于函数 $f(x)$的最大(小)值也可能在区间端点处取得.因此,求函数 $f(x)$在区间$[a,b]$上最大(小)值时,可按以下步骤进行:

(1) 求出函数 $f(x)$在(a,b)内一切可能的极值点(驻点和 $f'(x)$不存在的点);

(2) 计算 $f(x)$在上述各点和端点处的函数值,并将这些值加以比较,其中最大者为最大

值,最小者为最小值.

例 4 求函数 $f(x)=\frac{3}{8}x^{\frac{8}{3}}-\frac{3}{2}x^{\frac{2}{3}}$ 在 $[-8,8]$ 上的最大值与最小值.

解 $f(x)=\frac{3}{8}x^{\frac{8}{3}}-\frac{3}{2}x^{\frac{2}{3}}$ 在 $[-8,8]$ 上连续.

$$f'(x)=x^{\frac{5}{3}}-x^{-\frac{1}{3}}=\frac{x^2-1}{\sqrt[3]{x}}=\frac{(x-1)(x+1)}{\sqrt[3]{x}}$$

令 $f'(x)=0$ 得函数在 $[-8,8]$ 内的驻点为 $x_1=-1, x_2=1$,当 $x_3=0$ 时导数不存在.

经计算,$f(-1)=f(1)=-\frac{9}{8}$,$f(0)=0$,$f(-8)=f(8)=90$,比较得,当 $x=\pm 1$ 时,函数取最小值 $f(\pm 1)=-\frac{9}{8}$;当 $x=\pm 8$ 时,函数取最大值 $f(\pm 8)=90$.

例 5 用白铁皮打制一容积为 V 的圆柱形容器,在裁剪侧面时材料没有损耗,但利用正方形板材裁剪上、下底圆时,在四个角上就有损耗. 问圆柱的高与底圆半径之比为多少时,才能使用料最省?

解 设圆柱桶的高为 h,底圆半径为 r,则制造圆柱形水桶的总用料(目标函数)为

$$A=(2r)^2\times 2+2\pi rh,$$

又由已知 $V=\pi r^2 h$,从而 $h=\frac{V}{\pi r^2}$,于是

$$A=8r^2+\frac{2V}{r}, \quad 0<r<+\infty,$$

$$A'_r=16r-\frac{2V}{r^2}, \quad A''_r=16+\frac{4V}{r^3}.$$

令 $A'_r=16r-\frac{2V}{r^2}=0$,得唯一驻点 $r=\frac{\sqrt[3]{V}}{2}$ 且 $A''\left(\frac{\sqrt[3]{V}}{2}\right)>0$,从而当 $r=\frac{\sqrt[3]{V}}{2}$ 时,目标函数 $A=8r^2+\frac{2V}{r}$ 取极小值. 又函数在 $(0,+\infty)$ 内有唯一驻点,故极小值也是最小值. 此时

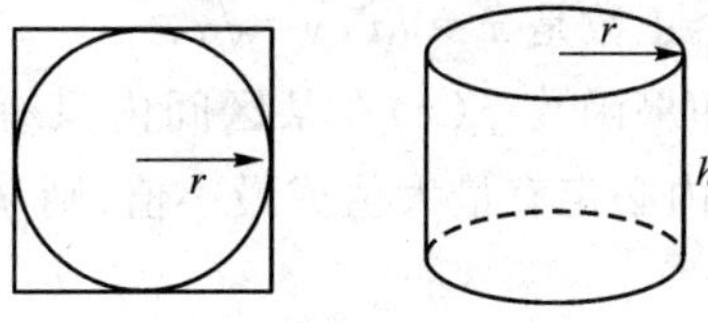

图 3-10

$$\frac{h}{r}=\frac{\frac{V}{\pi r^2}}{r}=\frac{V}{\pi r^3}=\frac{8}{\pi}.$$

于是,当 $\frac{h}{r}=\frac{8}{\pi}$ 时,容器的用料最省.

特别需要指出的是,如果函数 $f(x)$ 在一个开区间内可导且有唯一的极值点 x_0,则当 $f(x_0)$ 是极大值时,$f(x_0)$ 就是函数 $f(x)$ 在该区间上的最大值(见图 3-11(a));当 $f(x_0)$ 是极小值时,$f(x_0)$ 就是函数 $f(x)$ 在该区间上的最小值(见图 3-11(b)).

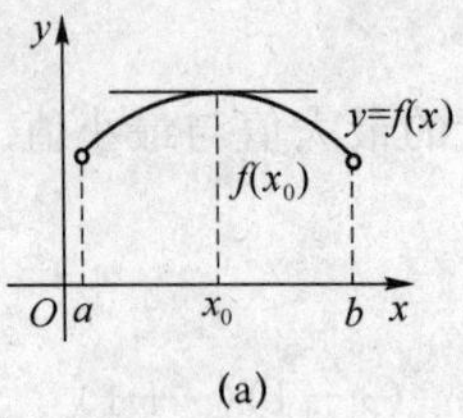

(a)

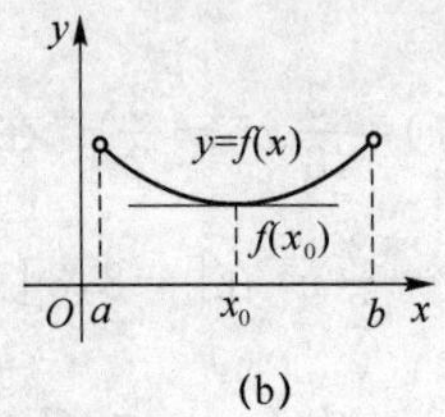

(b)

图 3-11

例 6 问函数 $y=x^2-\frac{54}{x}(x<0)$ 在何处取得最小值.

解 $y'=2x+\frac{54}{x^2}=\frac{2x^3+54}{x^2}$,

令 $y'=0$,得驻点 $x=-3\in(-\infty,0)$;不可导点 $x=0\notin(-\infty,0)$,

又 $$y''=2-\frac{108}{x^3},y''(-3)=2+\frac{108}{27}=6>0.$$

故 $x=-3$ 是函数在 $(-\infty,0)$ 内的唯一的极小值点,同时也是最小值点,即 y 在 $x=-3$ 处取得最小值,最小值是 $y(-3)=27$.

例 7 求乘积为常数 $a>0$ 而其和为最小的两个正数.

解 设两个正数为 x,y;x 与 y 之和为 S.则

$$S=x+y,\text{且 } xy=a,\text{其中 } x,y>0,$$

由此可得 $$S(x)=x+\frac{a}{x},\quad x>0.$$

因为 $$S'(x)=1-\frac{a}{x^2},$$

令 $S'(x)=0$,得函数 $S(x)$ 在定义域内的驻点为 $x=\sqrt{a}$,

易知 当 $x>\sqrt{a}$ 时,$S'(x)>0$;当 $x<\sqrt{a}$ 时,$S'(x)<0$,

所以 $x=\sqrt{a}$ 是定义域内的唯一的极小值点,同时也是最小值点,

故乘积一定而其和为最小的两个正数是 $x=\sqrt{a}$,$y=\sqrt{a}$.

还要指出,在实际问题中,如果函数 $f(x)$ 在某区间内只有一个驻点 x_0,而且从实际问题本身又可以判断 $f(x)$ 在该区间内必定有最大值或最小值,则 $f(x_0)$ 就是所要求的最大值或最小值.

例 8 如图 3-12 所示,从长为 12 厘米,宽为 8 厘米的矩形纸板的四个角上剪去相同的小正方形,折成一个无盖的盒子,要使盒子容积最大,剪去的小正方形的边长应为多少?

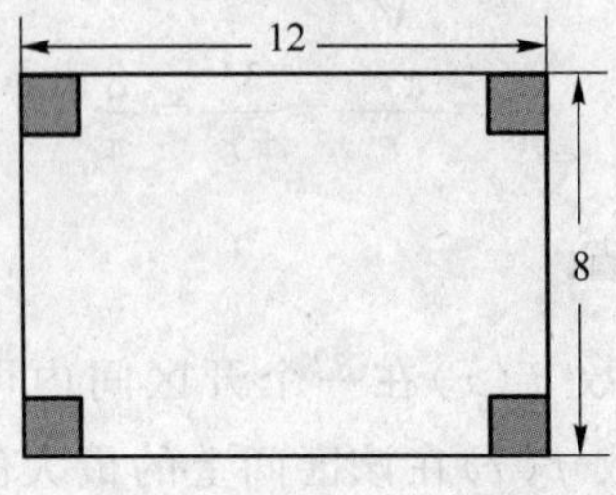

图 3-12

解　设剪去的小正方形的边长为 x，则盒子的容积

$$V=x(12-2x)(8-2x)\quad(0<x<4)$$

因为
$$\begin{aligned}V'&=(12-4x)(8-2x)+(12x-2x^2)(-2)\\&=12x^2-80x+96\\&=4(3x^2-20x+24),\end{aligned}$$

令 $V'=0$ 得驻点，$x=\dfrac{10-2\sqrt{7}}{3}$.

由于盒子必存在最大容积，而函数在$(0,4)$内只有一个驻点，所以当 $x=\dfrac{10-2\sqrt{7}}{3}$时，盒子的容积最大.

例 9　一艘轮船每小时所耗煤费与其速度的立方成正比，若速度为 10 海里/小时，每小时耗煤费 25 元，轮船的其他耗费为每小时 100 元. 求总耗费最省的航行速度.

解　设航行速度为每小时 x 海里，耗煤费为每小时 y 元，则 $y=kx^3$. 由 $x=10$ 时，$y=25$ 得，$k=\dfrac{1}{40}$，于是 $y=\dfrac{1}{40}x^3$.

现在航程未知，不妨假定航程为 1，则航行所需时间为$\dfrac{1}{x}$，故总费用(目标函数)为：

$$f(x)=\frac{x^3}{40}\cdot\frac{1}{x}+100\cdot\frac{1}{x},\quad x>0$$

$$f'(x)=\frac{x}{20}-\frac{100}{x^2}$$

令 $f'(x)=\dfrac{x}{20}-\dfrac{100}{x^2}=0$，得驻点 $x=10\sqrt[3]{2}$. 由于驻点唯一，根据问题的实际意义可知目标函数的最小值存在，因此当航速为每小时$10\sqrt[3]{2}$海里时，总耗费最省.

习题 3-4

1. 求下列函数的极值：

(1) $y=2x^2-8x+3$；

(2) $y=2x^3-3x^2$；

(3) $y=x^3-3x^2-9x+5$；

(4) $f(x)=x-\ln(1+x)$；

(5) $f(x)=2e^x+e^{-x}$.

2. 用求导数方法证明二次函数 $y=ax^2+bx+c(a\neq0)$的极值点为 $x=-\dfrac{b}{2a}$，并讨论它的极值.

3. 求下列函数在指定区间上的最值：

(1) $y=\dfrac{1}{2}-\cos x$，$[0,\pi]$；

(2) $f(x)=1+3x^3$，$[0,2\pi]$.

4. 如果函数 $y=a\ln x+bx^2+3x$ 在 $x=1$ 和 $x=2$ 处取得极值，试确定常数 a、b 的值.

3.5 曲线的凹凸性与拐点

前面我们研究了函数的单调性和极值，本节我们利用导数研究函数图像的弯曲方向.

3.5.1 曲线的凹凸及其判别法

在某段曲线弧上有的曲线总是位于每一点切线的下方，有的曲线总是每一点切线的上方. 如图 3-13 所示，曲线的这种特性就是曲线的凹凸性.

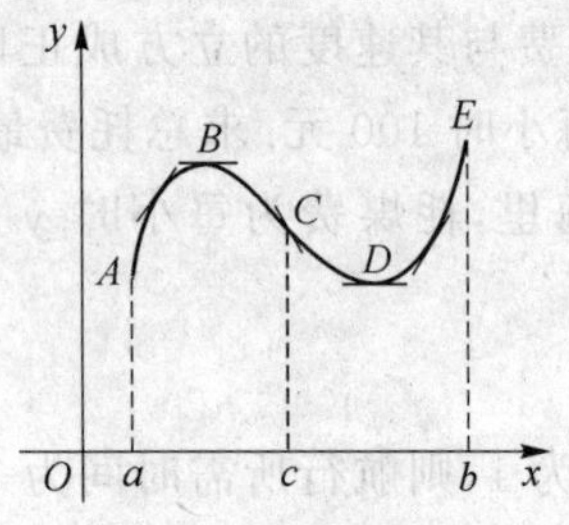

图 3-13

关于曲线的凹凸性有如下定义.

定义 3.2 在区间(a,b)内，如果曲线弧位于其每一点切线的上方，那么就称曲线在区间(a,b)内是凹的；如果曲线弧位于其每一点切线的下方，那么就称曲线在区间(a,b)内是凸的.

例如图 3-13 中曲线弧$\overset{\frown}{ABC}$在区间(a,c)内是凸的，曲线弧$\overset{\frown}{CDE}$在区间(c,b)内是凹的.

如何来判定曲线在区间内的凹凸性呢？

由图 3-14 可以看出，如果曲线是凹的，那么切线的倾斜角随着自变量 x 的增大而增大，即切线的斜率也是递增的. 由于切线的斜率就是函数 $y=f(x)$的导数 $f'(x)$，因此，如果曲线是凹的，那么导数 $f'(x)$必定是单调增加的，也即 $f''(x)>0$.

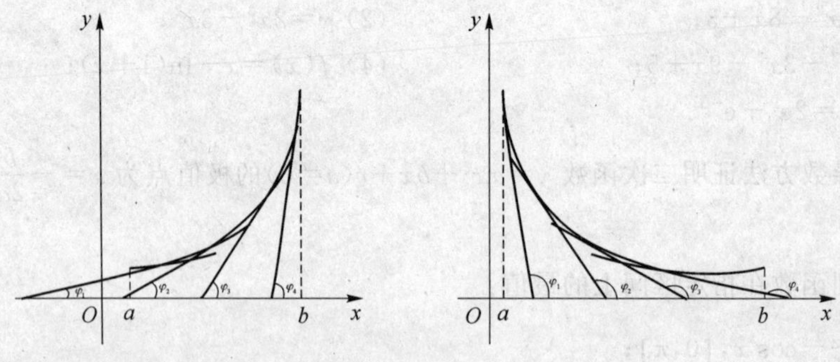

图 3-14

由图 3-15 可以看出，如果曲线是凸的，那么切线的倾斜角随着自变量 x 的增大而减小，即切线的斜率也是递减的. 由于切线的斜率就是函数 $y=f(x)$的导数 $f'(x)$，因此，如果曲线是凸的，那么导数 $f'(x)$必定是单调减少的，也即 $f''(x)<0$.

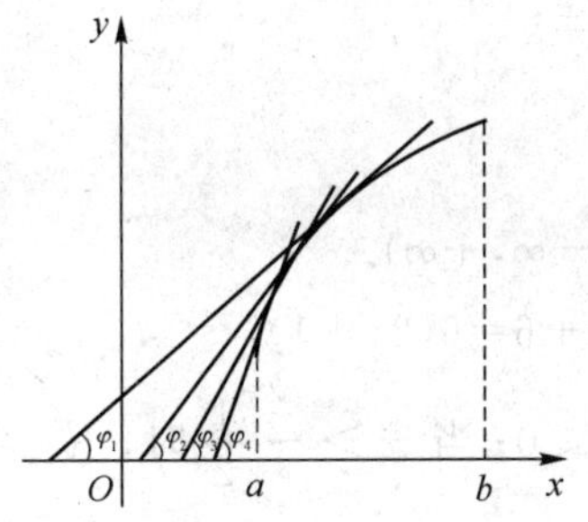

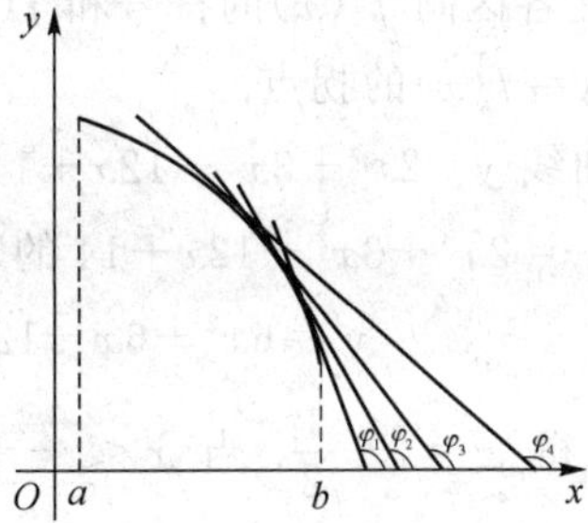

图 3-15

下面给出曲线凹凸性的判定定理.

定理 3.8 设函数 $f(x)$在(a,b)内具有二阶导数 $f''(x)$.

(1) 如果在(a,b)内 $f''(x)>0$,那么曲线在(a,b)内是凹的;

(2) 如果在(a,b)内 $f''(x)<0$,那么曲线在(a,b)内是凸的.

例 1 判定曲线 $y=\dfrac{1}{x}$的凹凸性.

解 函数的定义域为$(-\infty,0)\cup(0,+\infty)$.

$$y'=-\frac{1}{x^2},y''=\frac{2}{x^3}.$$

当 $x>0$ 时,$y''>0$,曲线是凹的;

当 $x<0$ 时,$y''<0$,曲线是凸的.

例 2 判定曲线 $y=x^3$ 的凹凸性.

解 函数的定义域为$(-\infty,+\infty)$.

$$y'=3x^2,\ y''=6x.$$

令 $y''=0$,得 $x=0$,它把定义域分成两个区间$(-\infty,0)$和$(0,+\infty)$.

当 $x\in(0,+\infty)$时, $y''>0$,曲线是凹的;当 $x\in(-\infty,0)$时, $y''<0$,曲线是凸的.这里点$(0,0)$是凹与凸的分界点.

3.5.2 曲线的拐点

定义 3.3 连接曲线上凹的曲线弧与凸的曲线弧的分界点叫作曲线的拐点.

例如,在例 2 中的点$(0,0)$就是曲线 $y=x^3$ 的拐点.

下面来讨论曲线 $y=f(x)$的拐点的求法.

我们知道,由 $f''(x)$的符号可以判定曲线的凹凸.如果 $f'(x)$连续,那么,当 $f''(x)$的符号由负变正或由正变负时,必定有一点 x_0 使 $f''(x_0)=0$.这样,点$(x_0,f(x_0))$就是曲线的一个拐点.除此以外,函数 $f(x)$的二阶导数不存在的点,也有可能是 $f''(x)$的符号发生变化的分界点.因此,我们就可以按下面的步骤来判定曲线的拐点.

(1) 确定函数 $y=f(x)$的定义域;

(2) 求 $y=f(x)$的二阶导数 $f''(x)$,令 $f''(x)=0$,求出定义域内的所有实根,找出 $f''(x)$不存在的所有点;

(3) 讨论在各区间 $f''(x)$的符号和 $f(x)$的凹凸性；

(4) 确定 $y=f(x)$的拐点.

例 3 求曲线 $y=2x^3+3x^2-12x+14$ 的拐点.

解 函数 $y=2x^3+3x^2-12x+14$ 的定义域为$(-\infty,+\infty)$.

$$y'=6x^2+6x-12,\ y''=12x+6=6(2x+1).$$

令 $y''=0$,得 $x=-\dfrac{1}{2}$. 当 $x<-\dfrac{1}{2}$时，$y''<0$；当 $x>-\dfrac{1}{2}$时，$y''>0$. 因此，点$\left(-\dfrac{1}{2},20\dfrac{1}{2}\right)$是这曲线的拐点.

例 4 求曲线 $y=3x^4-4x^3+1$ 的拐点及凹凸区间.

解 函数 $y=3x^4-4x^3+1$ 的定义域为$(-\infty,+\infty)$.

$$y'=12x^3-12x^2,\ y''=36x^2-24x=12x(3x-2).$$

令 $y''=0$,得 $x_1=0,x_2=\dfrac{2}{3}$. $x_1=0$ 和 $x_2=\dfrac{2}{3}$把函数的定义域$(-\infty,+\infty)$分成三个部分区间:$(-\infty,0),\left(0,\dfrac{2}{3}\right),\left(\dfrac{2}{3},+\infty\right)$.

在$(-\infty,0)$内，$y''>0$,因此在区间$(-\infty,0)$上这曲线是凹的，在$\left(0,\dfrac{2}{3}\right)$内，$y''<0$,因此在区间$\left(0,\dfrac{2}{3}\right)$上这曲线是凸的,在$\left(\dfrac{2}{3},+\infty\right)$内，$y''>0$,因此在区间$\left(\dfrac{2}{3},+\infty\right)$上这曲线是凹的.

$x=0$ 时,$y=1$,点$(0,1)$是这曲线的一个拐点. $x=\dfrac{2}{3}$时,$y=\dfrac{11}{27}$,点$\left(\dfrac{2}{3},\dfrac{11}{27}\right)$也是这曲线的拐点.

例 5 问曲线 $y=x^4$ 是否有拐点?

解 函数 $y=x^4$ 的定义域为$(-\infty,+\infty)$.

$$y'=4x^3,\ y''=12x^2.$$

显然,只有 $x=0$ 是方程 $y''=0$ 的根.但当 $x\neq0$ 时,无论 $x<0$ 或 $x>0$ 都有 $y''>0$,因此点$(0,0)$不是这曲线的拐点.曲线 $y=x^4$ 没有拐点,它在定义域$(-\infty,+\infty)$内是凹的.

例 6 求曲线 $y=\sqrt[3]{x}$的拐点.

解 函数 $y=\sqrt[3]{x}$的定义域为$(-\infty,+\infty)$.

当 $x\neq0$ 时,$y'=\dfrac{1}{3\sqrt[3]{x^2}}$, $y''=-\dfrac{2}{9x\sqrt[3]{x^2}}$.

$x=0$ 是 y''不存在的点,但 $x=0$ 把定义域$(-\infty,+\infty)$分成两个部分区间:$(-\infty,0)$和$(0,+\infty)$.

在$(-\infty,0)$内，$y''>0$,曲线是凹的.在$(0,+\infty)$内，$y''<0$,曲线是凸的.

$x=0$ 时,$y=0$,点$(0,0)$是曲线 $y=\sqrt[3]{x}$的拐点.

注意:(1) 二阶导数为零的点不一定都是拐点；

(2) 二阶导数不存在的点也有可能是拐点.

习题 3-5

1. 判定下列曲线的凹凸性：

(1) $y=4x-x^2$；　　(2) $y=\dfrac{e^x-e^{-x}}{2}$；

(3) $y=x+\dfrac{1}{x}(x>0)$.

2. 求下列函数图形的拐点及凹或凸的区间：

(1) $y=x^3-5x^2+3x+5$；　　(2) $y=xe^{-x}$；

(3) $y=(x+1)^4+e^x$；　　(4) $y=\ln(x^2+1)$.

3. 已知曲线 $y=x^3-ax^2-9x+4$ 在 $x=1$ 处有拐点，试确定系数 a，并求曲线的凹凸区间和拐点.

4. 当 a、b 为何值时，点$(1,3)$为曲线 $y=ax^3-bx^2$ 的拐点？

3.6　函数图形的描绘

前面我们利用导数研究了函数的单调性和极值，曲线的凹凸性与拐点. 本节将综合利用这些知识画出函数的图像. 下面我们首先介绍曲线的水平渐近线和垂直渐近线.

3.6.1　曲线的渐近线

定义 3.4　如果$\lim\limits_{x\to\infty}f(x)=a$(或$\lim\limits_{x\to-\infty}f(x)=a$ 或$\lim\limits_{x\to+\infty}f(x)=a$)，那么称直线 $y=a$ 为曲线 $y=f(x)$的一条水平渐近线；如果$\lim\limits_{x\to b}f(x)=\infty$(或$\lim\limits_{x\to b^+}f(x)=\infty$或$\lim\limits_{x\to b^-}f(x)=\infty$)，那么称直线 $x=b$ 为曲线 $y=f(x)$的一条垂直渐近线.

水平渐近线和垂直渐近线，反映了一些连续曲线在无限延伸时的变化情况. 例如：因为 $\lim\limits_{x\to+\infty}\arctan x=\dfrac{\pi}{2}$，$\lim\limits_{x\to-\infty}\arctan x=-\dfrac{\pi}{2}$，所以直线 $y=\dfrac{\pi}{2}$和 $y=-\dfrac{\pi}{2}$是曲线 $y=\arctan x$ 的两条水平渐近线；因为$\lim\limits_{x\to2^+}\ln(x-2)=-\infty$，所以直线 $x=2$ 是曲线 $y=\ln(x-2)$的垂直渐近线.

3.6.2　作函数图形的一般步骤

利用导数作函数图像的一般步骤如下：

(1) 确定函数的定义域；

(2) 研究函数的奇偶性、周期性；

(3) 讨论函数的单调性、极值、曲线的凹凸性及拐点，并列表；

(4) 确定曲线的水平渐近线和垂直渐近线；

(5) 根据作图需要适当选取辅助点；

(6) 综合上述讨论，做出函数图像.

3.6.3 函数图形举例

例 1 做出函数 $y=\frac{1}{3}x^3-x$ 的图像.

解 (1) 函数的定义域为$(-\infty,+\infty)$.

(2) 该函数是奇函数,图像关于原点对称.

(3) $y'=x^2-1$, 令 $y'=0$,得 $x=\pm 1$;$y''=2x$,令 $y''=0$,得 $x=0$.

列表讨论如下.

x	$(-\infty,-1)$	-1	$(-1,0)$	0	$(0,1)$	1	$(1,+\infty)$
y'	+	0	−	−	−	0	+
y''	−	−	−	0	+	+	+
y	↗(凸)	极大值$\frac{2}{3}$	↘(凸)	拐点$(0,0)$	↘(凹)	极小值$-\frac{2}{3}$	↗(凹)

(4) 无渐近线.

(5) 取辅助点$\left(-2,-\frac{2}{3}\right)$,$(-\sqrt{3},0)$,$(\sqrt{3},0)$,$\left(2,\frac{2}{3}\right)$.

(6) 描点做图如图 3-16 所示.

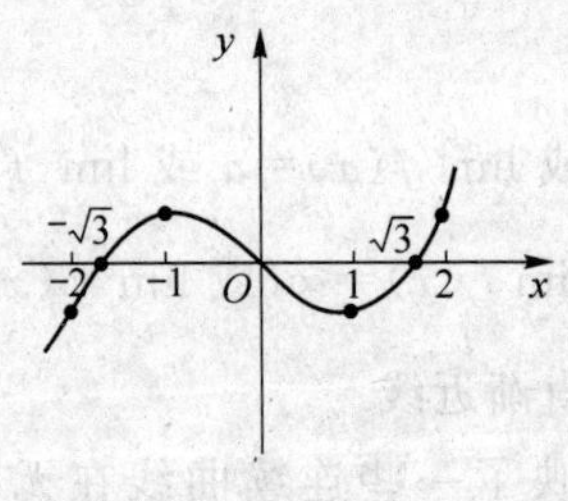

图 3-16

例 2 做出函数 $y=\frac{1}{\sqrt{2\pi}}e^{-\frac{x^2}{2}}$的图像.

解 (1) 函数的定义域为$(-\infty,+\infty)$.

(2) 该函数是偶函数,图像关于 y 轴对称.

(3) $y'=-\frac{1}{\sqrt{2\pi}}xe^{-\frac{x^2}{2}}$,令 $y'=0$,得 $x=0$;

$y''=-\frac{1}{\sqrt{2\pi}}(1-x^2)e^{-\frac{x^2}{2}}$,令 $y''=0$,得 $x=\pm 1$.

列表讨论如下.

x	$(-\infty,-1)$	-1	$(-1,0)$	0	$(0,1)$	1	$(1,+\infty)$
y'	+	+	+	0	−	−	−
y''	+	0	−	−	−	0	+
y	↗	拐点$\left(-1,\frac{1}{\sqrt{2\pi}}e^{-\frac{1}{2}}\right)$	↗	极大值$\frac{1}{\sqrt{2\pi}}$	↘	拐点$\left(1,\frac{1}{\sqrt{2\pi}}e^{-\frac{1}{2}}\right)$	↘

(4) 因为$\lim\limits_{x\to\infty}\frac{1}{\sqrt{2\pi}}e^{-\frac{x^2}{2}}=0$，所以 $y=0$ 是该曲线的水平渐近线.

(5) 取辅助点$(-1,0.24)$，$(0,0.40)$，$(1,0.24)$.

(6) 描点作图如图 3-17 所示.

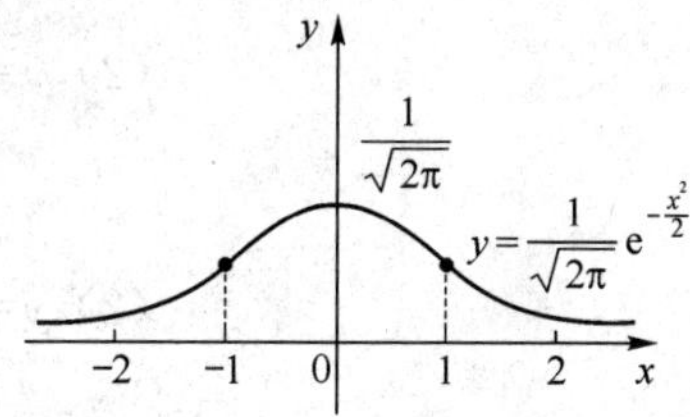

图 3-17

注意：辅助点选取的位置和数量要合适.

习题 3-6

1. 求下列曲线的渐近线：

(1) $y=\frac{1}{x^2-4x+5}$；　　(2) $y=\frac{1}{(x+2)^3}$；

(3) $y=e^{\frac{1}{x}}$.

2. 作下列函数的图形：

(1) $y=\frac{1}{1+x^2}$；　　(2) $y=xe^{-x}$；

(3) $y=x\sqrt{3-x}$；　　(4) $y=\sqrt[3]{x^2}+2$；

(5) $y=x-\ln(x+1)$.

复 习 题 三

1. 下列函数在给定区间上是否满足拉格朗日中值定理的条件？如果满足，求出定理中的数值 ξ：

(1) $f(x)=\lg x$，在$[1,10]$；

(2) $f(x)=\arctan x$，在$[0,1]$；

(3) $f(x)=3x^3-5x^2+x-2$，在$[-1,0]$.

2. 求下列函数的极限：

(1) $\lim\limits_{x\to 2}\dfrac{x^2+x-6}{x^2-4}$；

(2) $\lim\limits_{x\to 0}\dfrac{x-\sin x}{x^2+x}$；

(3) $\lim\limits_{x\to 0}\dfrac{e^x+e^{-x}-2}{x^2}$；

(4) $\lim\limits_{x\to 0}\dfrac{\sin x-x}{x\sin x}$.

3. 求下列函数的单调区间：

(1) $y=1+\dfrac{\ln x}{x}$；

(2) $y=x^4-3x^2+2$.

4. 求下列函数的极值：

(1) $y=\dfrac{x}{1+x^2}$；

(2) $y=2x^3-3x^2$；

(3) $y=x^2+\dfrac{1}{x^2}$.

5. 求 $f(x)=\dfrac{1}{3}x^3-\dfrac{5}{2}x^2+4x$ 在$[-1,2]$上的最大值与最小值.

6. 欲围一个面积为 150 m^2 的矩形场地，所用材料的造价其正面是 6 元/m^2，其余三面是 3 元/m^2，问场地的长与宽各为多少米时，才能使所用材料费最少？

7. 已知曲线 $y=ax^3+bx^2+cx$ 上点(1,2)处有水平切线，且原点为该曲线的拐点，求 a,b,c 的值，并写出此曲线的方程.

8. 做出下列函数的图形：

(1) $y=\dfrac{x^2}{x+1}$；

(2) $y=\dfrac{1}{x}+4x^2$；

(3) $y=1+3x-x^3$.

4 不定积分

在微分学中，我们讨论了如何求一个函数的导函数问题，本章将讨论与它相反的一个问题，即寻求一个可导函数，使它的导数等于已知函数，这是积分学的基本问题之一.

4.1 不定积分的概念与性质

4.1.1 原函数与不定积分的概念

原函数的定义 4.1 如果对任意的 $x\in I$，都有

$$F'(x)=f(x) \text{ 或 } \mathrm{d}F(x)=f(x)\mathrm{d}x$$

则称 $F(x)$ 为 $f(x)$ 在区间 I 上的原函数.

例如：$x\in(-\infty,+\infty)$ 时，有 $(\sin x)'=\cos x$，故 $\sin x$ 是 $\cos x$ 在 $(-\infty,+\infty)$ 内的一个原函数.

又如：$x\in(0,+\infty)$ 时，有 $(\ln x)'=\dfrac{1}{x}$，故 $\ln x$ 是 $\dfrac{1}{x}$ 在 $(0,+\infty)$ 内的一个原函数. 显然，$\ln x+\sqrt{3}$、$\ln x+2$ 等都是 $\dfrac{1}{x}$ 在 $(0,+\infty)$ 内的原函数.

显见：一个函数的原函数不是唯一的.

原函数的结构定理 4.1 如果 $f(x)$ 在区间 I 上有一个原函数 $F(x)$，则 $f(x)$ 就有无穷多个原函数；如果 $F(x)$ 与 $G(x)$ 都为 $f(x)$ 在区间 I 上的原函数，则 $F(x)$ 与 $G(x)$ 之差为常数，即 $F(x)-G(x)=C$（C 为任意常数）.

证 (1) 由于 $f(x)$ 在区间 I 上的原函数为 $F(x)$，即 $F'(x)=f(x)$，则

$[F(x)+C]'=F'(x)=f(x)$，即 $F(x)+C$ 也为 $f(x)$ 的原函数.（C 为任意常数），

表明 $f(x)$ 的原函数不唯一，有无穷多个.

(2) 如果 $F(x)$ 与 $G(x)$ 都为 $f(x)$ 的原函数，则 $F'(x)=f(x)$、$G'(x)=f(x)$，所以 $[F(x)-G(x)]'=F'(x)-G'(x)=f(x)-f(x)=0$，由拉格朗日中值定理的推论可知：$F(x)-G(x)=C$（$C$ 为任意常数）.

注意： (1) 求 $f(x)$ 的原函数，实质上就是问 $f(x)$ 是由哪个函数求导得来的；

(2) 如果 $F(x)$ 为 $f(x)$ 在区间 I 上的一个原函数，则 $F(x)+C$（C 为任意常数）是 $f(x)$ 的全体原函数. 称为 $f(x)$ 的原函数族.

原函数存在定理 4.2 如果函数 $f(x)$在区间 I 上连续，则 $f(x)$在区间 I 上一定有原函数，即存在区间 I 上的可导函数 $F(x)$，使得对任一 $x\in I$，有 $F'(x)=f(x)$.

注意：如果函数 $f(x)$在某区间上连续，则在该区间上 $f(x)$的原函数必定存在.

由于初等函数在定义区间内连续，故初等函数在其定义区间内一定有原函数.

不定积分的概念 函数 $f(x)$在区间 I 上的全体原函数 $F(x)+C$(C 为任意常数)称为函数 $f(x)$在区间 I 上的不定积分，记作

$$\int f(x)\mathrm{d}x$$

其中$\int$ 称为积分号，$f(x)$ 称为被积函数，$f(x)\mathrm{d}x$ 称为被积表达式，x 称为积分变量.

由此定义可知：如果 $F(x)$ 为 $f(x)$ 在区间 I 上的一个原函数，那么 $F(x)+C$ 就是 $f(x)$ 在区间 I 上的不定积分，则有

$$\int f(x)\mathrm{d}x = F(x)+C，其中 C 为任意常数，又称为积分常数.$$

因而不定积分$\int f(x)\mathrm{d}x$ 表示 $f(x)$ 的所有原函数. 所以，求一个函数的不定积分，就是求这个函数的全体原函数. 只要求出一个原函数，再加上积分常数 C 就可以了.

例 1 求不定积分$\int 2x\mathrm{d}x$.

解 因为$(x^2)' = 2x$，所以 x^2 是 $2x$ 的一个原函数，因此

$$\int 2x\mathrm{d}x = x^2 + C.$$

例 2 求不定积分$\int \cos x\mathrm{d}x$.

解 因为$(\sin x)' = \cos x$，所以 $\sin x$ 是 $\cos x$ 的一个原函数，因此

$$\int \cos x\mathrm{d}x = \sin x + C.$$

注意：如果在提出问题时不指明区间，如例 1，那么在解题时通常也不指明求出的原函数所使用的区间，只要确有区间 I，在其中 $F'(x) = f(x)$，就有$\int f(x)\mathrm{d}x = F(x)+C$.

求某个函数的不定积分，不是求其一个原函数，而是所有的原函数，这个“所有”就体现在任意常数 C 上. 因此求不定积分时，不能把任意常数 C 丢掉.

通常把求不定积分的方法称为积分法.

由不定积分定义可以看出，不定积分的运算是求导(或微分) 运算的逆运算，显然有以下性质：

$$\left[\int f(x)\mathrm{d}x\right]' = f(x) \quad 或 \ \mathrm{d}\int f(x)\mathrm{d}x = f(x)\mathrm{d}x;$$

$$\int F'(x)\mathrm{d}x = F(x)+C \quad 或\int \mathrm{d}F(x) = F(x)+C.$$

由此可见，当记号$\int$与 d 连在一起时，或者抵消，或者抵消后加一个常数，可简单地记述为："先积后微，形式不变；先微后积，加个常数".

4.1.2 不定积分的性质

性质 1 两个函数和(或差)的不定积分等于各函数不定积分之和(或差)，即

$$\int[f(x)\pm g(x)]\mathrm{d}x=\int f(x)\mathrm{d}x\pm\int g(x)\mathrm{d}x.$$

证 由于$\left[\int f(x)\mathrm{d}x\pm\int g(x)\mathrm{d}x\right]'$

$$=\left[\int f(x)\mathrm{d}x\right]'\pm\left[\int g(x)\mathrm{d}x\right]'=f(x)\pm g(x),$$

所以$\int[f(x)\pm g(x)]\mathrm{d}x=\int f(x)\mathrm{d}x\pm\int g(x)\mathrm{d}x.$

此性质很容易推广到有限多个函数代数和的情况，即

$$\int[f_1(x)\pm f_2(x)\pm\cdots\pm f_n(x)]\mathrm{d}x=\int f_1(x)\mathrm{d}x\pm\int f_2(x)\mathrm{d}x\pm\cdots+\int f_n(x)\mathrm{d}x$$

性质 2 被积函数中不为零的常数因子可以提到积分号外，

即 $\int kf(x)\mathrm{d}x=k\int f(x)\mathrm{d}x\quad(k\neq 0).$

证 由于$\left[k\int f(x)\mathrm{d}x\right]'=k\left[\int f(x)\mathrm{d}x\right]'=kf(x).$

所以 $\int kf(x)\mathrm{d}x=k\int f(x)\mathrm{d}x.$

4.1.3 不定积分的几何意义

若 $y=F(x)$ 是 $f(x)$ 的一个原函数，则称 $y=F(x)$ 的图像是 $f(x)$ 的一条积分曲线.

由$\int f(x)\mathrm{d}x=F(x)+C$可知，$f(x)$ 的不定积分是一族积分曲线，称它为积分曲线族.

每条积分曲线横坐标相同的点处切线的斜率相等，都等于 $f(x)$，从而使横坐标相等的相应点处切线相互平行(见图 4-1).

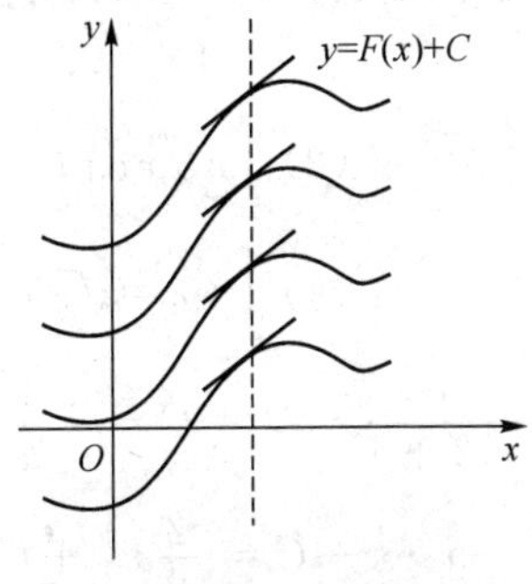

图 4-1

4.1.4 基本积分表

由不定积分定义可知，求不定积分与求导数（或微分）是两种互逆的运算，我们只要把基本求导公式表反过来，就得到下面的基本积分公式表，通常称为基本积分表.

(1) $\int k\mathrm{d}x = kx + C$ （k 为常数）.

(2) $\int x^{\mu}\mathrm{d}x = \dfrac{1}{\mu+1}x^{\mu+1} + C\ (\mu \neq -1)$.

(3) $\int \dfrac{1}{x}\mathrm{d}x = \ln|x| + C$.

(4) $\int \dfrac{1}{1+x^2}\mathrm{d}x = \arctan x + C = -\operatorname{arccot} x + C$.

(5) $\int \dfrac{1}{\sqrt{1-x^2}}\mathrm{d}x = \arcsin x + C = -\arccos x + C$.

(6) $\int a^x\mathrm{d}x = \dfrac{1}{\ln a}a^x + C$，

当 $a = \mathrm{e}$ 时，$\int \mathrm{e}^x\mathrm{d}x = \mathrm{e}^x + C$.

(7) $\int \cos x\mathrm{d}x = \sin x + C$.

(8) $\int \sin x\mathrm{d}x = -\cos x + C$.

(9) $\int \sec^2 x\mathrm{d}x = \tan x + C$.

(10) $\int \csc^2 x\mathrm{d}x = -\cot x + C$.

(11) $\int \sec x\tan x\mathrm{d}x = \sec x + C$.

(12) $\int \csc x\cot x\mathrm{d}x = -\csc x + C$.

以上各基本公式是求不定积分的基础，必须熟记.

下面利用不定积分的性质和基本积分表，求一些较简单的不定积分.

例 3 求下列不定积分.

(1) $\int \dfrac{1}{x^2}\mathrm{d}x$；　　(2) $\int x\sqrt[3]{x}\mathrm{d}x$；

(3) $\int \mathrm{e}^{x-1}\mathrm{d}x$；　　(4) $\int (x-\sqrt{x})^2\mathrm{d}x$.

解 (1) $\int \dfrac{1}{x^2}\mathrm{d}x = \int x^{-2}\mathrm{d}x = \dfrac{1}{-2+1}x^{-2+1} + C = -\dfrac{1}{x} + C$；

(2) $\int x\sqrt[3]{x}\mathrm{d}x = \int x^{\frac{7}{2}}\mathrm{d}x = \dfrac{1}{\frac{7}{2}+1}x^{\frac{7}{2}+1} + C = \dfrac{2}{9}x^{\frac{9}{2}} + C$；

(3) $\int \mathrm{e}^{x-1}\mathrm{d}x = \int \mathrm{e}^{-1}\mathrm{e}^x\mathrm{d}x = \mathrm{e}^{-1}\int \mathrm{e}^x\mathrm{d}x = \mathrm{e}^{-1}\mathrm{e}^x + C = \mathrm{e}^{x-1} + C$；

(4) $\int (x-\sqrt{x})^2 dx = \int (x^2 - 2x\sqrt{x} + x) dx$

$$= \int x^2 dx - 2\int x\sqrt{x}\, dx + \int x dx$$

$$= \frac{1}{2+1}x^{2+1} - 2\frac{1}{\frac{3}{2}+1}x^{\frac{3}{2}+1} + \frac{1}{1+1}x^{1+1} + C$$

$$= \frac{1}{3}x^3 - \frac{4}{5}x^{\frac{5}{2}} + \frac{1}{2}x^2 + C.$$

注意:(1) 在分项积分后,每个不定积分的结果都含有任意常数,但由于任意常数之和仍是任意常数,因此,只要总的写出一个任意常数就行了.

(2) 检验积分结果是否正确,只要把结果求导,看它的导数是否等于被积函数,相等时结果是正确的,否则结果是错误的.

例 4 求$\int (e^x - 3\cos x) dx$.

解 $\int (e^x - 3\cos x) dx = \int e^x dx - 3\int \cos x dx$

$$= e^x - 3\sin x + C$$

例 5 求$\int \frac{x^4}{1+x^2} dx$.

解 $\int \frac{x^4}{1+x^2} dx = \int \frac{x^4 - 1 + 1}{1+x^2} dx$

$$= \int \frac{(x^2+1)(x^2-1)+1}{1+x^2} dx$$

$$= \int \left(x^2 - 1 + \frac{1}{1+x^2}\right) dx$$

$$= \frac{1}{3}x^3 - x + \arctan x + C.$$

例 6 求$\int \tan^2 x dx$.

解 $\int \tan^2 x dx = \int (\sec^2 x - 1) dx = \tan x - x + C.$

例 7 求下列不定积分.

(1) $\int \frac{x^2}{x^2+1} dx$　　(2) $\int \frac{2x^2+1}{x^2(1+x^2)} dx$

(3) $\int e^x(3+2^x) dx$　　(4) $\int \frac{\cos 2x}{\sin^2 x \cos^2 x} dx$

解 (1) $\int \frac{x^2}{x^2+1} dx = \int \frac{x^2+1-1}{x^2+1} dx$

$$= \int \left(1 - \frac{1}{x^2+1}\right) dx$$

$$= x - \arctan x + C;$$

(2) $\int \frac{2x^2+1}{x^2(1+x^2)}dx = \int \frac{1+x^2+x^2}{x^2(1+x^2)}dx$

$$= \int\left(\frac{1}{x^2}+\frac{1}{1+x^2}\right)dx$$

$$= -\frac{1}{x}+\arctan x + C;$$

(3) $\int e^x(3+2^x)dx = 3\int e^x dx + \int 2^x e^x dx$

$$= 3e^x + \int (2e)^x dx$$

$$= 3e^x + \frac{(2e)^x}{\ln 2e} + C;$$

(4) $\int \frac{\cos 2x}{\sin^2 x\cos^2 x}dx = \int \frac{\cos^2 x - \sin^2 x}{\sin^2 x \cos^2 x}dx$

$$= \int\left(\frac{1}{\sin^2 x} - \frac{1}{\cos^2 x}\right)dx$$

$$= -\cot x - \tan x + C.$$

上述例题说明,若被积函数不是基本积分表中所列类型,则需把被积函数变形为基本积分表中所列类型,然后利用基本积分公式和不定积分的性质求出其不定积分,这种求不定积分的方法叫直接积分法.

习题 4-1

1. 填空题(观察法).

(1) 因(   )$' = \sqrt{x}$,故$\sqrt{x}$ 的原函数为(   ),于是$\int \sqrt{x}\,dx =$ (   ).

(2) 因(   )$' = e^{-x}$,故 e^{-x} 的原函数为(   ),于是$\int e^{-x}dx =$ (   ).

(3) 因(   )$' = \frac{2x}{1+x^2}$,故$\frac{2x}{1+x^2}$ 的原函数为(   ),于是$\int \frac{2x}{1+x^2}dx =$ (   ).

(4) 因$(2^{3x})' =$ (   ),故 2^{3x} 是(   )的一个原函数.

(5) 函数 $\cos 2x$ 是函数(   )的一个原函数.

2. 求下列不定积分:

(1) $\int \frac{1}{\sqrt[3]{x^4}}dx$; (2) $\int \frac{x}{\sqrt{x^5}}dx$;

(3) $\int \frac{3^x}{e^x}dx$; (4) $\int \sec x(\sec x - \tan x)dx$;

(5) $\int \frac{dx}{1+\cos 2x}dx$.

4.2 换元积分法

直接利用基本积分公式及不定积分的性质所能计算的不定积分是非常有限的. 为了求出更多的初等函数的不定积分，我们首先学习一种常用的积分法 —— 换元积分法，简称换元法，一般分为两种类型.

4.2.1 第一类换元法(凑微分法)

考察不定积分$\int \cos 2x \mathrm{d}x$.

被积函数 $\cos 2x$ 是 x 的复合函数，基本积分表中没有这样的积分公式，但我们可以把积分$\int \cos 2x \mathrm{d}x$ 化成某个积分公式的形式：

$$\int \cos 2x \mathrm{d}x = \int \cos 2x \cdot \frac{1}{2}\mathrm{d}(2x) = \frac{1}{2}\int \cos 2x \mathrm{d}(2x)$$

$$\xlongequal{令 2x=u} \frac{1}{2}\int \cos u \mathrm{d}u = \frac{1}{2}\sin u + C$$

$$\xlongequal{u=2x} \frac{1}{2}\sin 2x + C.$$

这种先“凑”微分，再做变换的积分法，叫第一类换元积分法，又称凑微分法，对一般情形，有如下定理.

定理 4.3 若$\int f(u)\mathrm{d}u = F(u) + C$ 且 $u = \varphi(x)$ 可微，则有换元公式

$$\int f[\varphi(x)]\varphi'(x)\mathrm{d}x = F[\varphi(x)] + C \tag{4-1}$$

实际上换元法是微分运算中复合函数求导法则的逆运算，由于

$$(F[\varphi(x)])' = F'(u) \cdot \varphi'(x) = f(u) \cdot \varphi'(x) = f[\varphi(x)]\varphi'(x).$$

由不定积分定义知$\int f[\varphi(x)]\varphi'(x)\mathrm{d}x = F[\varphi(x)] + C$.

说明：(1) 公式(4-1) 称为第一类换元积分公式. 被积表达式中的 $\mathrm{d}x$ 可当作变量 x 的微分来对待，从而微分等式 $\varphi'(x)\mathrm{d}x = \mathrm{d}u$ 可以应用到被积表达式中，这样公式(4-1) 就可理解为：

$$\int f[\varphi(x)]\varphi'(x)\mathrm{d}x \xlongequal{u=\varphi(x)} \int f(u)\mathrm{d}u = F(u) + C = F[\varphi(x)] + C$$

故称此积分法为第一类换元法，其特点是将被积函数中的某一部分函数视为一个新的变量；

(2) 公式(4-1) 也可理解为：$\int f[\varphi(x)]\varphi'(x)\mathrm{d}x = \int f(\varphi(x))\mathrm{d}\varphi(x) = F[\varphi(x)] + C$

因此，第一换元法也称为凑微分法.

(3) 在求不定积分$\int g(x)\mathrm{d}x$ 时，如果函数 $g(x)$ 可以化为 $g(x) = f[\varphi(x)]\varphi'(x)$ 的形式，那么$\int g(x)\mathrm{d}x = \int f[\varphi(x)]\varphi'(x)\mathrm{d}x = \left[\int f(u)\mathrm{d}u\right]_{u=\varphi(x)}$.

例 1 求$\int \cos 3x\mathrm{d}x$.

解 作变量代换 $u=3x$,则 $\mathrm{d}u=3\mathrm{d}x$,于是

$$\begin{aligned}\int \cos 3x\mathrm{d}x &= \int \cos u \cdot \frac{1}{3} \cdot \mathrm{d}u \\ &= \frac{1}{3}\int \cos u\mathrm{d}u \\ &= \frac{1}{3}\sin u + C \\ &= \frac{1}{3}\sin 3x + C.\end{aligned}$$

例 2 求$\int (2x+1)^8\mathrm{d}x$.

解 作变量代换 $u=2x+1$,则 $\mathrm{d}u=2\mathrm{d}x$,于是

$$\begin{aligned}\int (2x+1)^8\mathrm{d}x &= \int u^8\,\frac{1}{2}\mathrm{d}u \\ &= \frac{1}{2}\times\frac{1}{9}\cdot u^9 + C \\ &= \frac{1}{18}(2x+1)^9 + C.\end{aligned}$$

例 3 求$\int 2x\mathrm{e}^{x^2}\mathrm{d}x$.

解 作变量代换 $u=x^2$,则 $\mathrm{d}u=2x\mathrm{d}x$,于是

$$\int 2x\mathrm{e}^{x^2}\mathrm{d}x = \int \mathrm{e}^u\mathrm{d}u = \mathrm{e}^u + C = \mathrm{e}^{x^2} + C.$$

在求复合函数的导数时,我们通常不写出中间变量.同样的,在比较熟悉不定积分的换元积分法后,也可以不写出中间变量的引入过程.

例 4 求$\int \frac{\mathrm{d}x}{a^2+x^2}(a\neq 0)$.

解 $\int \frac{\mathrm{d}x}{a^2+x^2} = \frac{1}{a}\int \frac{\mathrm{d}\left(\frac{x}{a}\right)}{1+\left(\frac{x}{a}\right)^2} = \frac{1}{a}\arctan\frac{x}{a} + C.$

例 5 求$\int \frac{\mathrm{d}x}{\sqrt{a^2-x^2}}(a>0)$.

解 $\int \frac{\mathrm{d}x}{\sqrt{a^2-x^2}} = \int \frac{\mathrm{d}\left(\frac{x}{a}\right)}{\sqrt{1-\left(\frac{x}{a}\right)^2}} = \arcsin\frac{x}{a} + C.$

例 6 求$\int \frac{\mathrm{d}x}{x^2-a^2}\ (a\neq 0)$.

解 因为$\frac{1}{x^2-a^2} = \frac{1}{2a}\left(\frac{1}{x-a} - \frac{1}{x+a}\right)$

所以 $\int \frac{dx}{x^2-a^2}=\frac{1}{2a}\int\left(\frac{1}{x-a}-\frac{1}{x+a}\right)dx$

$$=\frac{1}{2a}\int\frac{d(x-a)}{x-a}-\frac{1}{2a}\int\frac{d(x+a)}{x+a}$$

$$=\frac{1}{2a}\ln|x-a|-\frac{1}{2a}\ln|x+a|+C$$

$$=\frac{1}{2a}\ln\left|\frac{x-a}{x+a}\right|+C.$$

由以上例题可知，有些时候需要对被积函数先做恒等变形后再凑微分，目的是便于利用基本积分公式.

例 7 求$\int\tan x dx$.

解 $\int\tan x dx=\int\frac{\sin x}{\cos x}dx=-\int\frac{d(\cos x)}{\cos x}$

$$=-\ln|\cos x|+C.$$

类似地 $\int\cot x dx=\ln|\sin x|+C.$

例 8 求$\int\csc x dx$.

解法一 $\int\csc x dx=\int\frac{\sin x}{\sin^2 x}dx=-\int\frac{d(\cos x)}{1-\cos^2 x}=\int\frac{d(\cos x)}{\cos^2 x-1}$

$$=\frac{1}{2}\ln\left|\frac{\cos x-1}{\cos x+1}\right|+C\text{（利用例 6 的结论）}$$

$$=\frac{1}{2}\ln\left|\frac{1-\cos x}{\sin x}\right|^2+C=\ln|\csc x-\cot x|+C.$$

解法二 $\int\csc x dx=\int\frac{dx}{\sin x}=\int\frac{dx}{2\sin\frac{x}{2}\cos\frac{x}{2}}$

$$=\int\frac{d\left(\frac{x}{2}\right)}{\tan\frac{x}{2}\cos^2\frac{x}{2}}$$

$$=\int\frac{1}{\tan\frac{x}{2}}d\left(\tan\frac{x}{2}\right)$$

$$=\ln\left|\tan\frac{x}{2}\right|+C=\ln|\csc x-\cot x|+C.$$

类似地$\int\sec x dx=\ln|\sec x+\tan x|+C.$

注意：在求不定积分时，采用不同的方法可能求得的积分结果形式不一样，只要对所得积分结果求导，就可验证结果是否正确.

例 9 求$\int\cos 2x\cos 3x dx$.

解 利用三角学中的积化和差公式,有

$$\int \cos 2x\cos 3x\mathrm{d}x = \frac{1}{2}\int (\cos x + \cos 5x)\mathrm{d}x = \frac{1}{2}\sin x + \frac{1}{10}\sin 5x + C.$$

第一类换元积分法在积分学中是经常使用的,不过如何适当地选择变量代换,却没有一般的法则可循,这种方法的特点是凑微分,要掌握这种方法,需要熟记一些函数的微分公式,例如

$$x\mathrm{d}x = \frac{1}{2}\mathrm{d}(x^2),\qquad \frac{1}{x}\mathrm{d}x = \mathrm{d}(\ln|x|),$$

$$\frac{1}{x^2}\mathrm{d}x = -\mathrm{d}\left(\frac{1}{x}\right),\qquad \frac{1}{\sqrt{x}}\mathrm{d}x = 2\mathrm{d}(\sqrt{x}).$$

$$\mathrm{e}^x\mathrm{d}x = \mathrm{d}(\mathrm{e}^x)\qquad \sin x\mathrm{d}x = -\mathrm{d}(\cos x),\text{等等}.$$

并善于根据这些微分公式,从被积表达式中拼凑出合适的微分因子,要掌握这种积分法,还需要熟悉一些典型的例子,并要多做练习,不断积累经验.

4.2.2 第二类换元法

第一类换元法是作代换 $u=\varphi(x)$,使得积分 $\int f(\varphi(x))\varphi'(x)\mathrm{d}x$ 变为积分 $\int f(u)\mathrm{d}u$,从而利用 $f(u)$ 的原函数求出积分 $\int f(\varphi(x))\varphi'(x)\mathrm{d}x$. 但是,有时不易凑微分,却可以作一个代换 $x=\psi(t)$,把积分 $\int f(x)\mathrm{d}x$ 化成 $\int f[\psi(t)]\psi'(t)\mathrm{d}t$,若后者容易求出,则前者就可以求出了. 这相当于从相反的方向运用第一类换元积分公式.

定理 4.4 设 $x=\psi(t)$ 单调可微,且 $\psi'(t)\neq 0$,若

$$\int f[\psi(t)]\psi'(t)\mathrm{d}t = F(t) + C,$$

则

$$\int f(x)\mathrm{d}x = F[\psi^{-1}(x)] + C, \tag{4-2}$$

其中 $t=\psi^{-1}(x)$ 是 $x=\psi(t)$ 的反函数.

读者不难验证 $F[\psi^{-1}(x)]+C$ 的导数是 $f(x)$.

说明:(1) 公式(4-2) 称为第二类换元积分公式. 公式(4-2) 可理解为

$$\int f(x)\mathrm{d}x \xlongequal{x=\psi(t)} \int f(\psi(t))\psi'(t)\mathrm{d}t = F(t) + C = F[\psi^{-1}(x)] + C,$$

作代换 $x=\psi(t)$,其特点是将积分变量 x 视为某个新变量的函数.

(2) 利用公式(4-2) 的关键在于选择适当的变量代换 $x=\psi(t)$,请看几个例子.

例 10 求 $\int \frac{\mathrm{d}x}{1+\sqrt{x}}$.

解 令 $\sqrt{x}=t, x=t^2, \mathrm{d}x=2t\mathrm{d}t$,

所以 $\int \frac{\mathrm{d}x}{1+\sqrt{x}} \xlongequal{\sqrt{x}=t} \int \frac{2t}{1+t}\mathrm{d}t = 2\int\left(1-\frac{1}{1+t}\right)\mathrm{d}t$

$= 2(t-\ln|1+t|)+C$

$= 2(\sqrt{x}-\ln(1+\sqrt{x}))+C.$

例 11 求$\int \sqrt{1-x^2}\,\mathrm{d}x$.

解 令 $x=\sin t\left(0<t<\frac{\pi}{2}\right)$,则 $\mathrm{d}x=\cos t\mathrm{d}t,\cos t=\sqrt{1-\sin^2 t}=\sqrt{1-x^2}$

原式$=\int \cos t\cdot\cos t\mathrm{d}t=\int \cos^2 t\mathrm{d}t=\int \frac{1+\cos 2t}{2}\mathrm{d}t=\frac{1}{2}\left(\int \mathrm{d}t+\int \cos 2t\mathrm{d}t\right)$

$=\frac{1}{2}\left(t+\frac{1}{2}\sin 2t\right)+C=\frac{1}{2}(t+\sin t\cos t)+C=\frac{1}{2}(\arcsin x+x\sqrt{1-x^2})+C$

例 12 求$\int \frac{1}{\sqrt{x^2+a^2}}\mathrm{d}x \quad (a>0)$.

解 设 $x=a\tan t\left(-\frac{\pi}{2}<t<\frac{\pi}{2}\right)$

则 $t=\arctan\frac{x}{a},\mathrm{d}x=a\sec^2 t\mathrm{d}t$,

于是 $\int \frac{\mathrm{d}x}{\sqrt{x^2+a^2}}=\int \frac{1}{a\sec t}\cdot a\sec^2 t\mathrm{d}t$

$=\int \sec t\mathrm{d}t=\ln|\sec t+\tan t|+C_1$,

根据代换式 $x=a\tan t\left(-\frac{\pi}{2}<t<\frac{\pi}{2}\right)$作直角三角形,如图 4-2 所示,得 $\sec t=\frac{\sqrt{x^2+a^2}}{a}$,因此

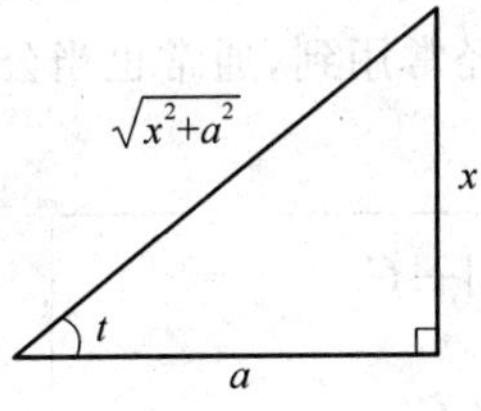

图 4-2

$$\int \frac{\mathrm{d}x}{\sqrt{x^2+a^2}}=\ln\left|\frac{x}{a}+\frac{\sqrt{x^2+a^2}}{a}\right|+C_1$$

$$=\ln\left|x+\sqrt{x^2+a^2}\right|+C \qquad \text{其中 } C=C_1-\ln a.$$

例 13 求$\int \frac{\mathrm{d}x}{\sqrt{x^2-a^2}} \quad (a>0)$.

解 设 $x=a\sec t\left(0<t<\frac{\pi}{2}\right)$,则 $\mathrm{d}x=a\sec t\tan t\mathrm{d}t$,

于是 $\int \frac{\mathrm{d}x}{\sqrt{x^2-a^2}}=\int \frac{a\sec t\tan t}{a\tan t}\mathrm{d}t=\int \sec t\mathrm{d}t$

$$=\ln|\sec t+\tan t|+C_1,$$

根据代换式 $x=a\sec t\left(0<t<\frac{\pi}{2}\right)$作直角三角形，如图 4-3 所示，得 $\tan t=\frac{\sqrt{x^2-a^2}}{a}$，因此

$$\begin{aligned}\int \frac{\mathrm{d}x}{\sqrt{x^2-a^2}}&=\ln\left|\frac{x}{a}+\frac{\sqrt{x^2-a^2}}{a}\right|+C_1\\&=\ln\left|x+\sqrt{x^2-a^2}\right|+C \quad 其中\ C=C_1-\ln a.\end{aligned}$$

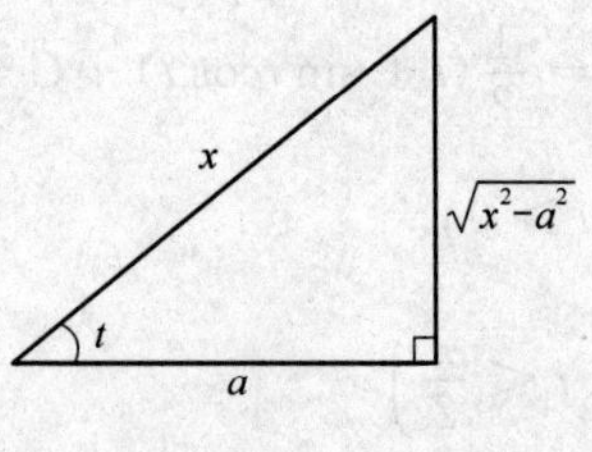

图 4-3

以上三例所用的代换称为三角代换，对于 $\sqrt{a^2-x^2}$ 可作代换 $x=a\sin t\left(-\frac{\pi}{2}<t<\frac{\pi}{2}\right)$，对于 $\sqrt{x^2+a^2}$ 可作代换 $x=a\tan t\left(-\frac{\pi}{2}<t<\frac{\pi}{2}\right)$，对于 $\sqrt{x^2-a^2}$ 可作代换 $x=a\sec t\left(0<t<\frac{\pi}{2}\right)$，这样便可消去根式，但对具体问题要具体分析，不必拘泥于上述三角代换. 例如

$$\int x\sqrt{4-x^2}\,\mathrm{d}x=-\frac{1}{2}\int \sqrt{4-x^2}\,\mathrm{d}(4-x^2)=-\frac{1}{3}(4-x^2)^{\frac{3}{2}}+C,$$

这比使用变换 $x=2\sin t$ 来计算简便得多.

本节的部分例题的积分以后会经常用到，通常也当公式使用，将它们列在下面，作为对基本积分公式的补充.

(13) $\int \tan x\mathrm{d}x=-\ln|\cos x|+C.$

(14) $\int \cot x\mathrm{d}x=\ln|\sin x|+C.$

(15) $\int \sec x\mathrm{d}x=\ln|\sec x+\tan x|+C.$

(16) $\int \csc x\mathrm{d}x=\ln|\csc x-\cot x|+C.$

(17) $\int \frac{\mathrm{d}x}{a^2+x^2}=\frac{1}{a}\arctan\frac{x}{a}+C \quad (a\neq 0).$

(18) $\int \frac{\mathrm{d}x}{x^2-a^2}=\frac{1}{2a}\ln\left|\frac{x-a}{x+a}\right|+C \quad (a\neq 0).$

(19) $\int \frac{\mathrm{d}x}{\sqrt{a^2-x^2}}=\arcsin\frac{x}{a}+C \quad (a>0).$

(20) $\int \frac{dx}{\sqrt{x^2+a^2}} = \ln\left|x+\sqrt{x^2+a^2}\right|+C \quad (a>0)$.

(21) $\int \frac{dx}{\sqrt{x^2-a^2}} = \ln\left|x+\sqrt{x^2-a^2}\right|+C \quad (a>0)$.

(22) $\int \sqrt{a^2-x^2}\,dx = \frac{a^2}{2}\arcsin\frac{x}{a}+\frac{x}{2}\sqrt{a^2-x^2}+C \quad (a>0)$.

例 14 求$\int \frac{dx}{x^2+2x+3}$.

解 $\int \frac{dx}{x^2+2x+3} = \int \frac{d(x+1)}{(x+1)^2+(\sqrt{2})^2}$,利用公式(17)便得

$$\int \frac{dx}{x^2+2x+3} = \frac{1}{\sqrt{2}}\arctan\frac{x+1}{\sqrt{2}}+C.$$

习题 4-2

1. 填空使下面等式成立.

(1) $dx = \_\_\_\_ d(ax+b)\ (a\neq 0)$;

(2) $x dx = \_\_\_\_ d(2x^2+1)$;

(3) $\frac{1}{\sqrt{x}}dx = \_\_\_\_ d(3\sqrt{x})$;

(4) $e^{2x}dx = \_\_\_\_ d(e^{2x})$;

(5) $\frac{1}{x}dx = \_\_\_\_ d(3-5\ln x)$;

(6) $\sin\frac{3}{2}x dx = \_\_\_\_ d\left(\cos\frac{3}{2}x\right)$;

(7) $\frac{dx}{\sqrt{1-x^2}} = \_\_\_\_ d(1-2\arcsin x)$;

(8) $\frac{dx}{1+9x^2} = \_\_\_\_ d(\arctan 3x)$.

2. 求下列不定积分:

(1) $\int \frac{dt}{2+3t}$;

(2) $\int (1-2x)^{10}dx$;

(3) $\int \cos(2x-3)dx$;

(4) $\int e^{-3x}dx$;

(5) $\int \frac{2x-3}{x^2-3x+1}dx$;

(6) $\int \frac{1}{x\ln x}dx$;

(7) $\int \frac{e^x}{e^x+1}dx$;

(8) $\int \frac{x}{1+x^4}dx$;

(9) $\int \frac{dx}{\sqrt{9-4x^2}}$;

(10) $\int \cos^3 x dx$;

(11) $\int \frac{dx}{(\arcsin x)^2\sqrt{1-x^2}}$;

(12) $\int \frac{\sin\sqrt{x}}{\sqrt{x}}dx$.

3. 求下列不定积分:

(1) $\int \sqrt[5]{x+1}\,dx$;

(2) $\int x\sqrt{x-1}\,dx$;

(3) $\int \frac{dx}{1+\sqrt{2x}}$;

(4) $\int \frac{\sqrt{x+1}-1}{\sqrt{x+1}+1}dx$;

(5) $\int \frac{x^2}{\sqrt{1-x^2}}\mathrm{d}x$； (6) $\int \frac{\sqrt{x^2-9}}{x}\mathrm{d}x$.

4.3 分部积分法

分部积分法是常用的另一种基本积分法，它能解决前面的积分法不能解决的部分求积分问题，它往往与换元积分法综合运用. 它是微分法中两个函数乘积的微分运算的逆运算.

定理 4.5 设 $u(x)$，$v(x)$ 都具有连续导数，则有分部积分公式

$$\int u(x)v'(x)\mathrm{d}x = u(x)v(x) - \int v(x)u'(x)\mathrm{d}x$$

或简写成 $\int u\mathrm{d}v = uv - \int v\mathrm{d}u$.

从公式知，若求 $\int u\mathrm{d}v = \int uv'\mathrm{d}x$ 有困难，而求 $\int v\mathrm{d}u = \int u'v\mathrm{d}x$ 较容易时，分部积分公式就可以发挥作用了.

下面举例说明如何利用分部积分公式.

例 1 求 $\int \arctan x\mathrm{d}x$.

解 设 $u = \arctan x$，$\mathrm{d}v = \mathrm{d}x$，则 $\mathrm{d}u = \mathrm{d}(\arctan x) = \frac{1}{1+x^2}\mathrm{d}x$，$v = x$，

由分部积分公式得

$$\begin{aligned}\int \arctan x\mathrm{d}x &= x\arctan x - \int x\frac{1}{1+x^2}\mathrm{d}x \\ &= x\arctan x - \frac{1}{2}\int\frac{\mathrm{d}(1+x^2)}{1+x^2} \\ &= x\arctan x - \frac{1}{2}\ln(1+x^2) + C\end{aligned}$$

利用分部积分公式时，如何适当地选取 u，v，是十分重要的，如果选取不当，可能使所求积分更复杂.

一般的经验是：将被积函数看成两函数之积，按反三角函数、对数函数、幂函数、指数函数、三角函数（简单记为："反对幂指三"）的顺序，排在前面的为 u，后面的为 v'.

例 2 求 $\int x\ln x\mathrm{d}x$.

解 设 $u = \ln x$， $\mathrm{d}v = x\mathrm{d}x = \mathrm{d}\left(\frac{x^2}{2}\right)$，则 $\mathrm{d}u = \frac{1}{x}\mathrm{d}x$，$v = \frac{x^2}{2}$，

由分部积分公式，得

$$\begin{aligned}\int x\ln x\mathrm{d}x &= \frac{x^2}{2}\ln x - \int\frac{x^2}{2}\cdot\frac{1}{x}\mathrm{d}x \\ &= \frac{x^2}{2}\ln x - \int\frac{x}{2}\mathrm{d}x \\ &= \frac{x^2}{2}\ln x - \frac{1}{4}x^2 + C.\end{aligned}$$

例 3 求$\int x\cos x\mathrm{d}x$.

解 设$u=x,\mathrm{d}v=\cos x\mathrm{d}x=\mathrm{d}(\sin x)$,则$\mathrm{d}u=\mathrm{d}x,v=\sin x$,由分部积分公式,得

$$\begin{aligned}\int x\cos x\mathrm{d}x &= x\cdot\sin x-\int\sin x\mathrm{d}x\\ &= x\sin x+\cos x+C.\end{aligned}$$

例 4 求$\int\ln x\mathrm{d}x$.

解 $$\begin{aligned}\int\ln x\mathrm{d}x &= x\ln x-\int x\cdot\frac{1}{x}\mathrm{d}x\\ &= x\ln x-x+C.\end{aligned}$$

对于某些不定积分,有时需要不止一次运用分部积分公式,为使过程简单,当熟练后可省去设$u,\mathrm{d}v$的过程.

例 5 求$\int\mathrm{e}^x\sin x\mathrm{d}x$.

解 $$\begin{aligned}\int\mathrm{e}^x\sin x\mathrm{d}x &= \int\mathrm{e}^x\mathrm{d}(-\cos x)\\ &= -\mathrm{e}^x\cos x+\int\cos x\mathrm{d}(\mathrm{e}^x)\\ &= -\mathrm{e}^x\cos x+\int\mathrm{e}^x\cos x\mathrm{d}x,\end{aligned}$$

由于 $$\begin{aligned}\int\mathrm{e}^x\cos x\mathrm{d}x &= \int\mathrm{e}^x\mathrm{d}(\sin x)=\mathrm{e}^x\sin x-\int\sin x\mathrm{d}(\mathrm{e}^x)\\ &= \mathrm{e}^x\sin x-\int\mathrm{e}^x\sin x\mathrm{d}x,\end{aligned}$$

代入得

$$\int\mathrm{e}^x\sin x\mathrm{d}x=-\mathrm{e}^x\cos x+\mathrm{e}^x\sin x-\int\mathrm{e}^x\sin x\mathrm{d}x,$$

移项

$$2\int\mathrm{e}^x\sin x\mathrm{d}x=\mathrm{e}^x(\sin x-\cos x)$$

于是

$$\int\mathrm{e}^x\sin x\mathrm{d}x=\frac{1}{2}\mathrm{e}^x(\sin x-\cos x)+C.$$

有些不定积分需要综合运用换元积分法与分部积分法才能求出其结果.

例 6 求$\int\frac{\arcsin x}{x^2}\mathrm{d}x$.

解 $$\begin{aligned}\int\frac{\arcsin x}{x^2}\mathrm{d}x &= \int\arcsin x\mathrm{d}\left(-\frac{1}{x}\right)\\ &= -\frac{1}{x}\arcsin x+\int\frac{\mathrm{d}x}{x\sqrt{1-x^2}},\end{aligned}$$

而 $\int \frac{\mathrm{d}x}{x\sqrt{1-x^2}} \xlongequal{x=\sin t} \int \frac{\cos t\mathrm{d}t}{\sin t\cos t} = \int \csc t\mathrm{d}t$

$$= \ln|\csc t - \cot t| + C$$

$$= \ln\left|\frac{1}{x} - \frac{\sqrt{1-x^2}}{x}\right| + C,$$

所以 $\int \frac{\arcsin x}{x^2}\mathrm{d}x = -\frac{1}{x}\arcsin x + \ln\left|\frac{1}{x} - \frac{\sqrt{1-x^2}}{x}\right| + C.$

例 7 求$\int \mathrm{e}^{\sqrt{x}}\mathrm{d}x$.

解 $\int \mathrm{e}^{\sqrt{x}}\mathrm{d}x \xlongequal[x=t^2]{\sqrt{x}=t} \int \mathrm{e}^t \cdot 2t\mathrm{d}t = 2\int t\mathrm{e}^t\mathrm{d}t$

$$= 2\int t\mathrm{d}(\mathrm{e}^t) = 2t\mathrm{e}^t - 2\int \mathrm{e}^t\mathrm{d}t$$

$$= 2t\mathrm{e}^t - 2\mathrm{e}^t + C = 2(t-1)\mathrm{e}^t + C$$

$$= 2(\sqrt{x}-1)\mathrm{e}^{\sqrt{x}} + C.$$

在结束这一章时，我们需强调指出，求不定积分是积分学中非常重要的基本运算方法，与求导运算比较，更需要灵活的解题技巧.

对初等函数来说，在其定义区间内，它的原函数一定存在，但不一定是初等函数，例如：$\int \frac{\sin x}{x}\mathrm{d}x, \int \mathrm{e}^{x^2}\mathrm{d}x, \int \sin x^2\mathrm{d}x, \int \frac{1}{\ln x}\mathrm{d}x$ 等都不是初等函数，它们在一般积分运算中称为“无法积分”的类型，或者称为“积不出来”.

习题 4-3

1. 求下列不定积分：

(1) $\int x\sin x\mathrm{d}x$；

(2) $\int x^2\ln x\mathrm{d}x$；

(3) $\int x\mathrm{e}^{-x}\mathrm{d}x$.

2. 求不定积分：

(1) $\int x\ln(x-1)\mathrm{d}x$； (2) $\int x^2\cos x\mathrm{d}x$；

(3) $\int \sin\ln x\mathrm{d}x$； (4) $\int x\arctan\sqrt{x}\mathrm{d}x$.

复习题四

1. 填空：

(1) 设 $F'(x)=f(x),G'(x)=f(x)$，则 $G(x)-F(x)=$ ________；

(2) $\left[\int f(x)\mathrm{d}x\right]'=$ ________；

(3) 设 $\int f(x)\mathrm{d}x=F(x)+C$，则 $\int f(ax+b)\mathrm{d}x=$ ________ $(a\neq 0)$；

(4) 若 $\int f(x)\mathrm{d}x=x-2\ln(2x+3)+C$，则 $f(x)=$ ________；

(5) 设 $f(x)=\mathrm{e}^{-x}$，则 $\int\frac{f'(\ln x)}{x}\mathrm{d}x=$ ________.

2. 求下列不定积分.

(1) $\int x(2x^2-1)^{20}\mathrm{d}x$；

(2) $\int\frac{x^2-4}{x-3}\mathrm{d}x$；

(3) $\int(a^{\frac{2}{3}}-x^{\frac{2}{3}})^3\mathrm{d}x$；

(4) $\int\frac{\sin x}{1+\cos x}\mathrm{d}x$；

(5) $\int\frac{\sqrt[3]{1+\ln x}}{x}\mathrm{d}x$；

(6) $\int\frac{1}{\mathrm{e}^x+2\mathrm{e}^{-x}+2}\mathrm{d}x$；

(7) $\int\frac{x+1}{\sqrt[3]{3x+1}}\mathrm{d}x$；

(8) $\int\frac{1}{\sqrt{x}+\sqrt[4]{x}}\mathrm{d}x$；

(9) $\int\sqrt{\frac{x+1}{x-1}}\mathrm{d}x$；

(10) $\int\sqrt{3+2x-x^2}\,\mathrm{d}x$；

(11) $\int\sec^4 x\mathrm{d}x$；

(12) $\int\ln\left(x+\sqrt{1+x^2}\right)\mathrm{d}x$；

(13) $\int\sqrt{x}\cos\sqrt{x}\,\mathrm{d}x$；

(14) $\int x^5\cdot\mathrm{e}^{x^3}\mathrm{d}x$；

(15) $\int\frac{\cos^2 x}{\sin x}\mathrm{d}x$；

(16) $\int\frac{x\arcsin x}{\sqrt{1-x^2}}\mathrm{d}x$.

3. 已知 $f(x)$ 的一个原函数为 $\frac{\sin x}{x}$，求 $\int xf'(x)\mathrm{d}x$.

5 定积分及其应用

定积分是微积分学的重要内容之一，它和上一章讨论的不定积分有着密切的内在联系，并且定积分的计算主要是通过不定积分来解决的．定积分在各种实际问题中有着广泛的应用．在本章中，我们通过实例引入定积分的概念，然后讨论它的性质、计算方法与它在几何上的具体应用．

5.1 定积分的概念与性质

5.1.1 引例

不定积分和定积分是积分学中的两大基本问题，求不定积分是求导数的逆运算，而定积分则是某种特殊和式的极限，它们之间既有本质的区别，但也有紧密的联系．先看两个实例．

1．曲边梯形的面积

在初等数学中，我们学习了一些简单的平面封闭图形(如三角形、圆等)的面积的计算．但实际问题中出现的图形常具有不规则的"曲边"，我们怎样来计算它们的面积呢？下面以曲边梯形为例来讨论这个问题．

设函数 $y=f(x)$在闭区间$[a,b]$上连续，且 $f(x)\geqslant 0$．由曲线 $y=f(x)$，直线 $x=a$，$x=b$ 以及 x 轴所围成的平面图形(见图 5-1)，称为曲边梯形．下面将讨论该曲边梯形的面积．

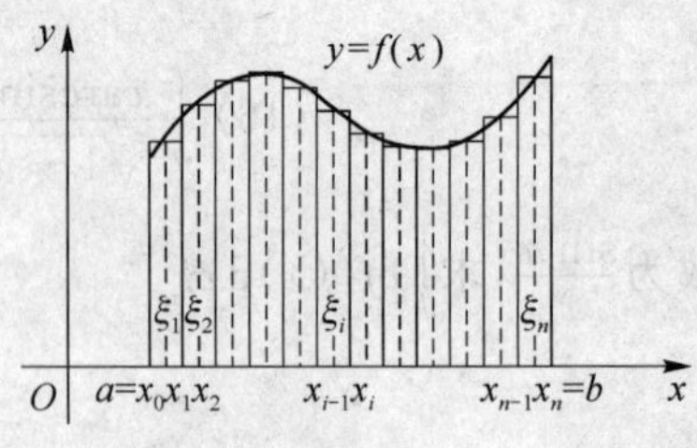

图 5-1

由于函数 $y=f(x)$上的点的纵坐标不断变化，整个曲边梯形各处的高不相等，差异很大．为使高的变化较小，在区间$[a,b]$内任意插入若干个分点

$$a=x_0<x_1<x_2<\cdots<x_{n-1}<x_n=b$$

把区间$[a,b]$分割成 n 个小区间

$$[x_0,x_1],[x_1,x_2],\cdots,[x_{n-1},x_n].$$

它们的长度依次为

$$\Delta x_1 = x_1 - x_0, \Delta x_2 = x_2 - x_1, \cdots, \Delta x_n = x_n - x_{n-1}.$$

经过每一个分点作平行于 y 轴的直线段，把曲边梯形分成 n 个窄曲边梯形. 在每一个小区间$[x_{i-1}, x_i]$上任取一点 ξ_i，以$[x_{i-1}, x_i]$为底，以 $f(\xi_i)$为高的窄矩形近似代替第 i 个窄曲边梯形($i=1,2,\cdots,n$)，把这样得到的 n 个窄矩形的面积之和作为所求曲边梯形面积 A 的近似值，即

$$A \approx f(\xi_1)\Delta x_1 + f(\xi_2)\Delta x_2 + \cdots + f(\xi_n)\Delta x_n = \sum_{i=1}^{n} f(\xi_i)\Delta x_i.$$

为了保证所有小区间的长度都无限缩小，我们要求小区间长度中的最大值趋于零，如 $\lambda = \max\{\Delta x_1, \Delta x_2, \cdots, \Delta x_n\}$，则上述条件可表为 $\lambda \to 0$. 当 $\lambda \to 0$ 时(这时分段数 n 无限增多，即 $n \to \infty$)，取上述和式的极限，便得曲边梯形的面积.

$$A = \lim_{\lambda \to 0} \sum_{i=1}^{n} f(\xi_i)\Delta x_i.$$

2. 变速直线运动的路程

设物体做直线运动，速度 $v=v(t)$是时间 t 的连续函数，且 $v(t) \geqslant 0$. 求物体在时间间隔$[T_1, T_2]$内所经过的路程 s.

由于速度 $v(t)$随时间的变化而变化，因此不能用匀速直线运动的公式

路程＝速度×时间

来计算物体作变速运动的路程. 但由于物体运动的速度 $v(t)$是连续变化的，当 t 的变化很小时，速度的变化也非常小，因此在很小的一段时间内，变速运动可以近似看成等速运动. 又时间区间$[T_1, T_2]$可以划分为若干个微小的时间区间之和，所以，可以与前述面积问题一样，采用分划、局部近似、求和、取极限的方法来求变速直线运动的路程.

(1) 分割：用分点 $T_1 = t_0 < t_1 < t_2 < \cdots < t_n = T_2$ 将时间区间$[T_1, T_2]$分成 n 个小区间$[t_{i-1}, t_i]$($i=1,2,\cdots,n$)，其中第 i 个时间段的长度为 $\Delta t_i = t_i - t_{i-1}$，物体在此时间段内经过的路程为 Δs_i.

(2) 局部近似：当 Δt_i 很小时，在$[t_{i-1}, t_i]$上任取一点 ξ_i，以 $v(\xi_i)$来替代$[t_{i-1}, t_i]$上各时刻的速度，则 $\Delta s_i \approx v(\xi_i) \cdot \Delta t_i$.

(3) 求和：在每个小区间上用同样的方法求得路程的近似值，再求和，得

$$s = \sum_{i=1}^{n} \Delta s_i \approx \sum_{i=1}^{n} v(\xi_i)\Delta t_i$$

(4) 取极限：令 $\lambda = \max\limits_{1 \leqslant i \leqslant n}\{\Delta t_i\}$，则当 $\lambda \to 0$ 时，上式右端的和式作为 s 近似值的误差会趋于零，因此

$$s = \lim_{\lambda \to 0} \sum_{i=1}^{n} v(\xi_i)\Delta t_i.$$

以上两个例子尽管来自不同领域，却都归结为求同一结构的和式的极限. 我们以后还将看到，在求变力所做的功、水压力、某些空间体的体积等许多问题中，都会出现这种形式的极限，因此，有必要在数学上统一对它们进行研究.

5.1.2 定积分定义

在上述两个例子中，虽然所计算的量具有不同的实际意义(前者是几何量，后者是物理量)，

但如果抽去它们的实际意义,可以看出计算这些量的思想方法和步骤都是相同的,并最终归结为求一个和式的极限,对于这种和式的极限给出下面的定义:

定义 5.1 设函数 $y=f(x)$ 在区间 $[a,b]$ 上有界,任意用分点

$$a=x_0<x_1<x_2<\cdots x_{i-1}<x_i<\cdots x_{n-1}<x_n=b$$

将区间 $[a,b]$ 分成 n 个小区间 $[x_{i-1},x_i]$ $(i=1,2,\cdots,n)$,其长度为 $\Delta x_i=x_i-x_{i-1}$ $(i=1,2,\cdots,n)$,在每个小区间 $[x_{i-1},x_i]$ 上,任取一点 ξ_i $(x_{i-1}\leqslant\xi_i\leqslant x_i)$,有相应的函数值 $f(\xi_i)$,作乘积 $f(\xi_i)\cdot\Delta x_i$ $(i=1,2,\cdots,n)$ 的和式

$$\sum_{i=1}^{n} f(\xi_i)\Delta x_i,$$

如果不论对区间 $[a,b]$ 采取如何分法及 ξ_i 如何选择,当最大的小区间的长度趋于零,即 $\lambda\to 0$ 时,和式 $\sum\limits_{i=1}^{n} f(\xi_i)\Delta x_i$ 的极限存在,则称此极限值为函数 $f(x)$ 在区间 $[a,b]$ 上的定积分,记作 $\int_a^b f(x)\mathrm{d}x$,即

$$\int_a^b f(x)\mathrm{d}x=\lim_{\lambda\to 0}\sum_{i=1}^{n} f(\xi_i)\Delta x_i$$

其中 $f(x)$ 叫作被积函数,$f(x)\mathrm{d}x$ 叫作被积表达式,x 叫作积分变量,a 与 b 分别叫作积分下限与上限,$[a,b]$ 叫作积分区间.

根据定积分的定义,前面两个例子可以分别写成定积分的形式如下.

曲边梯形的面积 A 等于其曲边 $y=f(x)$ 在其底所在的区间 $[a,b]$ 上的定积分:

$$A=\int_a^b f(x)\mathrm{d}x$$

变速直线运动的物体所经过的路程 s 等于其速度 $v=v(t)$ 在时间区间 $[a,b]$ 上的定积分:

$$s=\int_a^b v(t)\mathrm{d}t.$$

注意:(1) 定积分是一个数值,它仅与被积函数及积分区间有关,而与区间 $[a,b]$ 的分法及点 ξ_i 取法无关.如果不改变被积函数与积分区间,而只把积分变量 x 改用其他字母,例如 t 或 u 来代替,那么定积分的值不变,即

$$\int_a^b f(x)\mathrm{d}x=\int_a^b f(t)\mathrm{d}t=\int_a^b f(u)\mathrm{d}u.$$

(2) 关于定积分的存在性,我们只给出一个充分条件:如果函数 $f(x)$ 在区间 $[a,b]$ 上连续,那么 $f(x)$ 在 $[a,b]$ 上可积,即定积分 $\int_a^b f(x)\mathrm{d}x$ 一定存在.

(3) 定积分 $\int_a^b f(x)\mathrm{d}x$ 的定义中是假定 $a<b$ 的,为了今后应用方便,我们有以下的补充规定:

当 $a>b$ 时,规定 $\int_a^b f(x)\mathrm{d}x=-\int_b^a f(x)\mathrm{d}x$;

当 $a=b$ 时,规定 $\int_a^b f(x)\mathrm{d}x=0$.

定理 5.1 设 $f(x)$在区间$[a,b]$上连续，则 $f(x)$在$[a,b]$上可积.

定理 5.2 设 $f(x)$在区间$[a,b]$上有界，且只有有限个间断点，则 $f(x)$在$[a,b]$上可积.

下面不加证明地给出定积分的性质，并且各性质中积分上、下限的大小，如不特别指明，均不加限制；其中所涉及的函数在讨论的区间上都是可积的.

性质 1 函数的和(差)的定积分等于它们的定积分的和(差)，即

$$\int_a^b [f(x) \pm g(x)]\mathrm{d}x = \int_a^b f(x)\mathrm{d}x \pm \int_a^b g(x)\mathrm{d}x$$

注意：这个性质可以推广到有限多个函数的情形.

性质 2 被积表达式中的常数因子可以提到积分号前面，即

$$\int_a^b kf(x)\mathrm{d}x = k\int_a^b f(x)\mathrm{d}x \quad (k\text{ 为常数})$$

性质 3 对任意的数 c，有

$$\int_a^b f(x)\mathrm{d}x = \int_a^c f(x)\mathrm{d}x + \int_c^b f(x)\mathrm{d}x$$

这个性质叫作定积分对区间$[a,b]$的可加性.

注意：不论 $c\in[a,b]$还是 $c\notin[a,b]$，性质 3 均成立.

性质 4 如果在区间$[a,b]$上 $f(x)\equiv 1$，那么

$$\int_a^b f(x)\mathrm{d}x = b - a$$

这个性质的证明请同学们完成.

性质 5 如果在区间$[a,b]$上，$f(x)\geqslant 0$，那么

$$\int_a^b f(x)\mathrm{d}x \geqslant 0 \quad (a < b)$$

推论 1 如果在区间$[a,b]$上，$f(x)\leqslant g(x)$，那么

$$\int_a^b f(x)\mathrm{d}x \leqslant \int_a^b g(x)\mathrm{d}x \quad (a < b)$$

注意：这个性质说明，若比较两个定积分的大小，只要比较被积函数的大小即可.

推论 2 $\left|\int_a^b f(x)\mathrm{d}x\right| \leqslant \int_a^b |f(x)|\mathrm{d}x \quad (a < b)$

注意：$|f(x)|$在$[a,b]$上的可积性可由 $f(x)$在$[a,b]$上的可积性推出.

性质 6(估值定理) 如果 $f(x)$在$[a,b]$上的最大值为 M，最小值为 m，那么

$$m(b-a) \leqslant \int_a^b f(x)\mathrm{d}x \leqslant M(b-a) \quad (a < b)$$

性质 7(定积分中值定理) 如果 $f(x)$在$[a,b]$上连续，那么在积分区间$[a,b]$上至少存在一点 ξ，使

$$\int_a^b f(x)\mathrm{d}x = f(\xi)(b-a) \quad (a \leqslant \xi \leqslant b)$$

这个公式叫作积分中值公式.

积分中值公式有如下的几何解释:在区间$[a,b]$上至少存在一点ξ,使得以区间$[a,b]$为底边、以曲线$y=f(x)$为曲边的曲边梯形的面积等于同一底边而高为$f(\xi)$的一个矩形的面积(见图5-2).

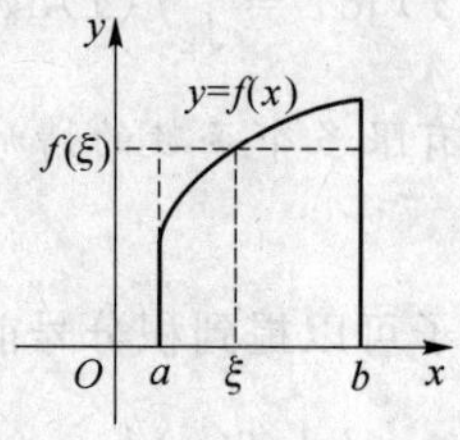

图 5-2

例 1 比较定积分$\int_0^1 \mathrm{e}^x \mathrm{d}x$与$\int_0^1 (1+x)\mathrm{d}x$的大小.

解 设$f(x)=\mathrm{e}^x-(1+x)$, $f'(x)=\mathrm{e}^x-1$

当$x\in(0,1)$时,$f'(x)>0$, $f(x)$在$[0,1]$上单调增加,即$f(x)\geqslant f(0)=0$

从而$\mathrm{e}^x\geqslant 1+x$.由性质5的推论1,有

$$\int_0^1 \mathrm{e}^x \mathrm{d}x \geqslant \int_0^1 (1+x)\mathrm{d}x.$$

5.1.3 定积分的几何意义

我们知道,在$[a,b]$上$f(x)\geqslant 0$时,$\int_a^b f(x)\mathrm{d}x$的值在几何上表示高为曲边$y=f(x)$,底为区间$[a,b]$的x轴上方的曲边梯形的面积.

若在$[a,b]$上$f(x)<0$,这时曲边梯形在x轴下方,如图5-3所示,由于$f(\xi_i)<0$,$\Delta x_i>0$则

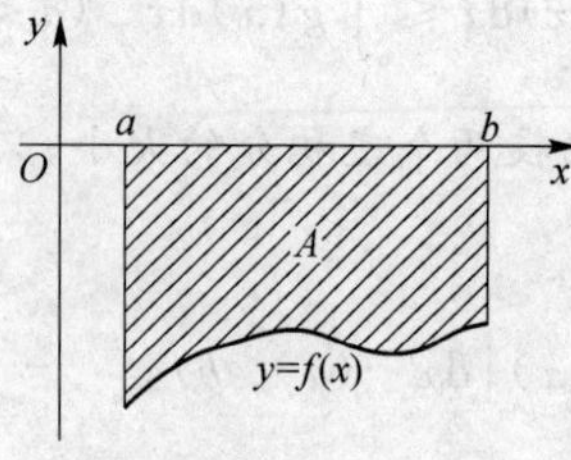

图 5-3

$$\lim_{\lambda\to 0}\sum_{i=1}^{n} f(\xi_i)\Delta x_i \leqslant 0,$$

此时,$\int_a^b f(x)\mathrm{d}x$在几何上表示曲边梯形面积A的负值,即

$$\int_a^b f(x)\mathrm{d}x = -A.$$

当 $f(x)$ 在 $[a,b]$ 上有正有负时，$\int_a^b f(x)\mathrm{d}x$ 在几何上表示几个曲边梯形面积的代数和，如图 5-4 所示，有 $\int_a^b f(x)\mathrm{d}x = A_1 - A_2 + A_3$.

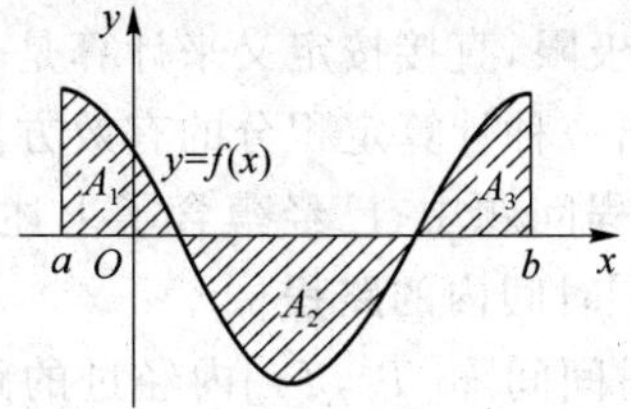

图 5-4

例 2　用定积分的几何意义计算 $\int_{-a}^{a}\sqrt{a^2-x^2}\,\mathrm{d}x\quad(a>0)$.

解　由于 $x\in[-a,a]$ 时 $\sqrt{a^2-x^2}\geqslant 0$，

所以 $\int_{-a}^{a}\sqrt{a^2-x^2}\,\mathrm{d}x$ 的值在几何上表示高为曲边 $y=\sqrt{a^2-x^2}$，底为区间 $[-a,a]$ 的 x 轴上方的曲边梯形的面积，这个曲边梯形即为 x 轴上方的半圆 $y=\sqrt{a^2-x^2}$ 与 x 轴所围的平面图形.

故
$$\int_{-a}^{a}\sqrt{a^2-x^2}\,\mathrm{d}x=\frac{1}{2}\pi a^2.$$

习题 5-1

1. 利用“分割，局部近似，求和，取极限”思想方法，将下列几何或物理量表示成定积分. 例如，由曲线 $y=x^2+1$，直线 $x=-1$，$x=2$ 及 x 轴所围成的曲边梯形的面积 $A=\int_{-1}^{2}(x^2+1)\mathrm{d}x$.

(1) 由曲线 $y=\sin x(0\leqslant x\leqslant\pi)$ 与 x 轴所围成的曲边梯形的面积 $A=$__________.

(2) 一质点做直线运动，其速率是时间 t 的函数 $v=t^2+3(\mathrm{m/s})$，则从 $t=0$ 到 $t=4$ 的时间内，该质点所走过的路程 $S=$__________m.

(3) 设有一质量分布不均匀的细棒，其长度为 2 m，在距离左端 x m 处的线密度(单位长度的质量)为

$$\rho=2+5x(\mathrm{g/m})$$

则细棒的质量为 $M=$__________g.

2. 利用定积分的几何意义求下列定积分的值.

(1) $\int_{-1}^{2}x\mathrm{d}x$，　(2) $\int_{-1}^{1}|x|\mathrm{d}x$，　(3) $\int_{-1}^{1}\sqrt{1-x^2}\,\mathrm{d}x$，　(4) $\int_{1}^{3}1\mathrm{d}x$.

5.2 微积分基本公式

定积分作为一种特定和式的极限,直接按定义来计算是一件十分繁杂的事,本节将通过对定积分与原函数关系的讨论,导出一种计算定积分的有效方法.

其实在 5.1 节直线运动的路程问题中,已经蕴含了上述关系的内容,设物体以速度 $v=v(t)$做直线运动,要求计算$[T_1,T_2]$时间内的路程 s.

从定积分概念可知,物体在时间间隔$[T_1,T_2]$内经过的路程可以用速度函数 $v(t)$在$[T_1,T_2]$上的定积分来表达,即

$$\int_{T_1}^{T_2} v(t)\,\mathrm{d}t$$

另一方面,这段路程可以通过位置函数 $s(t)$在区间$[T_1,T_2]$的增量来表示,即

$$s(T_2)-s(T_1)$$

由此可见,位置函数 $s(t)$与速度函数 $v(t)$之间有如下关系:

$$\int_{T_1}^{T_2} v(t)\,\mathrm{d}t = s(T_2)-s(T_1)$$

因为 $s'(t)=v(t)$,即位置函数 $s(t)$是速度函数 $v(t)$的原函数,所以上式表示速度函数$v(t)$在$[T_1,T_2]$上的定积分等于 $v(t)$的原函数 $s(t)$在区间$[T_1,T_2]$的增量.

这个结论是否具有普遍性?即对于一般可积函数 $f(x)$,若 $F(x)$是 $f(x)$的一个原函数,是否仍有

$$\int_a^b f(x)\,\mathrm{d}x = F(b)-F(a)$$

呢?回答是肯定的.下面我们将具体讨论之.

5.2.1 积分上限函数及其导数

设函数 $f(t)$ 在区间$[a,b]$上连续,对于$[a,b]$上任一点 x,由于 $f(t)$ 在$[a,x]$上连续,则定积分$\int_a^x f(t)\,\mathrm{d}t$存在.于是,对$[a,b]$上每一点 x,都有一个唯一确定的值$\int_a^x f(t)\,\mathrm{d}t$与之对应,由此在$[a,b]$上定义了一个函数,称之为积分上限函数,记作 $\Phi(x)$,即

$$\Phi(x)=\int_a^x f(t)\,\mathrm{d}t \quad (a\leqslant x\leqslant b).$$

积分上限函数 $\Phi(x)$具有下面定理所阐明的重要性质.

定理 5.3 如果函数 $f(x)$ 在区间$[a,b]$上连续,则积分上限函数 $\Phi(x)=\int_a^x f(t)\,\mathrm{d}t$ 在$[a,b]$上可导,且

$$\Phi'(x)=\left[\int_a^x f(t)\,\mathrm{d}t\right]'=f(x) \quad (a\leqslant x\leqslant b).$$

定理 5.4 如果函数 $f(x)$在区间$[a,b]$上连续,则函数

$$\Phi(x)=\int_a^x f(t)\,\mathrm{d}t$$

是 $f(x)$的一个原函数.

这个定理的重要意义是：一方面肯定了连续函数的原函数是存在的，另一方面它初步揭示了积分学中的定积分与原函数的联系．而不定积分是全体原函数，因此，我们就有可能通过原函数即不定积分来计算定积分．

例 1　已知函数 $g(x)=\int_0^{x^2}\mathrm{e}^t\mathrm{d}t$，求 $g'(x), g''(x)$．

解　$g'(x)=\left(\int_0^{x^2}\mathrm{e}^t\mathrm{d}t\right)'=\mathrm{e}^{x^2}(x^2)'=2x\mathrm{e}^{x^2}$，

$$g''(x)=2\left(x\mathrm{e}^{x^2}\right)'=2[\mathrm{e}^{x^2}+x\mathrm{e}^{x^2}(2x)]=2[1+2x^2]\mathrm{e}^{x^2}.$$

例 2　求极限 $\lim\limits_{x\to 0}\dfrac{\int_0^{\sin^2 x}\mathrm{e}^{t^2}\mathrm{d}t}{x^2}$．

解　很容易看出此极限为$\dfrac{0}{0}$型极限．利用洛比达法则

$$\lim_{x\to 0}\frac{\int_0^{\sin^2 x}\mathrm{e}^{t^2}\mathrm{d}t}{x^2}=\lim_{x\to 0}\frac{\left(\int_0^{\sin^2 x}\mathrm{e}^{t^2}\mathrm{d}t\right)'}{(x^2)'}=\lim_{x\to 0}\frac{\mathrm{e}^{\sin^4 x}2\sin x\cos x}{2x}$$

$$=\lim_{x\to 0}\mathrm{e}^{\sin^4 x}\cos x\cdot\frac{\sin x}{x}=1.$$

例 3　设 $f(x)=\int_2^{\sqrt{x}}t\sin(t^2)\mathrm{d}t$，求 $f'(x)$．

解　$f(x)$ 是由函数

$$y=\int_2^u t\sin(t^2)\mathrm{d}t,\ u=\sqrt{x}$$

复合而成的，由复合函数求导法，得

$$f'(x)=\frac{\mathrm{d}y}{\mathrm{d}u}\cdot\frac{\mathrm{d}u}{\mathrm{d}x}=\left(\int_2^u t\sin(t^2)\mathrm{d}t\right)'_u\cdot(\sqrt{x})'_x$$

$$=u\sin(u^2)\cdot\frac{1}{2\sqrt{x}}=\frac{1}{2}\sin x.$$

5.2.2　微积分基本公式

定理 5.5　如果函数 $F(x)$是连续函数 $f(x)$在区间$[a,b]$上的一个原函数，则

$$\int_a^b f(x)\mathrm{d}x=F(b)-F(a).$$

分析：欲证 $\int_a^b f(x)\mathrm{d}x=F(b)-F(a)$，必须构造一个能将定积分与原函数连结起来的式子，由前面的分析，这个式子只能是变上限定积分，为此，我们有如下证明．

证　设 x 是区间$[a,b]$上的任意一点，令

$$\Phi(x)=\int_a^x f(t)\mathrm{d}t,$$

由定理 5.4 知，$\Phi(x)$是 $f(x)$的一个原函数，而已知 $F(x)$也是 $f(x)$的一个原函数，所以

$$F(x)-\Phi(x)=c.\quad(a\leqslant x\leqslant b)\tag{5-1}$$

令 $x=a$，则有

$$F(a)-\Phi(a)=c.$$

而

$$\Phi(a)=\int_a^a f(t)\mathrm{d}t=0,$$

所以

$$c=F(a)-0=F(a). \tag{5-2}$$

由(5-1)式与(5-2)式有

$$\Phi(x)=F(x)-c=F(x)-F(a).$$

即

$$\int_a^x f(x)\mathrm{d}x=F(x)-F(a). \tag{5-3}$$

在(5-3)式，再令 $x=b$，即得

$$\int_a^b f(x)\mathrm{d}x=F(b)-F(a).$$ 证毕.

为方便起见，把 $F(b)-F(a)$ 记作 $F(x)\Big|_a^b$，即

$$\int_a^b f(x)\mathrm{d}x=F(x)\Big|_a^b=F(b)-F(a).$$

该公式就是牛顿－莱布尼兹公式(Newton-Leibniz 公式)，也称作微积分基本公式.

例 4 计算下列定积分：

(1) $\int_0^1 x^2\mathrm{d}x$； (2) $\int_0^{\frac{\pi}{2}}\sin x\mathrm{d}x$.

解 (1) 因为 $\frac{x^3}{3}$ 是被积函数 x^2 的一个原函数，所以

$$\int_0^1 x^2\mathrm{d}x=\frac{x^3}{3}\Big|_0^1=\frac{1^3}{3}-\frac{0^3}{3}=\frac{1}{3}.$$

(2) 因为 $-\cos x$ 是被积函数 $\sin x$ 的一个原函数，所以

$$\int_0^{\frac{\pi}{2}}\sin x\mathrm{d}x=(-\cos x)\Big|_0^{\frac{\pi}{2}}=\left(-\cos\frac{\pi}{2}\right)-(-\cos 0)=1.$$

例 5 计算 $\int_{-1}^1\frac{1}{1+x^2}\mathrm{d}x$.

解 由于 $\arctan x$ 是 $\frac{1}{1+x^2}$ 的一个原函数，所以

$$\int_{-1}^1\frac{1}{1+x^2}\mathrm{d}x=\arctan x\Big|_{-1}^1=\arctan 1-\arctan(-1)=\frac{\pi}{4}-\left(-\frac{\pi}{4}\right)=\frac{\pi}{2}.$$

例 6 计算 $\int_1^2\frac{\mathrm{d}x}{x}$.

解 $\int_1^2\frac{1}{x}\mathrm{d}x=\ln|x|\Big|_1^2=\ln 2-\ln 1=\ln 2.$

例 7 汽车以每小时 36 km 的速度行驶，到某处需要减速停车，设汽车以等加速度 $a=-5\ \mathrm{m/s^2}$ 刹车，问从开始刹车到停车，汽车走了多远的距离？

解 设开始刹车时的时刻为 $t=0$，则此时汽车速度为

$$v_0=\frac{36\times 1\ 000}{3\ 600}\mathrm{m/s}=10\ \mathrm{m/s}.$$

汽车刹车后减速行驶,其速度为

$$v(t)=v_0+at=10-5t.$$

当汽车停住时,速度 $v(t)=0$,故从

$$v(t)=10-5t=0$$

解得

$$t=2,$$

于是这段时间内,汽车所驶过的距离为

$$S=\int_0^2 v(t)\mathrm{d}t=\int_0^2(10-5t)\mathrm{d}t=\left(10t-\frac{5}{2}t^2\right)\Big|_0^2=10(\mathrm{m}).$$

即刹车后,汽车需要走 10 m 才能停住.

习题 5-2

1. 求函数 $\Phi(x)=\int_0^x \sin t\mathrm{d}t$ 在 $x=0$ 及 $x=\frac{\pi}{4}$ 处的函数值及导数值.

2. 当 x 为何值时,函数 $\Phi(x)=\int_0^x te^t\mathrm{d}t$ 有极值?

3. 计算下列定积分:

(1) $\int_1^2 0\mathrm{d}x$;　　(2) $\int_0^a(3x^2-x+1)\mathrm{d}x$;

(3) $\int_4^9\sqrt{x}(1+\sqrt{x})\mathrm{d}x$;　　(4) $\int_0^a\cos^2 x\sin x\mathrm{d}x$;

(5) $\int_1^2\frac{\mathrm{d}x}{2x-1}$;　　(6) $\int_0^1 te^{-\frac{t^2}{2}}\mathrm{d}t$.

5.3　换元积分法

利用牛顿-莱布尼兹公式计算定积分的关键是求不定积分,而换元积分法和分部积分法是求不定积分的两种基本方法,若能将这两种方法直接应用到定积分的计算上,将使计算简化. 下面两节我们分别介绍定积分的换元积分法和分部积分法.

5.3.1　引例

在引出定积分的换元法之前,先看两个例子.

例 1　求定积分 $\int_0^1 e^{x^2}x\mathrm{d}x$.

我们知道,由不定积分的第一类换元法有

$$\int e^{x^2} x\mathrm{d}x = \frac{1}{2}\int e^{x^2}\mathrm{d}(x^2) = \frac{1}{2}e^{x^2} + C,$$

这就说明$\frac{1}{2}e^{x^2}$ 是被积函数 xe^{x^2} 的一个原函数，所以由牛顿 — 莱布尼茨公式有

$$\int_0^1 e^{x^2} x\mathrm{d}x = \frac{1}{2}e^{x^2}\Big|_0^1 = \frac{e-1}{2}.$$

另一方面，从形式上

$$\int_0^1 e^{x^2} x\mathrm{d}x = \frac{1}{2}\int_0^1 e^{x^2}\mathrm{d}(x^2) = \frac{1}{2}e^{x^2}\Big|_0^1 = \frac{e-1}{2}.$$

也就是，类似不定积分的凑微分法，凑出被积函数的原函数，然后利用牛顿 — 莱布尼茨公式计算定积分.

例 2 求定积分$\int_0^a \sqrt{a^2-x^2}\,\mathrm{d}x$（常数 $a>0$）.

我们知道，不定积分$\int\sqrt{a^2-x^2}\,\mathrm{d}x$ 的计算需要换元，可设 $x=a\sin t$，则 $\mathrm{d}x=\cos t\mathrm{d}t$

$$\begin{aligned}\int\sqrt{a^2-x^2}\,\mathrm{d}x &= \int\sqrt{a^2-a^2\sin^2 t}\cos t\mathrm{d}t \\ &= a^2\int\cos^2 t\mathrm{d}t = \frac{a^2}{2}\int(1+\cos 2t)\mathrm{d}t \\ &= \frac{a^2}{2}\left(t+\frac{\sin 2t}{2}\right)+C \\ &= \frac{a^2}{2}\arctan\frac{x}{a}+\frac{x}{2}\sqrt{a^2-x^2}+C\end{aligned}$$

所以$\frac{a^2}{2}\arctan\frac{x}{a}+\frac{x}{2}\sqrt{a^2-x^2}$ 是被积函数 $\sqrt{a^2-x^2}$ 的原函数，于是

$$\int_0^a\sqrt{a^2-x^2}\,\mathrm{d}x = \left(\frac{a^2}{2}\arctan\frac{x}{a}+\frac{x}{2}\sqrt{a^2-x^2}\right)\Big|_0^a = \frac{\pi a^2}{4}.$$

我们看到，这样计算定积分过程很繁杂，能否在计算过程中简化呢？

注意到，在作 $x=a\sin t$ 变换之后，原定积分的积分变量 x 对应的上限 a 和下限 0 分别对应变量 t 的值为$\frac{\pi}{2}$和 0，如在定积分中直接换元，并把上限和下限的值也换成 t 的上限和下限，便为

$$\begin{aligned}\int_0^a\sqrt{a^2-x^2}\,\mathrm{d}x &= \int_0^{\frac{\pi}{2}} a\sqrt{a^2-a^2\sin^2 t}\cos t\mathrm{d}t \\ &= a^2\int_0^{\frac{\pi}{2}}\cos^2 t\mathrm{d}t = \frac{a^2}{2}\int_0^{\frac{\pi}{2}}(1+\cos 2t)\mathrm{d}t \\ &= \frac{a^2}{2}\left[t+\frac{\sin 2t}{2}\right]_0^{\frac{\pi}{2}} = \frac{\pi a^2}{4}\end{aligned}$$

结果也是一样的，这样运算步骤得到了简化.

这种情形不是巧合，它就是我们将要介绍的定积分换元法. 那么，在什么条件下，可以用换元法来计算定积分呢？定理 5.6 回答了这一问题.

5.3.2　定积分的换元法

定理 5.6　设函数 $f(x)$ 在区间 $[a,b]$ 上连续，作变换 $x=\varphi(t)$ 且其满足以下条件：

(1) 当 t 在 α 与 β 之间变化时，$x=\varphi(t)$ 的值在 $[a,b]$ 上变化；

(2) $\varphi(t)$ 在区间 $[\alpha,\beta]$（或 $[\beta,\alpha]$）上有连续导函数 $\varphi'(t)$；

(3) $\varphi(\alpha)=a$ 且 $\varphi(\beta)=b$（注意这里 α 未必一定小于 β）.

则有定积分换元公式

$$\int_a^b f(x)\mathrm{d}x=\int_\alpha^\beta f(\varphi(t))\varphi'(t)\mathrm{d}t$$

证　因为 $f(x)$ 在区间 $[a,b]$ 上连续，因而在 $[a,b]$ 上可积. 由原函数存在定理知，$f(x)$ 存在原函数，设为 $F(x)$. 于是由牛顿－莱布尼茨公式得

$$\int_a^b f(x)\mathrm{d}x=F(b)-F(a).$$

另一方面，由不定积分换元法有

$$\int f(\varphi(t))\varphi'(t)\mathrm{d}t=\int f(\varphi(t))\mathrm{d}\varphi(t)=F(\varphi(t))+C.$$

所以 $F(\varphi(t))$ 是 $f(\varphi(t))\varphi'(t)$ 的一个原函数，于是由牛顿－莱布尼茨公式得

$$\int_\alpha^\beta f(\varphi(t))\varphi'(t)\mathrm{d}t=F(\varphi(t))\Big|_\alpha^\beta=F(\varphi(\beta))-F(\varphi(\alpha)),$$

再由 $\varphi(\alpha)=a$ 及 $\varphi(\beta)=b$ 得

$$\int_\alpha^\beta f(\varphi(t))\varphi'(t)\mathrm{d}t=F(b)-F(a),$$

所以

$$\int_a^b f(x)\mathrm{d}x=\int_\alpha^\beta f(\varphi(t))\varphi'(t)\mathrm{d}t.$$

这个公式与不定积分的换元公式很类似. 所不同的是，运用不定积分换元法时，最后需将变量还原为原来的变量，而定积分换元法，只需将积分限作相应替换，最后不用还原，直接计算结果.

例 3　计算下列定积分：

(1) $\displaystyle\int_0^4\frac{\mathrm{d}x}{1+\sqrt{x}}$；　(2) $\displaystyle\int_0^a\frac{\mathrm{d}x}{(x^2+a^2)^{3/2}}(a>0)$；　(3) $\displaystyle\int_0^{\frac{\pi}{2}}\cos^3x\sin x\mathrm{d}x$.

解　(1) 令 $\sqrt{x}=t$，即 $x=t^2$，$\mathrm{d}x=2t\mathrm{d}t$. 当 $x=0$ 时，$t=0$；当 $x=4$ 时，$t=2$. 由定积分换元公式得

$$\begin{aligned}\int_0^4\frac{\mathrm{d}x}{1+\sqrt{x}}&=\int_0^2\frac{2t}{1+t}\mathrm{d}t=2\int_0^2\frac{1+t-1}{1+t}\mathrm{d}t=2\int_0^2 1\mathrm{d}t-2\int_0^2\frac{1}{1+t}\mathrm{d}t\\&=4-2\ln|1+t|\Big|_0^2=4-2\ln 3.\end{aligned}$$

(2) 作三角代换，令 $x=a\tan t$，于是 $\mathrm{d}x=a\sec^2t\mathrm{d}t$. 当 $x=0$ 时，$t=0$；当 $x=a$ 时，$t=\frac{\pi}{4}$. 由定积分换元公式得

$$\int_0^a \frac{\mathrm{d}x}{(x^2+a^2)^{3/2}} = \int_0^{\frac{\pi}{4}} \frac{a\sec^2 t}{(a^2\tan^2 t+a^2)^{3/2}}\mathrm{d}t$$

$$= \frac{1}{a^2}\int_0^{\frac{\pi}{4}}\cos t\mathrm{d}t = \frac{1}{a^2}\sin t\Big|_0^{\frac{\pi}{4}} = \frac{\sqrt{2}}{2a^2}$$

(3) 因为$\int_0^{\frac{\pi}{2}}\cos^3 x\sin x\mathrm{d}x = -\int_0^{\frac{\pi}{2}}\cos^3 x\mathrm{d}(\cos x)$. 所以,令 $t=\cos x$ 且当 $x=0$ 时,$t=1$;当 $x=\frac{\pi}{2}$ 时,$t=0$. 于是

$$\int_0^{\frac{\pi}{2}}\cos^3 x\sin x\mathrm{d}x = -\int_0^{\frac{\pi}{2}}\cos^3 x\mathrm{d}(\cos x)$$

$$= -\int_1^0 t^3\mathrm{d}t = -\frac{1}{4}t^4\Big|_1^0 = \frac{1}{4}$$

第(3) 题也可以这样计算

$$\int_0^{\frac{\pi}{2}}\cos^3 x\sin x\mathrm{d}x = -\int_0^{\frac{\pi}{2}}\cos^3 x\mathrm{d}(\cos x) = -\frac{1}{4}\cos^4 x\Big|_0^{\frac{\pi}{2}} = \frac{1}{4}.$$

这种方法我们称为"凑微分法",也就是,换元公式也可以倒过来用即

$$\int_\alpha^\beta f(\varphi(t))\varphi'(t)\mathrm{d}t = \int_\alpha^\beta f(\varphi(t))\mathrm{d}\varphi(t) \overset{x=\varphi(t)}{=\!=\!=\!=} \int_a^b f(x)\mathrm{d}x.$$

例 1 便用此法. 而实际上,凑微分法与不定积分的凑微分法(第一类换元法)类似. 就是凑出被积函数的原函数然后用牛顿－莱布尼茨公式直接计算,不必写出变量替换过程.

相应地,前面的换元法称为"变量换元法". 至于何时该进行变量换元法,何时利用凑微分法与不定积分完全类似. 这里不再赘述,下面再举两个例子.

例 4 用适当的换元法计算下列定积分:

(1) $\int_{e^{-1}}^{e}\frac{x+\ln x}{x}\mathrm{d}x$; (2) $\int_{\frac{2}{\sqrt{3}}}^{2}\frac{\mathrm{d}x}{x\sqrt{x^2-1}}$.

解 (1) 由定积分的性质

$$\int_{e^{-1}}^{e}\frac{x+\ln x}{x}\mathrm{d}x = \int_{e^{-1}}^{e}1\mathrm{d}x + \int_{e^{-1}}^{e}\frac{1}{x}\ln x\mathrm{d}x,$$

对第二个积分用凑微分法

$$= (e-e^{-1}) + \int_{e^{-1}}^{e}\ln x\mathrm{d}(\ln x) = (e-e^{-1}) + \frac{1}{2}(\ln x)^2\Big|_{e^{-1}}^{e} = e-e^{-1}+2.$$

(2) 作三角换元. 令 $x=\sec t$,则 $\mathrm{d}x=\sec t\tan t\mathrm{d}t$. 当 $x=\frac{2}{\sqrt{3}}$ 时,$t=\frac{\pi}{6}$;当 $x=2$ 时,$t=\frac{\pi}{3}$. 所以

$$\int_{\frac{2}{\sqrt{3}}}^{2}\frac{\mathrm{d}x}{x\sqrt{x^2-1}} = \int_{\frac{\pi}{6}}^{\frac{\pi}{3}}\frac{\sec t\tan t}{\sec t\sqrt{\sec^2 t-1}}\mathrm{d}t = \int_{\frac{\pi}{6}}^{\frac{\pi}{3}}1\mathrm{d}t = \frac{\pi}{6}.$$

注意:(1)在利用定积分的换元积分法时一定要注意:换元必换限,上限对上限,下限对下限. 定积分的换元积分法与不定积分的换元积分法不同的是:只要计算在新的积分变量下,新的被积函数在新的积分区间内的积分值,从而避免了不定积分中积分后的新变量要代回到原变量的麻烦.

(2)在定积分的计算过程中,如果运用凑微分法,且未写出中间变量,则积分限无须改变.

例 5 试证:若 $f(x)$在$[-a,a]$上连续,则

(1) $\int_{-a}^{a} f(x)\mathrm{d}x=\int_{0}^{a}[f(-x)+f(x)]\mathrm{d}x$;

(2) 当 $f(x)$ 为奇函数时,$\int_{-a}^{a} f(x)\mathrm{d}x=0$;

(3) 当 $f(x)$ 为偶函数时,$\int_{-a}^{a} f(x)\mathrm{d}x=2\int_{0}^{a} f(x)\mathrm{d}x$.

证 (1) 因为 $\int_{-a}^{a} f(x)\mathrm{d}x=\int_{-a}^{0} f(x)\mathrm{d}x+\int_{0}^{a} f(x)\mathrm{d}x$,

对积分式$\int_{-a}^{0} f(x)\mathrm{d}x$ 作变换:$x=-t$,则有

$$\int_{-a}^{0} f(x)\mathrm{d}x=-\int_{a}^{0} f(-t)\mathrm{d}t=\int_{0}^{a} f(-x)\mathrm{d}x,$$

从而

$$\int_{-a}^{a} f(x)\mathrm{d}x=\int_{0}^{a} f(-x)\mathrm{d}x+\int_{0}^{a} f(x)\mathrm{d}x=\int_{0}^{a}[f(-x)+f(x)]\mathrm{d}x.$$

(2) 若 $f(x)$ 为奇函数,即 $f(-x)=-f(x)$,由(1) 有

$$\int_{-a}^{a} f(x)\mathrm{d}x=\int_{0}^{a}[-f(x)+f(x)]\mathrm{d}x=0.$$

(3) 若 $f(x)$ 为偶函数,即 $f(-x)=f(x)$,由(1) 有

$$\int_{-a}^{a} f(x)\mathrm{d}x=\int_{0}^{a}[f(x)+f(x)]\mathrm{d}x=2\int_{0}^{a} f(x)\mathrm{d}x.$$

注意:利用例 5 的结论,常常可以简化奇函数、偶函数在对称区间上的定积分.例如,因为 $x^3\cos x$ 是奇函数,所以$\int_{-1}^{1} x^3\cos x\mathrm{d}x=0$.

习题 5-3

1. 计算下列定积分:

(1) $\int_{\frac{\pi}{3}}^{\pi}\sin\left(x+\frac{\pi}{3}\right)\mathrm{d}x$; (2) $\int_{-2}^{1}\frac{\mathrm{d}x}{(11+5x)^3}$; (3) $\int_{1}^{\mathrm{e}^2}\frac{\mathrm{d}x}{x(\ln x+1)}\mathrm{d}x$;

(4) $\int_{\frac{\pi}{3}}^{\pi}\cos^2 u\mathrm{d}u$; (5) $\int_{0}^{\ln 2}\mathrm{e}^x(1+\mathrm{e}^x)^2\mathrm{d}x$; (6) $\int_{1}^{2}\frac{\mathrm{d}x}{x(1+x)}$;

(7) $\int_{0}^{1}\frac{\mathrm{d}x}{\sqrt{4-x^2}}$.

2. 利用函数的奇偶性,将下列定积分化简并计算:

(1) $\int_{-\pi}^{\pi}\frac{x^2\sin x}{1+\cos x}\mathrm{d}x$; (2) $\int_{-1}^{1}(x^2+2x-\sin x+1)\mathrm{d}x$.

5.4 分部积分法

我们在学习了微积分基本公式的基础上，本节讨论定积分的分部积分法.

由上一章知道，不定积分的分部积分公式是

$$\int u\mathrm{d}v = uv - \int v\mathrm{d}u,$$

其中 $u=u(x)$，$v=v(x)$具有连续导数.

于是

$$\begin{aligned}\int_a^b u(x)v'(x)\mathrm{d}x &= \left[\int u(x)v'(x)\mathrm{d}x\right]_a^b \\ &= \left[u(x)v(x) - \int v(x)u'(x)\mathrm{d}x\right]_a^b \\ &= [u(x)v(x)]_a^b - \int_a^b v(x)u'(x)\mathrm{d}x.\end{aligned}$$

简记为$\int_a^b uv'\mathrm{d}x = [uv]_a^b - \int_a^b vu'\mathrm{d}x$.

或$\int_a^b u\,\mathrm{d}v = [uv]_a^b - \int_a^b v\mathrm{d}u$.

这就是定积分的分部积分公式.

注意：定积分的分部积分公式的应用原则和所适用的积分类型类似于不定积分.

例 1 计算下列定积分

$\int_0^1 \arctan x\mathrm{d}x$.

解 $u = \arctan x, v = x$，由定积分分部积分公式有

$$\begin{aligned}\int_0^1 \arctan x\mathrm{d}x &= x\arctan x\Big|_0^1 - \int_0^1 x\frac{1}{1+x^2}\mathrm{d}x = \arctan 1 - \frac{1}{2}\int_0^1 \frac{1}{1+x^2}\mathrm{d}(1+x^2) \\ &= \frac{\pi}{4} - \frac{1}{2}\ln[1+x^2]\Big|_0^1 = \frac{\pi}{4} - \frac{1}{2}\ln 2.\end{aligned}$$

例 2 计算 $\int_0^1 x\mathrm{e}^{-x}\mathrm{d}x$.

解 $\int_0^1 x\mathrm{e}^{-x}\mathrm{d}x = \int_0^1 x\mathrm{d}(-\mathrm{e}^{-x}) = -x\mathrm{e}^{-x}\Big|_0^1 - \int_0^1 -\mathrm{e}^{-x}\mathrm{d}x = -\mathrm{e}^{-1} - \mathrm{e}^{-x}\Big|_0^1$

$$= 1 - \frac{2}{\mathrm{e}}.$$

例 3 计算$\int_0^1 \mathrm{e}^{\sqrt{x}}\mathrm{d}x$.

解 注意到含有$\sqrt{x}$，故令$\sqrt{x} = t$，则 $x = t^2$，$\mathrm{d}x = 2t\mathrm{d}t$，且当 $x = 0$ 时，$t = 0$；当 $x = 1$ 时，

$t=1$. 于是有

$$\int_0^1 e^{\sqrt{x}}dx = 2\int_0^1 te^t dt = 2\int_0^1 t de^t = 2t e^t\Big|_0^1 - 2\int_0^1 e^t dt$$

$$= 2e - 2e^t\Big|_0^1 = 2e - 2(e-1) = 2$$

习题 5-4

用分部积分法计算下列积分：

(1) $\int_0^1 xe^{-x}dx$；　　(2) $\int_0^{\frac{\pi}{2}} x\sin x dx$；

(3) $\int_1^e x^2 \ln x dx$；　　(4) $\int_0^{\frac{\pi}{2}} e^x \cos x dx$；

(5) $\int_0^{\frac{\pi}{2}} (x - x\sin x)dx$；　　(6) $\int_0^1 x\arctan x dx$.

5.5 定积分在几何方面的应用

前面已经学习了定积分的概念与计算方法，我们在此基础上进一步来研究它的应用，主要介绍定积分在几何方面的应用.

5.5.1 定积分的微元法

我们从 5.1 节中知道，用定积分表示一个量，一般分四步来考虑，下面来回顾一下解决以$[a,b]$为底、以连续曲线 $y=f(x)$ $(f(x)\geqslant 0)$为曲边的曲边梯形面积问题的过程.

(1) 分割，将$[a,b]$任意分成 n 个子区间$[x_{i-1},x_i]$ $(i=1,2,\cdots,n)$，其中 $x_0=a$，$x_n=b$，，相应地把曲边梯形分成 n 个小曲边梯形.

(2) 近似，在每个子区间$[x_{i-1},x_i]$上任取一点 ξ_i，作相应的小曲边梯形面积 ΔA_i 的近似值.

$$\Delta A_i \approx f(\xi_i)\Delta x_i.$$

(3) 求和，曲边梯形的面积 A 的近似值

$$A = \sum_{i=1}^n \Delta A_i \approx \sum_{i=1}^n f(\xi_i)\Delta x_i.$$

(4) 取极限，令 $\lambda = \max\limits_{1\leqslant i\leqslant n}\{\Delta x_i\} \to 0$ 得

$$A = \lim_{\lambda\to 0}\sum_{i=1}^n f(\xi_i)\Delta x_i = \int_a^b f(x)dx.$$

在上述四步中，最重要的是第(2)步. 如果从分割后所得的子区间中任取一个代表来讨论，由于分割的任意性，这个代表区间可记为$[x,x+dx]$，而点ξ可取 x，那么(2)中近似时其形式为 $f(x)dx$，与(4)中积分$\int_a^b f(x)dx$ 的被积分表达式相同. 基于此，我们把上述四步简化

为两步.

(1) 选取积分变量 $x\in[a,b]$,在$[a,b]$上任取一代表性的子区间$[x,x+\mathrm{d}x]$,如图 5-5 所示.以点 x 处的函数值 $f(x)$ 为高、$\mathrm{d}x$ 为底的小矩形的面积 $f(x)\mathrm{d}x$ 作为$[x,x+\mathrm{d}x]$上小曲边梯形面积 ΔA 的近似值,即

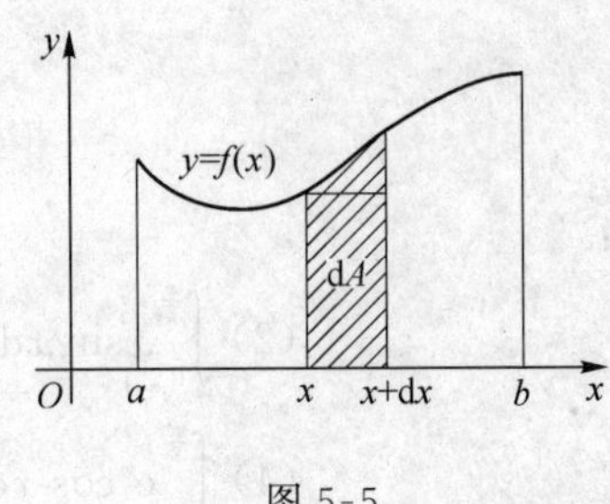

图 5-5

$$\Delta A\approx f(x)\mathrm{d}x.$$

(2) 将上式右端在$[a,b]$上积分,得

$$A=\int_a^b f(x)\mathrm{d}x.$$

一般地,如果某一实际问题中的所求量 Q 与一个区间$[a,b]$有关,并且假设:

① 量 Q 对于区间$[a,b]$具有可加性,即如果把$[a,b]$分成许多部分区间,则 Q 相应地分成许多部分量,而 Q 等于所有部分量之和;

② 相应于子区间$[x,x+\mathrm{d}x]$的部分量 ΔQ 可近似地表示为 $f(x)\mathrm{d}x$;

③ $\Delta Q-f(x)\mathrm{d}x$ 是 $\mathrm{d}x$ 的高阶无穷小(这一要求在实际问题中常常能满足,$f(x)$ 连续时,肯定能满足).

那么,就可用定积分来表达量 Q,步骤如下.

(1) 选取积分变量 $x\in[a,b]$,在$[a,b]$上任取一子区间$[x,x+\mathrm{d}x]$,求出相应的部分量 ΔQ 的近似值 $f(x)\mathrm{d}x$,由假设③,它是 Q 的微分,即

$$\mathrm{d}Q=f(x)\mathrm{d}x,$$

称它为量 Q 的微元.

(2) 将 $\mathrm{d}Q$ 在$[a,b]$上积分,得

$$Q=\int_a^b \mathrm{d}Q=\int_a^b f(x)\mathrm{d}x.$$

这个方法称为定积分的微元法.下面将应用微元法讨论一些实际问题.

5.5.2 平面图形的面积

本节中将计算一些比较复杂的平面图形的面积.我们只讨论直角坐标系的情形.

我们已经知道,在区间$[a,b]$上,一条连续曲线 $y=f(x)\geqslant 0$ 与直线 $x=a,x=b$ 及 x 轴所围成的曲边梯形的面积 A 就是定积分$\int_a^b f(x)\mathrm{d}x$.这里,被积表达式 $f(x)\mathrm{d}x$ 就是面积微元 $\mathrm{d}A$.

在区间$[a,b]$上,若 $g(x)\leqslant f(x)$,则由连续曲线 $y=f(x)$,$y=g(x)$与直线 $x=a$,$x=b$ 所

围成的平面图形(见图 5-6)的面积 A 为

$$A=\int_a^b f(x)\mathrm{d}x-\int_a^b g(x)\mathrm{d}x=\int_a^b[f(x)-g(x)]\mathrm{d}x.$$

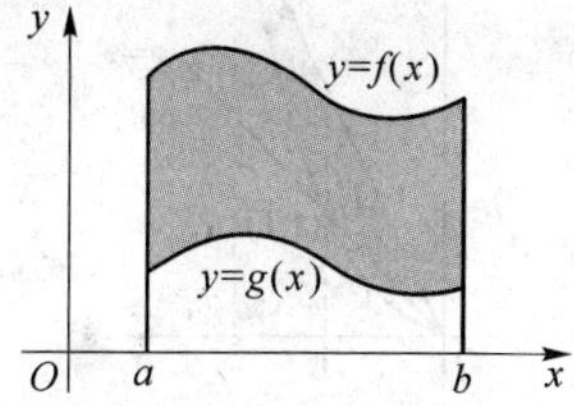

图 5-6

同理,在区间$[c,d]$上,若$\psi(y)\leqslant\varphi(y)$,则由连续曲线$x=\varphi(y)$,$x=\psi(y)$与直线$y=c$,$y=d$所围成的平面图形(见图 5-7)的面积为

$$A=\int_c^d[\varphi(y)-\psi(y)]\mathrm{d}y.$$

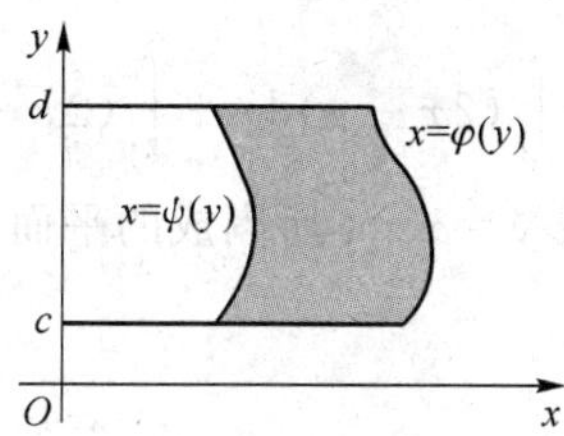

图 5-7

例 1　求由直线 $y=x$ 及抛物线 $y=x^2$ 所围成的平面图形的面积.

解　画出由曲线 $y=x$ 及抛物线 $y=x^2$ 所围成的平面图形(见图 5-8).

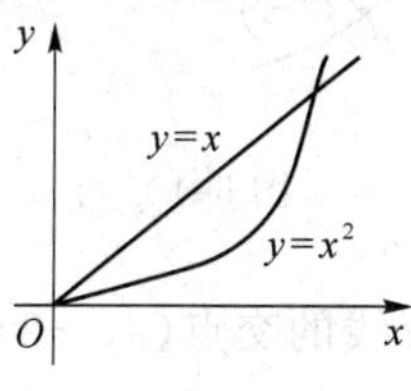

图 5-8

求解方程组

$$\begin{cases}y=x\\y=x^2\end{cases}$$

得交点(0,0)与(1,1).取 x 为积分变量,其变化区间为[0,1],则由例 1 知所求平面图形的面积为

$$A=\int_0^1[x-x^2]\mathrm{d}x=\left[\frac{x^2}{2}-\frac{x^3}{3}\right]_0^1=\frac{1}{6}.$$

例 2　求抛物线 $y=x^2$ 与直线 $y=x$,$y=2x$ 所围成的图形的面积.

解　做出图形(见图 5-9),

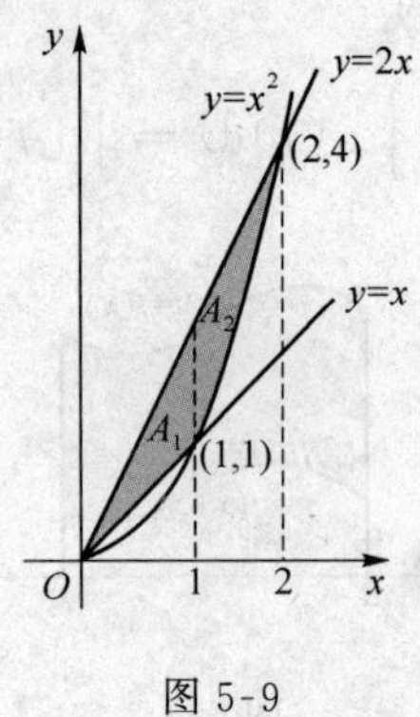

图 5-9

解两个方程组

$$\begin{cases} y=x^2 \\ y=x \end{cases} \quad 和 \quad \begin{cases} y=x^2 \\ y=2x \end{cases}$$

得抛物线与两直线的交点分别为(1,1)与(2,4).

故所求面积

$$A=A_1+A_2=\int_0^1 (2x-x)\mathrm{d}x+\int_1^2 (2x-x^2)\mathrm{d}x=\frac{7}{6}.$$

例 3 求抛物线 $y^2=2x$ 与直线 $y=x-4$ 所围成的平面图形的面积.

解 做出图形(见图 5-10).

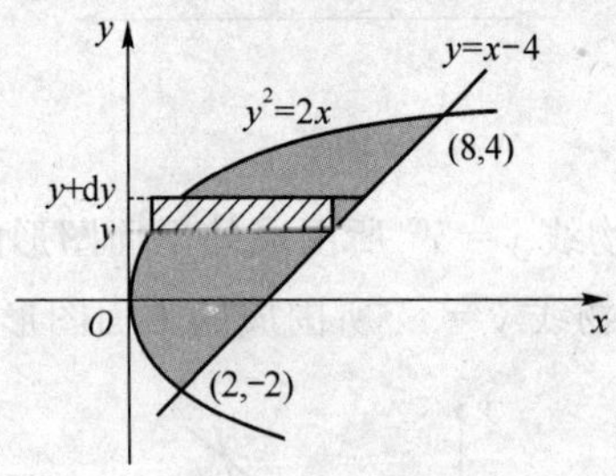

图 5-10

解方程组$\begin{cases} y^2=2x \\ y=x-4 \end{cases}$,得抛物线与直线的交点(2,−2)和(8,4).

取 y 为积分变量,确定积分区间为[−2,4]. 于是面积微元:

$$\mathrm{d}A=\left[(y+4)-\frac{1}{2}y^2\right]\mathrm{d}y.$$

所求平面图形的面积为

$$A=\int_{-2}^4 (y+4-\frac{1}{2}y^2)\mathrm{d}y=\left(\frac{y^2}{2}+4y-\frac{y^3}{6}\right)\Big|_{-2}^4=18.$$

例 4 求椭圆$\frac{x^2}{a^2}+\frac{y^2}{b^2}=1$ 的面积.

解 如图 5-11 所示,因为椭圆关于两坐标轴都对称,所以,椭圆面积为第一象限部分面积的 4 倍,即

$$A=4\int_0^a y\mathrm{d}x.$$

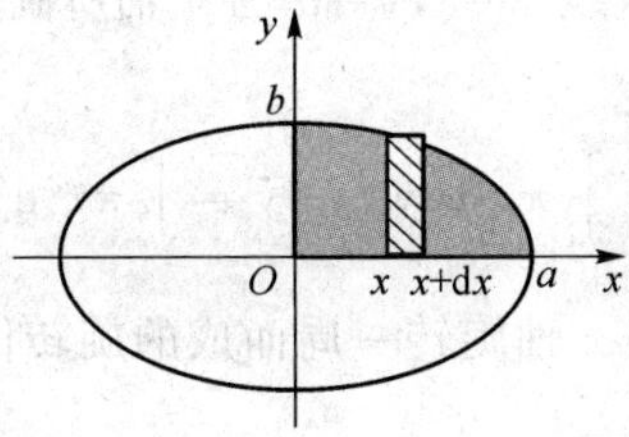

图 5-11

为了计算方便，我们利用椭圆的参数方程$\begin{cases}x=a\cos t\\ y=b\sin t\end{cases}$，由定积分的换元积分法，令 $x=a\cos t$，则 $y=b\sin x$，$dx=-a\sin t dt$. 当 $x=0$ 时，$t=\frac{\pi}{2}$；$x=a$ 时，$t=0$. 于是

$$A=4\int_{\frac{\pi}{2}}^{0} b\sin t(-a\sin t)dt=4ab\int_{0}^{\frac{\pi}{2}}\frac{1-\cos 2t}{2}dt=2ab\cdot\frac{\pi}{2}=\pi ab.$$

特别地，当 $a=b$ 时，得圆面积公式 $A=\pi a^2$.

5.5.3 旋转体的体积

一个平面图形绕该平面内一条定直线旋转一周而成的立体称为旋转体，该直线称为旋转轴. 例如圆柱、圆锥、圆台、球体等都是旋转体.

现在我们计算由连续曲线 $y=f(x)$，直线 $x=a$，$x=b$ 与 x 轴所围成的曲边梯形绕 x 轴旋转一周所成旋转体的体积.

取 x 为积分变量，$[a,b]$为积分区间. 用垂直于 x 轴的一组平行平面将旋转体分割成许多立体小薄片，其断面都是圆，只是半径不同. 任取$[a,b]$的一个小区间$[x,x+dx]$上的一小薄片，它的体积近似于以 $f(x)$为底面半径，dx 为高的扁圆柱体的体积（见图 5-12），即体积微元为

$$dV=\pi[f(x)]^2dx.$$

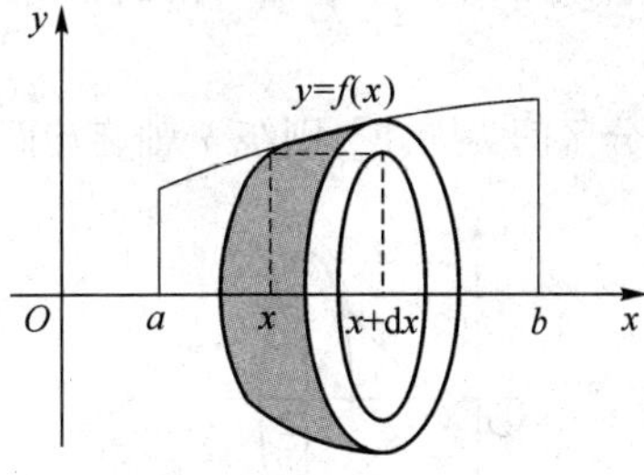

图 5-12

于是，以 $\pi[f(x)]^2dx$ 为被积表达式，在区间$[a,b]$上作定积分，便得所求旋转体体积

$$V=\int_a^b\pi[f(x)]^2dx=\int_a^b\pi y^2dx.$$

这就是以 x 轴为旋转轴的旋转体体积公式.

同理,由连续曲线 $x=\varphi(y)$,直线 $y=c,y=d$ 与 y 轴所围成的曲边梯形绕 y 轴旋转一周所围成旋转体的体积为

$$V=\int_c^d \pi[\varphi(y)]^2 \mathrm{d}y=\int_c^d \pi x^2 \mathrm{d}y.$$

例 5 求由椭圆 $\frac{x^2}{a^2}+\frac{y^2}{b^2}=1$ 绕 x 轴旋转一周而成的旋转体(称为旋转椭球体)的体积.

解 旋转椭球体(见图 5-13)可看作是由上半个椭圆 $y=b\sqrt{1-\frac{x^2}{a^2}}$ 及 x 轴所围成的平面图形绕 x 轴旋转而成的旋转体.

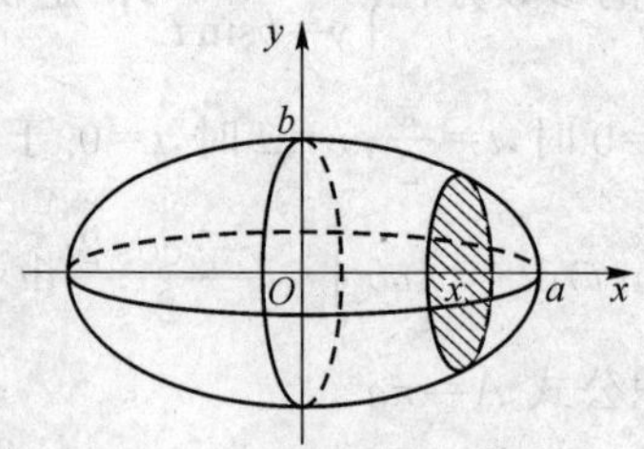

图 5-13

取 x 为积分变量,积分区间为 $[-a,a]$,则体积微元为

$$\mathrm{d}V=\pi b^2\left(1-\frac{x^2}{a^2}\right)\mathrm{d}x$$

于是,旋转椭球体的体积为

$$V=\int_{-a}^a \pi b^2\left(1-\frac{x^2}{a^2}\right)\mathrm{d}x=\pi b^2\int_{-a}^a\left(1-\frac{x^2}{a^2}\right)\mathrm{d}x$$
$$=\pi b^2\left(x-\frac{x^3}{3a^2}\right)\Big|_{-a}^a=\frac{4}{3}\pi ab^2.$$

特别地,当 $a=b$ 时,就是半径为 a 的球体体积公式 $V=\frac{4}{3}\pi a^3$.

例 6 求由抛物线 $y=x^2$ 及直线 $x=2$ 与 x 轴所围成的平面图形分别绕 x 轴和绕 y 轴旋转一周所得立体的体积.

解 (1) 取 x 为积分变量,积分区间为 $[0,2]$. 则绕 x 轴旋转而成的旋转体体积(见图 5-14)为

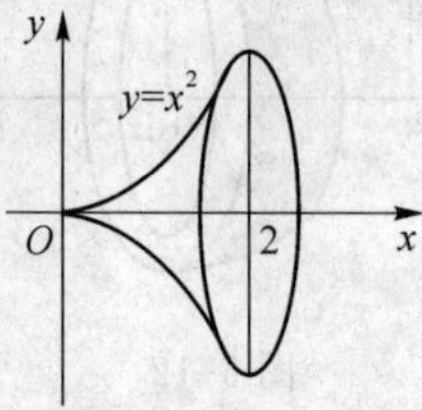

图 5-14

$$V=\int_0^2 \pi y^2 \mathrm{d}x=\int_0^2 \pi x^4 \mathrm{d}x=\left(\frac{\pi}{5}x^5\right)\Big|_0^2=\frac{32}{5}\pi.$$

(2) 取 y 为积分变量,积分区间为 $[0,4]$. 则绕 y 轴旋转而成的旋转体体积(见图 5-15)应为圆柱体的体积减去杯状的体积. 即

$$V=\int_0^4 \pi \cdot 2^2 \mathrm{d}y-\int_0^4 \pi (\sqrt{y})^2 \mathrm{d}y=\pi \int_0^4 [2^2-(\sqrt{y})^2]\mathrm{d}y=\pi\left(4y-\frac{y^2}{2}\right)\Bigg|_0^4=8\pi.$$

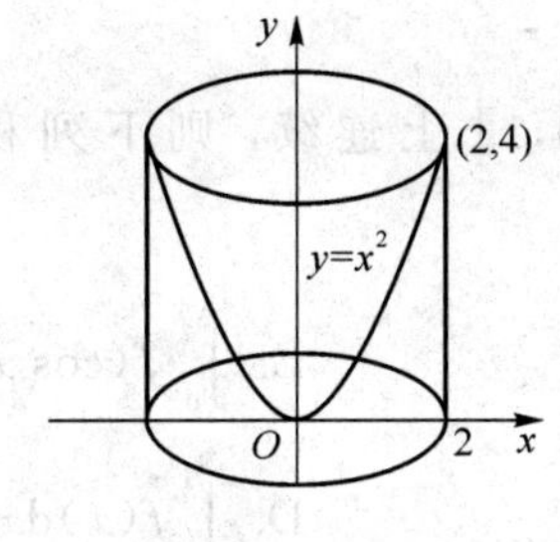

图 5-15

习题 5-5

1. 求由下列各曲线所围成的平面图形的面积：

(1) $y=x^2, x+y=2$；

(2) $y=\mathrm{e}^x, y=\mathrm{e}^{-x}$与直线 $y=\mathrm{e}^2$；

(3) $y=\frac{1}{x}$与直线 $y=x$ 及 $x=2$；

(4) $y=x^3$ 与 $y=\sqrt{x}$；

(5) $y=x$ 与 $y=\sqrt{x}$.

2. 求下列曲线所围成的图形，按指定的轴旋转产生的旋转体的体积：

(1) $y=x^2, y=0, x=2$，　　绕 x 轴；

(2) $y=x, x=1, y=0$，　　绕 x 轴；

(3) $y=\sqrt{x}, x=4, y=0$，　　绕 x 轴；

(4) $y=\mathrm{e}^x, x=0, x=1$ 及 $y=0$，　绕 x 轴.

复习题五

一、填空题

1. 定积分$\int_0^1 x^2\mathrm{d}x$与$\int_0^1 x^4\mathrm{d}x$较大的一个是__________.

2. 设 $f(x)$ 具有连续导数，且 $f(0)=0, f'(0)=2$，则$\lim\limits_{x\to 0}\frac{\int_0^x f(t)\mathrm{d}t}{x^2}=$__________.

3. 设 $y=\int_0^x t\mathrm{e}^t\mathrm{d}t$，则 $\mathrm{d}y=$__________.

4. 定积分$\int_0^\pi \cos^2 x\mathrm{d}x=$__________.

5. $\int_{-\pi}^{\pi}\frac{x}{1+x^2}\mathrm{d}x=$__________.

6. $\int_0^1 \ln(1+x)\mathrm{d}x =$ __________.

二、选择题

1. 设函数 $f(x)$ 在闭区间 $[0,1]$ 上连续，则下列积分与 $\int_0^1 f(\sqrt{1-x^2})\mathrm{d}x$ 相等的是__________.

A. $\int_0^{\frac{\pi}{2}} f(\cos x)\cos x\mathrm{d}x$　　B. $\int_0^{\frac{\pi}{2}} f(\cos x)\sin x\mathrm{d}x$

C. $\int_0^{\frac{\pi}{2}} f(x)\mathrm{d}x$　　D. $\int_0^1 f(x)\mathrm{d}x$

2. $\mathrm{d}\int_0^x \arctan t^2\mathrm{d}t =$ __________.

A. $\arctan x^2$　　B. $\arctan x^2\mathrm{d}x$　　C. $2x\arctan x^2$　　D. $2x\arctan x^2\mathrm{d}x$

3. $\dfrac{\mathrm{d}\left(\int_0^1 \ln(1+x)\mathrm{d}x\right)}{\mathrm{d}x} =$ __________.

A. $\ln 2$　　B. 0　　C. $\ln(1+x)$　　D. $\dfrac{1}{1+x}$

三、计算下列定积分：

1. $\int_0^1 (2\mathrm{e}^x+1)\mathrm{d}x$；　2. $\int_0^1 \dfrac{x^2}{1+x^2}\mathrm{d}x$；　3. $\int_0^{\mathrm{e}-1} \dfrac{\mathrm{d}x}{x+1}$；　4. $\int_1^{\mathrm{e}} \dfrac{\ln x}{x}$.

四、计算由 $y=x^2, y=x, y=3x$ 所围的平面图形的面积.

五、求由曲线 $y=\mathrm{e}^x, y=x, x=0$ 及 $x=1$ 所围成的平面图形绕 x 轴旋转一周而成的旋转体体积.

6 常微分方程

我们知道，寻求函数关系对解决工程问题具有重要作用. 但是，有时不能直接找出所需要的函数关系，却可以先根据问题提供的情况，找出自变量、未知函数及未知函数的导数(或微分)之间的关系式，这样的关系式就是所谓的微分方程. 由已知微分方程找出未知函数的工作，就是解微分方程. 本章主要介绍常见类型微分方程的解法，并举例说明它们在实际问题中的应用.

6.1 微分方程的基本概念

本节通过几个实际例子的分析，引入常微分方程的概念，给出了简单微分方程的建立方法.

6.1.1 微分方程的基本概念

下面我们通过一个几何例题来说明微分方程的基本概念.

引例 一曲线通过点(0,0)，且在该曲线上任一点 $P(x,y)$处的切线的斜率为 $3x^2$，求这条曲线的方程.

解 设所求曲线的方程为 $y=f(x)$. 依题意，根据导数的几何意义，可知未知函数 $y=f(x)$应满足关系式

$$\frac{\mathrm{d}y}{\mathrm{d}x}=3x^2 \tag{6-1}$$

和已知条件：当 $x=0$ 时，$y=0$. (6-2)

从上面例子可以看出，以上问题的解决，可化归为含有未知函数导数的方程的求解，这方程称为微分方程. 一般地有：

定义 6.1 含有未知函数的导数(或微分)的方程称为微分方程，(6-1)式为微分方程. 未知函数为一元函数的微分方程称为常微分方程. 微分方程中出现的未知函数的导数或微分的最高阶数，称为该微分方程的阶.

未知函数为多元函数的微分方程称为偏微分方程. 本章只讨论常微分方程，简称微分方程.

例如方程①$y'+xy=\mathrm{e}^x$；②$\frac{\mathrm{d}y}{\mathrm{d}x}=2x$；③$\frac{\mathrm{d}^2y}{\mathrm{d}x^2}+2\frac{\mathrm{d}y}{\mathrm{d}x}+y=f(x)$；④$\frac{\mathrm{d}^2s}{\mathrm{d}t^2}=-4$；⑤$\frac{\mathrm{d}^ny}{\mathrm{d}x^n}+1=0$. 都是常微分方程. 其中①和②为一阶微分方程，③和④为二阶微分方程，⑤为 n 阶微分方程.

注意：在微分方程中，自变量和未知函数可以不出现，但未知函数的导数或微分必须出现.

定义 6.2 如果将已知函数 $y=\varphi(x)$ 代入微分方程后，能使方程成为恒等式，那么称此函数为微分方程的解.

定义 6.3 如果微分方程的解中含有任意常数，且相互独立的任意常数的个数与微分方程的阶数相同，这样的解叫作微分方程的通解. 而不含任意常数的解，叫作微分方程的特解.

例 1 验证：函数 $x=C_1\cos at+C_2\sin at$ 是微分方程

$$\frac{\mathrm{d}^2x}{\mathrm{d}t^2}+a^2x=0. \tag{6-3}$$

的通解.

解 求出函数 $x=C_1\cos at+C_2\sin at$ 的导数：

$$\frac{\mathrm{d}x}{\mathrm{d}t}=-C_1a\sin at+C_2a\cos at;$$

$$\frac{\mathrm{d}^2x}{\mathrm{d}t^2}=-C_1a^2\cos at-C_2a^2\sin at.$$

将以上两式代入方程(6-3)的左端，等于右边 0. 因此，函数 $x=C_1\cos at+C_2\sin at$ 是方程(6-3)的解，又因为此函数中含有两个独立的任意常数，而方程(6-3)为二阶微分方程，因此，函数 $x=C_1\cos at+C_2\sin at$ 是方程(6-3)的通解.

定义 6.4 确定任意常数的条件，称为初始条件. (6-2)式为(6-1)式的初始条件. 初始条件的个数通常等于微分方程的阶数. 求微分方程满足某初始条件的解的问题，称为初值问题.

例如：一阶方程，初始条件 $y\big|_{x=x_0}=y_0$

二阶方程，初始条件 $\begin{cases} y\big|_{x=x_0}=y_0 \\ y'\big|_{x=x_0}=y_0' \end{cases}$ 其中 x_0, y_0, y_0' 都是给定的值.

6.1.2 简单微分方程的建立

注意：利用微分方程寻求实际问题中未知函数的一般步骤是：

(1)分析问题，设所求未知函数，建立微分方程，并确定初始条件；

(2)求出微分方程的通解；

(3)由初始条件确定通解中任意常数，求出微分方程相应的特解.

我们主要通过两个简单的实例说明微分方程建立的过程.

例 2 一曲线通过点(1,2)，且在该曲线上任一点 $M(x,y)$ 处的切线的斜率为 $2x$，求这曲线的方程.

解 设所求曲线的方程为 $y=f(x)$. 根据导数的几何意义，有

$$\frac{\mathrm{d}y}{\mathrm{d}x}=2x. \tag{6-4}$$

此外，未知函数 $y=f(x)$ 还应满足下列条件：$x=1$ 时，$y=2$.

简记为 $y|_{x=1}=2$

把(6-4)式两端积分,得 $y=\int 2x\mathrm{d}x$,

即通解为 $y=x^2+C$

其中 C 是任意常数.

把条件 $y|_{x=1}=2$ 代入通解,得 $C=1$

故所求曲线方程为 $y=x^2+1$

例 3 列车在平直线路上以 20 m/s(相当于 72 km/h)的速度行驶;当制动时列车获得加速度 $-0.4\ \mathrm{m/s^2}$,问开始制动后多少时间列车才能停住,以及列车在这段时间里行驶了多少路程?

解 设列车在开始制动后 t 秒时行驶了 s(m).

假设列车运动规律为 $s=s(t)$,根据题意有

$$\frac{\mathrm{d}^2 s}{\mathrm{d}t^2}=-0.4 . \tag{6-5}$$

此外,未知函数 $s=s(t)$ 还应满足下列条件:$s|_{t=0}=0, v|_{t=0}=20$

把(6-5)式两端积分一次,得

$$v=\frac{\mathrm{d}s}{\mathrm{d}t}=-0.4t+C_1 \tag{6-6}$$

再积分一次,得

$$s=-0.2t^2+C_1t+C_2 \tag{6-7}$$

这里 C_1, C_2 都是任意常数.

把条件 $v|_{t=0}=20$ 代入(6-6)式得 $C_1=20$

把条件 $s|_{t=0}=0$ 代入(6-7)式得 $C_2=0$

把 C_1, C_2 的值代入(6-6)式及(6-7)式得

$$v=-0.4t+20 \tag{6-8}$$

$$s=-0.2t^2+20t \tag{6-9}$$

在(6-8)式中令 $v=0$,得到列车从开始制动到完全停住所需的时间

$$t=\frac{20}{0.4}=50(\mathrm{s})$$

再把 $t=50$ 代入(6-9)式,得到列车在制动阶段行驶的路程

$$s=-0.2\times 50^2+20\times 50=500(\mathrm{m})$$

习题 6-1

1. 指出下列方程中的微分方程,并说明它的阶数.

(1) $s''+3s'-2t=0$;　　(2) $(y')^2+3y=0$;

(3) $(\sin x)''+2(\sin x)'+1=0$;　　(4) $x\mathrm{d}y-y\mathrm{d}x=0$;

(5) $\frac{\mathrm{d}^2 x}{\mathrm{d}t^2}=\cos t$;　　(6) $\frac{\mathrm{d}^3 y}{\mathrm{d}x^3}-2x\left(\frac{\mathrm{d}^2 y}{\mathrm{d}x^2}\right)^3+x^2=0$.

2. 指出下列各题中的函数是否是所给微分方程的解(其中 C_1、C_2 为任意常数).

(1) $x\dfrac{\mathrm{d}y}{\mathrm{d}x}=2y$ ，$y=4x^2$；

(2) $\sin\varphi\cos\varphi\dfrac{\mathrm{d}y}{\mathrm{d}\varphi}+y=0$，$y=\cot\varphi$；

(3) $y''+4y=0$ ，$y=C_1\sin(2x+C_2)$；

(4) $y''-2y'+y=0$ ，$y=x^2\mathrm{e}^x$.

3. 写出由下列条件确定的曲线 $y=f(x)$所满足的微分方程.

(1) 曲线上点 $P(x,y)$处的切线与线段 OP 垂直；

(2) 曲线上任一点 $P(x,y)$处的曲率都是$\dfrac{1}{a}$.

4. 已知函数 $y=C_1\cos x+C_2\sin x$ 是微分方程 $y''+y=0$ 的通解，求满足初始条件$y|_{x=0}=2$ 及$y'|_{x=0}=-1$ 的特解.

6.2 可分离变量的微分方程

6.2.1 最简单的一阶微分方程的解法

形如

$$\frac{\mathrm{d}y}{\mathrm{d}x}=f(x) \tag{6-10}$$

的方程是最简单的一阶微分方程，它的右端是自变量的已知函数，其解法很简单，将(6-10)式改写成微分式.

$$\mathrm{d}y=f(x)\mathrm{d}x,$$

两边积分 $y=\int f(x)\mathrm{d}x$ (相当于求 $f(x)$的不定积分)，

便得通解 $y=F(x)+C$ (其中 $F(x)$是 $f(x)$ 的一个原函数).

6.2.2 可分离变量的微分方程

如果一个一阶微分方程能化成

$$g(y)\mathrm{d}y=f(x)\mathrm{d}x \tag{6-11}$$

的形式，那么原方程就称为可分离变量的微分方程.

把一个可分离变量的微分方程化为形如(6-11)式的方程，这一步骤称为分离变量.

求解可分离变量的微分方程的步骤是：第一步，分离变量，把所给方程化为形如(6-11)式的方程；第二步，两边分别积分：$\int g(y)\mathrm{d}y=\int f(x)\mathrm{d}x$，便可得微分方程(6-11)的通解，这种求解方法叫作分离变量法.

注意：最简单的一阶微分方程可以看作可分离变量的微分方程的特例.

可分离变量的微分方程的解法：

第一步　分离变量，将方程写成 $g(y)\mathrm{d}y=f(x)\mathrm{d}x$ 的形式；

第二步　两端积分：$\int g(y)\mathrm{d}y=\int f(x)\mathrm{d}x$，求积分后得 $G(y)=F(x)+C$；

第三步　求出由 $G(y)=F(x)+C$ 所确定的隐函数 $y=\varphi(x)$ 或 $x=\psi(y)$.

注意：$G(y)=F(x)+C$，$y=\varphi(x)$ 或 $x=\psi(y)$ 都是方程的通解，其中 $G(y)=F(x)+C$ 称为隐式(通)解.

例 1　求微分方程 $\frac{\mathrm{d}y}{\mathrm{d}x}=2xy$ 的通解.

解　这是可分离变量的微分方程，分离变量后得

$$\frac{1}{y}\mathrm{d}y=2x\mathrm{d}x,$$

两边积分

$$\int\frac{1}{y}\mathrm{d}y=\int 2x\mathrm{d}x,$$

得
$$\ln|y|=x^2+C_1,$$

即
$$|y|=\mathrm{e}^{x^2+C_1}=\mathrm{e}^{C_1}\mathrm{e}^{x^2},$$

所以
$$y=\pm\mathrm{e}^{C_1}\mathrm{e}^{x^2}$$

由于 $\pm\mathrm{e}^{C_1}$ 仍为任意常数，把它记为 C，便得方程的通解为 $y=C\mathrm{e}^{x^2}$.

若在解题过程中将 $\ln|y|$ 写成 $\ln y$，把 C_1 写成 $\ln C$，可直接由 $\ln y=x^2+\ln C$ 得 $y=C\mathrm{e}^{x^2}$. 因此今后遇到类似情形，就可以不再写绝对值符号，以简化计算过程.

请思考，在本题中，任意常数 C 可以为零吗？

例 2　求微分方程 $y'\cos x=y$ 满足条件 $y|_{x=0}=\frac{1}{2}$ 的特解.

解　分离变量，得

$$\frac{1}{y}\mathrm{d}y=\frac{\mathrm{d}x}{\cos x},$$

两边积分

$$\int\frac{1}{y}\mathrm{d}y=\int\frac{\mathrm{d}x}{\cos x},$$

得

$$\ln y=\ln(\sec x+\tan x)+\ln C,$$

于是通解为
$$y=C(\sec x+\tan x).$$

由 $y|_{x=0}=\frac{1}{2}$ 可求出 $C=\frac{1}{2}$，

最后得所求的特解为 $y=\frac{1}{2}(\sec x+\tan x)$.

例 3　求微分方程 $\frac{\mathrm{d}y}{\mathrm{d}x}=1+x+y^2+xy^2$ 的通解.

解　方程可化为
$$\frac{\mathrm{d}y}{\mathrm{d}x}=(1+x)(1+y^2),$$

分离变量得 $$\frac{1}{1+y^2}\mathrm{d}y=(1+x)\mathrm{d}x,$$

两边积分 $$\int\frac{1}{1+y^2}\mathrm{d}y=\int(1+x)\mathrm{d}x,$$

即 $$\arctan y=\frac{1}{2}x^2+x+C.$$

于是原方程的通解为 $y=\tan\left(\frac{1}{2}x^2+x+C\right)$.

注意:可分离变量微分方程的求解关键是"第一步"分离变量.

习题 6-2

1. 求下列微分方程的通解.

(1) $\frac{\mathrm{d}y}{\mathrm{d}x}=\mathrm{e}^{x-y}$;　　(2) $y'=\frac{3+y}{3-x}$;

(3) $xy\mathrm{d}x+(x^2+1)\mathrm{d}y=0$;　　(4) $\frac{\mathrm{d}y}{\mathrm{d}x}=\frac{y}{\sqrt{1-x^2}}$;

(5) $xy'-y\ln y=0$.

2. 求下列微分方程满足所给初始条件的特解.

(1) $x\mathrm{d}y+2y\mathrm{d}x=0, y|_{x=0}=0$;

(2) $\sin x\mathrm{d}y-y\ln y\mathrm{d}x=0, y|_{x=\frac{\pi}{2}}=\mathrm{e}$;

(3) $2x\sin y\mathrm{d}x+(x^2+1)\cos y\mathrm{d}y=0, y|_{x=1}=\frac{\pi}{6}$.

3. 已知曲线过点$\left(1,\frac{1}{3}\right)$,且在曲线上任一点的切线斜率等于自原点到切点的连线的斜率的两倍,求此曲线的方程.

6.3 一阶微分方程

本节学习一阶微分方程的概念及其解法,从而解决齐次微分方程、一阶线性齐次微分方程和一阶线性非齐次微分方程的求解问题.

6.3.1 齐次微分方程的定义

形如

$$\frac{\mathrm{d}y}{\mathrm{d}x}=f\left(\frac{y}{x}\right) \tag{6-12}$$

的微分方程叫作齐次微分方程.它的解法是变量替换法.

令 $u=\frac{y}{x}$， 则 $y=xu$， $y'=u+xu'$，

代入(6-12)式，得到关于未知函数为 u，自变量为 x 的微分方程

$$u+xu'=f(u)\text{，即}\quad x\frac{\mathrm{d}u}{\mathrm{d}x}+u=f(u)\text{，}$$

它是可分离变量的微分方程，分离变量，得

$$\frac{\mathrm{d}u}{f(u)-u}=\frac{\mathrm{d}x}{x}\text{，}$$

两边积分即可得解，再用 $\frac{y}{x}$ 代替 u，便得(6-12)式的通解.

例 1 求微分方程 $xy'-y-\sqrt{x^2-y^2}=0$ 满足条件 $y|_{x=1}=1$ 的特解.

解 原方程可化为

$$y'=\frac{y}{x}+\sqrt{1-\left(\frac{y}{x}\right)^2}\text{，}$$

这是齐次微分方程

令 $u=\frac{y}{x}$，则 $y=xu$，$y'=u+x\frac{\mathrm{d}u}{\mathrm{d}x}$，

原方程可变为

$$u+x\frac{\mathrm{d}u}{\mathrm{d}x}=u+\sqrt{1-u^2}.$$

即
$$x\frac{\mathrm{d}u}{\mathrm{d}x}=\sqrt{1-u^2}.$$

分离变量，得

$$\frac{\mathrm{d}u}{\sqrt{1-u^2}}=\frac{\mathrm{d}x}{x}\text{，}$$

两边积分，得 $\arcsin u=\ln x+C$，

将 u 换成 $\frac{y}{x}$，得原方程的通解

$$\arcsin\frac{y}{x}=\ln x+C.$$

根据定解条件 $y|_{x=1}=1$ 得 $C=\frac{\pi}{2}$，

因此，所求特解为 $\arcsin\frac{y}{x}=\ln x+\frac{\pi}{2}$.

注意：该题中的通解是隐式通解.

6.3.2 一阶线性微分方程的定义

定义 6.5 形如
$$\frac{\mathrm{d}y}{\mathrm{d}x}+P(x)y=Q(x) \tag{6-13}$$

的方程称为一阶线性微分方程，其中 $P(x)$，$Q(x)$ 都是连续函数. 它的特点是方程中的未知函

数 y 及其导数为一次的.

如果 $Q(x)\equiv 0$,则方程(6-13)为

$$\frac{\mathrm{d}y}{\mathrm{d}x}+P(x)y=0, \tag{6-14}$$

称为一阶线性齐次微分方程.

如果 $Q(x)\neq 0$,则方程(6-13)称为一阶线性非齐次微分方程.

6.3.3 一阶线性微分方程的解法

1. 一阶线性齐次微分方程

显然一阶线性齐次微分方程(6-14)是可分离变量的微分方程,分离变量后,得

$$\frac{\mathrm{d}y}{y}=-P(x)\mathrm{d}x,$$

两边积分,得 $\ln y=-\int P(x)\mathrm{d}x+\ln C$,即

$$y=C\mathrm{e}^{-\int P(x)\mathrm{d}x}. \tag{6-15}$$

这就是线性齐次微分方程(6-14)的通解(其中的不定积分只是表示对应的被积函数的一个原函数).

比如线性齐次微分方程:$y'-\frac{1}{x}y=0$

的通解为 $$y=C\mathrm{e}^{-\int -\frac{1}{x}\mathrm{d}x}=C\mathrm{e}^{\ln x}=Cx.$$

2. 一阶线性非齐次微分方程

把一阶线性非齐次微分方程(6-13)改写为 $\frac{\mathrm{d}y}{y}=\frac{Q(x)}{y}\mathrm{d}x-P(x)\mathrm{d}x$,由于 y 是 x 的函数,可令$\frac{Q(x)}{y}=g(x)$,且 $\Phi(x)$ 是 $g(x)$的一个原函数,对上式两边积分,得 $\ln y=\Phi(x)+C_1-\int P(x)\mathrm{d}x$,即

$$y=\mathrm{e}^{\Phi(x)+C_1}\cdot \mathrm{e}^{-\int P(x)\mathrm{d}x}.$$

若设 $\mathrm{e}^{\Phi(x)+C_1}=C(x)$,则

$$y=C(x)\mathrm{e}^{-\int P(x)\mathrm{d}x} \tag{6-16}$$

即非齐次方程(6-13)的通解是将相应的齐次方程的通解中任意常数 C 用待定函数 $C(x)$来代替,因此,只要求出函数 $C(x)$,就可得到非齐次方程(6-13)的通解.

为了确定 $C(x)$,我们把(6-16) 式及其导数 $y'=C'(x)\mathrm{e}^{-\int P(x)\mathrm{d}x}-P(x)y$ 代入方程(6-13)并化简,得

$C'(x)\mathrm{e}^{-\int P(x)\mathrm{d}x}=Q(x)$,即

$$C'(x)=Q(x)\cdot \mathrm{e}^{\int P(x)\mathrm{d}x}.$$

将上式两边积分,得

$$C(x)=\int Q(x)\mathrm{e}^{\int P(x)\mathrm{d}x}\mathrm{d}x+C.$$

代回(6-16)式，便得方程(6-13)的通解

$$y = e^{-\int P(x)dx}\left[\int Q(x)e^{\int P(x)dx}dx + C\right] \tag{6-17}$$

其中各个不定积分都只是表示对应的被积函数的一个原函数.

像上述这种把齐次线性方程通解中的任意常数 C 换成待定函数 $C(x)$，然后求出非齐次线性方程通解的方法叫作常数变易法.

将(6-17)式改写成两项之和的形式

$$y = Ce^{-\int P(x)dx} + e^{-\int P(x)dx}\int Q(x)e^{\int P(x)dx}dx$$

上式右端第一项是方程(6-13)对应的齐次方程(6-14)的通解，令 $C=0$，则得到第二项，它是非齐次方程(6-13)的一个特解. 由此可知，一阶线性非齐次微分方程的通解等于它对应的齐次方程的通解与非齐次方程的一个特解之和.

例 2 解微分方程 $y'-y\cos x=2xe^{\sin x}$.

解 这是一阶线性非齐次微分方程，下面用"常数变易法"求解.

所给方程的对应齐次方程为 $y'-y\cos x=0$，

分离变量 $\dfrac{dy}{y}=\cos x dx$，

两边积分，得 $\ln y=\sin x+\ln C$，

故齐次微分方程的通解为 $y=Ce^{\sin x}$.

设 $y=C(x)e^{\sin x}$ 为原方程的解，则

$$y'=C'(x)e^{\sin x}+C(x)\cdot\cos x\cdot e^{\sin x},$$

将 y,y' 代入原方程，整理得

$$C'(x)e^{\sin x}=2xe^{\sin x},\quad 即\quad C'(x)=2x.$$

积分，得 $C(x)=x^2+C$.

所以原方程的通解为

$$y=(x^2+C)e^{\sin x}.$$

本例也可以直接代入公式(6-17)求通解. 注意到 $P(x)=-\cos x$，$Q(x)=2xe^{\sin x}$，代入通解公式(6-17)得

$$\begin{aligned}y &= e^{\int\cos x dx}\left(\int 2xe^{\sin x}\cdot e^{-\int\cos x dx}dx + C\right)\\ &= e^{\sin x}\left(\int 2xe^{\sin x}\cdot e^{-\sin x}dx + C\right)\\ &= e^{\sin x}(x^2+C)\end{aligned}$$

所以原方程的通解为

$$y=(x^2+C)e^{\sin x}.$$

例 3 求方程 $y'+3y=e^{-2x}$ 满足定解条件 $y|_{x=0}=0$ 的特解.

解 与原方程相对应的齐次方程为

$$y'+3y=0,$$

利用分离变量法可得其通解为

$$y=Ce^{-3x}.$$

令 $y=C(x)\mathrm{e}^{-3x}$ 为原方程的解，则

$$y'=C'(x)\mathrm{e}^{-3x}-3C(x)\mathrm{e}^{-3x},$$

将 y,y' 代入原方程，得

$$C'(x)=\mathrm{e}^{x},$$

所以 $$C(x)=\mathrm{e}^{x}+C.$$

于是，原方程的通解为 $$y=(\mathrm{e}^{x}+C)\mathrm{e}^{-3x}.$$

由定解条件 $x=0$ 时 $y=0$，代入通解，得 $C=-1$.

所以，所求的特解为 $$y=\mathrm{e}^{-2x}-\mathrm{e}^{-3x}.$$

对于一阶微分方程的求解，首先要把它化为标准形式，再根据它的类型，采用适当的解法. 现将讨论过的一阶方程的类型及解法列表如下.

表 6-1　一阶微分方程及其解法

方程类型	标准形式	解　法
最简单的微分方程	$y'=f(x)$	直接积分
可分离变量的方程	$f(x)\mathrm{d}x=g(y)\mathrm{d}y$	分离变量法
齐次型方程	$y'=f\left(\dfrac{y}{x}\right)$	变量替换法. 令 $u=\dfrac{y}{x}$ 化为可分离变量的方程
一阶线性方程	$\dfrac{\mathrm{d}y}{\mathrm{d}x}+P(x)y=Q(x)$	常数变易法，公式法

习题 6-3

1. 求下列齐次微分方程的通解.

(1) $y'=\dfrac{y}{x}+\mathrm{e}^{\frac{2y}{x}}$；

(2) $xy\mathrm{d}x+(x^2+y^2)\mathrm{d}y=0$.

2. 求下列微分方程的通解.

(1) $y'+y=x\mathrm{e}^{x}$；

(2) $x\mathrm{d}y+(2x^2y-\mathrm{e}^{-x^2})\mathrm{d}x=0$；

(3) $y'=\dfrac{y+x\ln x}{x}$；

(4) $\dfrac{\mathrm{d}y}{\mathrm{d}x}=\dfrac{1}{x+y}$.

3. 解下列线性微分方程.

(1) $y'+2y=2x$；

(2) $y'-y\cot x=2x\sin x$；

(3) $y'+\dfrac{\mathrm{e}^{x}}{1+\mathrm{e}^{x}}y=1$；

(4) $y'+2xy=2x\mathrm{e}^{-x^2}$；

(5) $xy'+y=\sin x, y|_{x=\pi}=1$；

(6) $\theta\ln\theta\mathrm{d}\rho+(\rho-\ln\theta)\mathrm{d}\theta=0, \rho|_{\theta=\mathrm{e}}=\dfrac{1}{2}$.

6.4 二阶线性微分方程

形如

$$y''+p(x)y'+q(x)y=f(x)$$

的二阶微分方程，称为二阶线性微分方程.其中 $p(x)$，$q(x)$，$f(x)$，都是自变量 x 的已知函数.

当 $f(x)\equiv 0$ 时，方程

$$y''+p(x)y'+q(x)y=0 \tag{6-18}$$

称为二阶线性齐次微分方程.

当 $f(x)\neq 0$，方程

$$y''+p(x)y'+q(x)y=f(x) \tag{6-19}$$

称为二阶线性非齐次微分方程.

6.4.1 通解形式

定理 6.1(齐次线性方程解的迭加原理) 设 $y_1(x)$，$y_2(x)$ 是方程(6-18)的两个特解，则对任意常数 C_1、C_2(可以是复数)，$y=C_1y_1(x)+C_2y_2(x)$ 仍是方程(6-18)的解，且当 $\frac{y_1(x)}{y_2(x)}\neq$ 常数时，$y=C_1y_1(x)+C_2y_2(x)$ 就是方程(6-18)的通解.

证 因为 $y_1(x)$，$y_2(x)$ 都是方程(6-18)的解，所以

$$y_1''+p(x)y_1'+q(x)y_1=0,$$
$$y_2''+p(x)y_2'+q(x)y_2=0,$$

将 $y=C_1y_1(x)+C_2y_2(x)$ 代入(6-18)式左端，有

$$(C_1y_1''+C_2y_2'')+p(x)(C_1y_1'+C_2y_2')+q(x)(C_1y_1+C_2y_2)$$
$$=C_1(y_1''+p(x)y_1'+q(x)y_1)+C_2(y_2''+p(x)y_2'+q(x)y_2)=0$$

故 $y=C_1y_1(x)+C_2y_2(x)$ 就是方程(6-18)的解.

由于 $\frac{y_1(x)}{y_2(x)}\neq$ 常数(即 y_1，y_2 线性无关)，所以任意常数 C_1，C_2 是两个独立的任意常数，即解 $y=C_1y_1+C_2y_2$ 中所含独立的任意常数的个数与方程(6-18)的阶数相同，所以它是方程(6-18)的通解.

由定理 6.1 知，若 y_1，y_2 是方程(6-18)的解，则 $y_1+y_2(C_1=1,C_2=1)$，$y_1-y_2(C_1=1,C_2=-1)$，$Cy_1(C_1=C,C_2=0)$ 都是方程(6-18)的解.

注意：定理中的条件 $\frac{y_1(x)}{y_2(x)}\neq$ 常数是重要的.否则，若 $\frac{y_1(x)}{y_2(x)}=k$，那么 $y=C_1y_1+C_2y_2=(C_1+C_2k)y_1$，若记 $C_1+C_2k=C$，就有 $y=Cy_1$，显然它不是方程(6-18)的通解.

定理 6.2(非齐次线性方程解的结构) 如果 y^* 是二阶线性非齐次微分方程(6-19)的一个特解，$\overline{y}$ 是其相应的齐次方程(6-18)的通解，则方程(6-19)的通解为 $y=y^*+\overline{y}$.

只要把 $y=y^*+\overline{y}$ 代入方程中，并注意到 $\overline{y}$ 中含两个任意常数，就可以证明这个定理.

根据上述定理，求二阶线性方程的通解归结为求其一个特解 y^* 及求其相应的齐次方程的两个线性无关的特解 y_1 和 y_2. 就是这样，求方程(6-19)的通解仍是相当困难的. 然而，当 $p(x)$，$q(x)$ 为常数时，则可借助于初等代数方法来求解.

6.4.2 二阶线性常系数齐次微分方程的解法

形如

$$y''+py'+qy=0 \tag{6-20}$$

的微分方程，当 p、q 是常数时，称为二阶线性常系数齐次微分方程.

根据求导的经验，我们知道指数函数 $y=e^{rx}$ 的一、二阶导数 re^{rx}，r^2e^{rx} 仍是同类型的指数函数，如果选取适当的常数 r，则有可能使 $y=e^{rx}$ 满足方程(6-20). 因此猜想方程(6-20)的解具有形式

$$y=e^{rx}.$$

为了验证这个猜想，将 $y=e^{rx}$ 代入方程(6-20)得

$$e^{rx}(r^2+pr+q)=0.$$

由于 $e^{rx}\neq 0$，则必有

$$r^2+pr+q=0. \tag{6-21}$$

由此可见，只要 r 满足代数方程(6-21)，函数 $y=e^{rx}$ 就是方程(6-20)的解.

代数方程(6-21)称为微分方程(6-20)的特征方程，其中 r^2、r 的系数及常数项恰好依次是方程(6-20)中 y''，y' 及 y 的系数.

特征方程的两个根 r_1，r_2 称为特征根，它们可能出现三种情况：

1) 当 $p^2-4q>0$ 时，r_1，r_2 是不相等的两个实根；

2) 当 $p^2-4q=0$ 时，r_1，r_2 是两个相等的实根；

3) 当 $p^2-4q<0$ 时，r_1，r_2 是一对共轭虚根.

下面根据特征根的三种不同情况，分别讨论方程(6-20)的通解.

(1) 若 r_1 与 r_2 是不相等的两个实根，则方程(6-20)的两个特解是

$$y_1=e^{r_1x}, y_2=e^{r_2x},$$

且 $\dfrac{y_1}{y_2}=e^{(r_1-r_2)x}\neq$ 常数，因此，方程(6-20)的通解为

$$y=C_1e^{r_1x}+C_2e^{r_2x}.$$

(2) 若 r_1 与 r_2 是相等的两个实根，此时 $r_1=r_2=-\dfrac{p}{2}$，得到方程(6-20)的一个特解 $y_1=e^{r_1x}$.

为了求方程(6-20)的通解，还需求另一个与 y_1 线性无关的解 y_2. 设 $\dfrac{y_2}{y_1}=u(x)$，则 $y_2=u(x)e^{r_1x}$，为求 $u(x)$，将 y_2 代入方程(6-20)得

$$e^{r_1x}[(u''+2r_1u'+r_1^2u)+p(u'+r_1u)+qu]=0,$$

由于 $e^{r_1x}\neq 0$，所以

$$u''+(2r_1+p)u'+(r_1^2+pr_1+q)u=0,$$

由于 $2r_1+p=0$，$r_1^2+pr_1+q=0$，于是

$$u''=0.$$

积分两次得 $u=k_1x+k_2$，选取 $u(x)=x$，得方程(6-20)的另一特解

$$y_2=xe^{r_1x}.$$

所以方程(6-20)的通解为

$$y=(C_1+C_2x)e^{r_1x}.$$

(3) 若 r_1 与 r_2 是一对共轭虚根 $r_1=\alpha+\beta i, r_2=\alpha-\beta i(\beta\neq0)$. 这时方程(6-20)有两个复数解

$$y_1^*=e^{(\alpha+i\beta)x}, y_2^*=e^{(\alpha-i\beta)x}.$$

由欧拉公式 $e^{\alpha+i\beta}=e^{\alpha}(\cos\beta+i\sin\beta)$，

得

$$y_1^*=e^{\alpha x}(\cos\beta x+i\sin\beta x),$$
$$y_2^*=e^{\alpha x}(\cos\beta x-i\sin\beta x).$$

下面来求实函数解. 因为 y_1^*，y_2^* 是方程(6-20)的解，由定理1知下述两个实函数

$$y_1=\frac{1}{2}(y_1^*+y_2^*)=e^{\alpha x}\cos\beta x,$$

$$y_2=\frac{1}{2i}(y_1^*-y_2^*)=e^{\alpha x}\sin\beta x.$$

也是方程(6-20)的两个特解，且 $\frac{y_2}{y_1}=\tan\beta x\neq$ 常数，所以方程(6-20)的通解为

$$y=e^{\alpha x}(C_1\cos\beta x+C_2\sin\beta x).$$

综上所述，二阶线性常系数齐次方程(6-20)的通解可列表如下.

二阶线性常系数齐次微分方程的通解

特征方程 $r^2+pr+q=0$ 特征根为 r_1, r_2	齐次微分方程 $y''+py'+qy=0$(p,q 为常数)的通解
两个不相等实根 $r_1\neq r_2$	$y=C_1e^{r_1x}+C_2e^{r_2x}$
两个相等的实根 $r_1=r_2$	$y=(C_1+C_2x)e^{r_1x}$
一对共轭虚根 $r_{1,2}=\alpha\pm\beta i$	$y=e^{\alpha x}(C_1\cos\beta x+C_2\sin\beta x)$

例 1 求 $y''-4y'+3y=0$ 的通解.

解 按以下步骤求通解：

① 写出特征方程

$$r^2-4r+3=0.$$

② 求出特征根

$$r_1=1, r_2=3.$$

③ 对照上表写出通解

$$y=C_1e^x+C_2e^{3x}.$$

例 2 解微分方程 $y''-2\sqrt{2}y'+2y=0.$

解 写出特征方程 $r^2-2\sqrt{2}r+2=0,$

解特征方程得特征根 $r_1=r_2=\sqrt{2},$

这是相等的两实根，因此通解为

$$y=(C_1+C_2x)e^{\sqrt{2}x}.$$

例 3 求微分方程 $y''-6y'+13y=0$ 在条件 $y(0)=1,y'(0)=3$ 下的特解.

解 特征方程为

$$r^2-6r+13=0,$$

解之得

$$r_{1,2}=3\pm 2i.$$

故方程的通解为

$$y=e^{3x}(C_1\cos 2x+C_2\sin 2x).$$

由 $y(0)=1,y'(0)=3$ 得

$$\begin{cases}1=C_1,\\3=3C_1+2C_2,\end{cases}$$

故 $C_1=1,C_2=0$.

所以所求特解为

$$y=e^{3x}\cos 2x.$$

上述关于二阶线性常系数齐次方程的解的形式可以推广到 n 阶线性常系数齐次微分方程.

例 4 解微分方程

$$y^{(5)}-3y^{(4)}+5y'''-3y''=0.$$

解 写出特征方程

$$r^5-3r^4+5r^3-3r^2=0,$$

解之得 $r_1=1,r_2=r_3=0,r_{3,4}=1\pm\sqrt{2}i$.

通解中,单实根 1 对应一项 C_1e^x,二重实根 0 对应两项 $(C_2+C_3x)e^{0\cdot x}$,一对共轭虚根 $1\pm\sqrt{2}i$ 对应两项 $e^{1\cdot x}(C_4\cos\sqrt{2}x+C_5\sin\sqrt{2}x)$. 所以所求通解为

$$y=C_1e^x+(C_2+C_3x)e^{0\cdot x}+e^x(C_4\cos\sqrt{2}x+C_5\sin\sqrt{2}x),$$

即

$$y=C_2+C_3x+e^x(C_1+C_4\cos\sqrt{2}x+C_5\sin\sqrt{2}x).$$

6.4.3 二阶线性常系数非齐次微分方程的解法

形如

$$y''+py'+qy=f(x) \tag{6-22}$$

的微分方程,叫作二阶线性常系数非齐次微分方程,这里 p,q 是常数,$f(x)\neq 0$.

由定理 6.2 知道,方程(6-22)的通解 y 是它的一个特解 y^* 与相应的齐次方程的通解之和. 上一段已详细讨论了二阶线性常系数齐次方程通解的求法,因此,只需讨论如何求方程(6-22)的一个特解 y^* 即可.

下面只介绍当 $f(x)$ 取两种常见形式时求 y^* 的方法.

(1)如果 $f(x)=P_m(x)e^{\lambda x}$,其中 λ 是常数,$P_m(x)$ 是 x 的 m 次多项式,此时可设方程(6-22)的特解形式为

$$y^*=x^kQ_m(x)e^{\lambda x},$$

其中 $Q_m(x)$ 是与 $P_m(x)$ 同次的多项式,各项系数待定,而

$$k=\begin{cases}0,\text{当 }\lambda\text{ 不是特征根时}\\1,\text{当 }\lambda\text{ 是特征单根时}\\2,\text{当 }\lambda\text{ 是特征重根时}\end{cases}$$

故求 y^* 的步骤是首先依据条件设出 y^*，然后将 y^* 代入方程(6-22)确定 $Q_m(x)$ 中的 $m+1$ 个待定系数. 这种求 y^* 的方法叫作待定系数法.

例 5 求方程 $y''-y'=-2x+1$ 的一个特解.

解 这里 $f(x)=-2x+1$，是 $f(x)=P_m(x)e^{\lambda x}(m=1,\lambda=0)$ 型. 特征方程为：$r^2-r=0$，特征根为 $r_1=0, r_2=1$. 由于 $\lambda=0$ 是特征单根，所以可设特解为

$$y^*=x(a_1x+a_0),$$

则 $y^{*\prime}=2a_1x+a_0, y^{*\prime\prime}=2a_1$.

代入原方程

$$2a_1-(2a_1x+a_0)=-2x+1,$$

比较等号两边 x 的同次幂系数，得

$$\begin{cases}-2a_1=-2,\\ 2a_1-a_0=1.\end{cases}$$

解得 $a_1=1, a_0=1$. 从而得原方程的一个特解

$$y^*=x(x+1).$$

例 6 求方程 $y''-2y'-3y=(x+1)e^x$ 的一个特解.

解 这里 $f(x)=(x+1)e^x$，是 $f(x)=P_m(x)e^{\lambda x}(m=1,\lambda=0)$ 型. 特征方程是 $r^2-2r-3=0$，特征根为 $r_1=-1, r_2=3$. 由于 $\lambda=1$ 不是特征根，所以可设特解为

$$y^*=(b_1x+b_0)e^x.$$

将 y^* 代入原方程，经化简得

$$-4b_1x-4b_0=x+1,$$

比较两边 x 的同次幂系数，得 $b_1=-\frac{1}{4}, b_0=-\frac{1}{4}$，因此特解为

$$y^*=-\frac{1}{4}(x+1)e^x.$$

例 7 求 $y''-4y'+4y=e^{2x}$ 的通解.

解 首先求相应的齐次方程的通解 $\overline{y}$.

特征方程为 $r^2-4r+4=0$，解得 $r_1=r_2=2$.

故相应的齐次方程的通解为 $\overline{y}=(C_1+C_2x)e^{2x}$.

其次求非齐次方程的一个特解 y^*.

由于 $\lambda=2$ 恰为特征根，故应设 $y^*=Ax^2e^{2x}$，

将 y^* 代入原方程，整理得

$$2Ae^{2x}=e^{2x},$$

于是 $A=\frac{1}{2}$，故 $y^*=\frac{1}{2}x^2e^{2x}$.

因此原方程的通解为

$$y=(C_1+C_2x)e^{2x}+\frac{1}{2}x^2e^{2x}.$$

(2) 如果 $f(x)=e^{\lambda x}[P_l(x)\cos\omega x+P_n(x)\sin\omega x]$，其中 λ、ω 为常数，$P_l(x)$，$P_n(x)$ 分别为 x 的 l 次多项式、n 次多项式. 此时，可设方程(6-22)的特解形式为

$$y^*=x^ke^{\lambda x}[Q_m(x)\cos\omega x+R_m(x)\sin\omega x],$$

其中 $Q_m(x)$,$R_m(x)$是 x 的 m 次多项式,$m=\max\{l,n\}$,它们的各项系数待定,而

$$k=\begin{cases}0, 当\ \lambda\pm \mathrm{i}\omega\ 不是特征根时,\\ 1, 当\ \lambda\pm \mathrm{i}\omega\ 是特征根时.\end{cases}$$

例 8 求微分方程 $y''+y'-2y=\cos x-3\sin x$ 在条件$y|_{x=0}=1$,$y'|_{x=0}=2$ 下的特解.

解 第一步,求相应的齐次方程的通解.

解特征方程 $r^2+r-2=0$,得 $r_1=1$,$r_2=-2$,则

$$\overline{y}=C_1\mathrm{e}^x+C_2\mathrm{e}^{-2x}.$$

第二步,求非齐次方程的一个特解 y^*.

由于 $\lambda\pm\omega i=0\pm i$ 不是特征根,且 $P_l(x)=1$,$P_n(x)=-3$ 都是零次多项式,所以设

$$y^*=A\cos x+B\sin x,$$

将 y^* 代入原方程,整理得

$$(B-3A)\cos x+(-3B-A)\sin x=\cos x-3\sin x,$$

比较两端同名三角函数的系数,有

$$\begin{cases}B-3A=1,\\ -3B-A=-3.\end{cases}$$

由此得 $A=0$,$B=1$,所以 $y^*=\sin x$.

第三步,写出原方程的通解.

原方程的通解为

$$y=C_1\mathrm{e}^x+C_2\mathrm{e}^{-2x}+\sin x.$$

第四步,由定解条件确定 C_1,C_2的值.

为此,求出 $y'=C_1\mathrm{e}^x-2C_2\mathrm{e}^{-2x}+\cos x$,将条件$y|_{x-0}=1$,$y'|_{x-0}=2$ 代入通解 y 及 y'的表达式,得

$$\begin{cases}C_1+C_2=1,\\ C_1-2C_2+1=2.\end{cases}$$

解得 $C_1=1$,$C_2=0$.

故所求特解为

$$y=\mathrm{e}^x+\sin x.$$

习题 6-4

1. 求下列微分方程的通解.

(1) $y''+y'-2y=0$; (2) $y''-4y'=0$;

(3) $y''-4y'+4y=0$; (4) $4\dfrac{\mathrm{d}^2x}{\mathrm{d}t^2}-20\dfrac{\mathrm{d}x}{\mathrm{d}t}+25x=0$;

(5) $y''-4y'+5y=0$; (6) $\dfrac{\mathrm{d}^2\omega}{\mathrm{d}\theta^2}-4\dfrac{\mathrm{d}\omega}{\mathrm{d}\theta}+6\omega=0$;

(7) $y^{(4)}-y=0$; (8) $y^{(4)}-2y'''+y''=0$.

2. 设出下列非齐次微分方程的一个特解 y^*(不需解出).

(1) $2y''+y'-y=2\mathrm{e}^x$; (2) $2y''+5y'=5x^2-2x-1$;

(3) $y''+3y'+2y=3xe^{-x}$；　　(4) $y''-2y'+5y=e^{x}\sin 3x$；

(5) $y''+y=x\cos x$；　　(6) $y''-3y'+2y=\sin x$.

3. 求下列各微分方程满足所给定解条件的特解.

(1) $y''+y+\sin 2x=0, y|_{x=\pi}=1, y'|_{x=\pi}=1$；

(2) $y''-3y'+2y=5, y|_{x=0}=1, y'|_{x=0}=2$；

(3) $y''-y=4xe^{x}, y|_{x=0}=0, y'|_{x=0}=1$.

6.5 可降阶的二阶微分方程

这一节我们将讨论几种特殊类型的二阶微分方程的解法，其基本思想是“降阶”，即通过变量代换将它们化为低阶的方程来求解.

6.5.1 $y''=f(x)$型的微分方程

微分方程 $y''=f(x)$的右端是仅含自变量 x 的函数.其解法是逐次积分，每积分一次，方程降低一阶，经过两次积分，便得含有两个任意常数的通解.

这种方法也适用于高阶方程：$y^{(n)}=f(x)$.

例 1 求微分方程 $y''=x\cos x$ 的通解.

解 积分一次得

$$y'=\int x\cos x\mathrm{d}x=x\sin x+\cos x+C_1,$$

再积分一次得所给方程的通解：

$$\begin{aligned}y&=\int(x\sin x+\cos x+C_1)\\&=\int x\sin x\mathrm{d}x+\int\cos x\mathrm{d}x+\int C_1\mathrm{d}x\\&=-x\cos x+2\sin x+C_1x+C_2.\end{aligned}$$

6.5.2 $y''=f(x,y')$型的微分方程

此类型方程的特点是：方程中不显含未知函数 y. 其解法是：设 $y'=P(x)$，则 $y''=\dfrac{\mathrm{d}P}{\mathrm{d}x}=P'$，代入原方程得：$P'=f(x,P)$，这是关于自变量 x、未知函数 $P=P(x)$的一阶微分方程.若可求出其通解 $P=\phi(x,C_1)$，则对 $y'=\phi(x,C_1)$再积分一次就能得到原方程的通解.

例 2 求微分方程 $y''-y'-x=0$ 的通解.

解 这是不显含未知函数 y 的二阶方程.令 $y'=P(x)$，于是原方程化为一阶微分方程

$$P'-P=x,$$

这是一阶线性非齐次微分方程，解得

$$P=C_1e^{x}-(x+1),$$

即 $$y'=C_1e^x-(x+1).$$

再积分得 $$y=C_1e^x-\left(\frac{x^2}{2}+x\right)+C_2.$$

6.5.3 $y''=f(y,y')$型的微分方程

这类方程的特点是：方程中不显含自变量 x . 其解法是：设 $y'=P(y)$，则有 $y''=\frac{dP(y)}{dx}=\frac{dP}{dy}\cdot\frac{dy}{dx}=P\frac{dP}{dy}$，于是原方程可化为一阶微分方程

$$P\frac{dP}{dy}=f(y,P),$$

求得通解 P 以后，根据 $P=\frac{dy}{dx}$，再解一个一阶微分方程，就可得到原方程的通解.

例 3 解微分方程 $yy''=(y')^2$.

解 这是不显含自变量 x 的二阶方程，令 $y'=P(y)$，则 $y''=P\frac{dP}{dy}$，原方程可化为

$$yP\frac{dP}{dy}=P^2，即\ y\frac{dP}{dy}=P.$$

可解得 $$P=C_1y,$$

即 $$\frac{dy}{dx}=C_1y,$$

解这个一阶微分方程(这是可分离变量的方程)得

$$y=C_2e^{C_1x}.$$

值得注意的是，求解第二、三两种类型的方程时，所用代换 $y'=P(x)$和 $y'=P(y)$是不一样的，前者只换未知函数，不换自变量. 故有 $y''=(y'_x)'_x=P'_x$；而后者不仅换了未知函数，而且换了自变量，因此，$y''=\frac{dP}{dx}=\frac{dP}{dy}\cdot\frac{dy}{dx}=\frac{dP}{dy}\cdot P$.

习题 6-5

1. 求下列方程的通解.

(1) $y''=e^{2x}$；

(2) $x^2y''+xy'=1$；

(3) $yy''-2(y')^2=0$.

2. 求下列方程的特解.

(1) $(x^2+1)y''=xy'$, $y|_{x=0}=0$, $y'|_{x=0}=1$；

(2) $y''=2yy'$, $y(0)=1$, $y'(0)=2$.

复 习 题 六

1. 求下列微分方程的解.

(1) $\sqrt{1-y^2}=3x^2yy'$；

(2) $\sec^2 x\tan y\mathrm{d}x+\sec^2 y\tan x\mathrm{d}y=0$；

(3) $\frac{\mathrm{d}y}{\mathrm{d}x}=(1+x+x^2)y, y|_{x=0}=\mathrm{e}$；

(4) $\frac{\mathrm{d}y}{\mathrm{d}x}=\frac{y}{x+y^3}$；

(5) $y'+y\cos x=\sin x\cos x, y|_{x=0}=1$；

(6) $y''-6y'+10y=0$；

(7) $y''+3y'+2y=0$；

(8) $\frac{\mathrm{d}^2 s}{\mathrm{d}t^2}+2\frac{\mathrm{d}s}{\mathrm{d}t}+s=0, s|_{t=0}=4$、$s'|_{t=0}=-2$；

(9) $y''+2y'+y=5\mathrm{e}^{-x}$；

(10) $y''+3y'+2y=3\sin x, y|_{x=0}=0$、$y'|_{x=0}=-\frac{1}{2}$.

2. 用学过的方法求解下列微分方程的特解.

(1) $(x+1)y'+1=2\mathrm{e}^{-y}, y|_{x=1}=0$；

(2) $xy'+y-2\mathrm{e}^{2x}=0, y|_{x=2}=1$；

(3) $y'+y\cos x=\sin x\cos x, y|_{x=0}=1$；

(4) $y''-3y'-4y=0, y|_{x=0}=0, y'|_{x=0}=5$；

(5) $y''+y=2\cos 2x, y|_{x=0}=4, y'|_{x=0}=0$.

3. 方程 $y''+9y=0$ 的一条积分曲线通过点 $(\pi,-1)$，且在该点处和直线 $y+1=x-\pi$ 相切，求这条曲线的方程.

4. 若 $2\int_0^x y(t)\sqrt{1+y'^2(t)}\,\mathrm{d}t=2x+y^2(x)$，求 $y(x)$.

5. 已知位于第一象限的凸曲线弧经过原点 $O(0,0)$ 和点 $A(1,1)$，且对于该曲线弧上任一点 $P(x,y)$，曲线弧 $\overset{\frown}{OP}$ 与直线段 $\overline{OP}$ 所围的平面图形的面积为 x^3，求该曲线弧的方程.

6. 质量为 m 的质点，在恒力 F_0 作用下运动. 若在 $t=0$，质点具有初速度 v_0，求质点速度增到 v_0 的 n 倍时，需多长时间？

7 无穷级数

无穷级数是数与函数的一种重要表达形式，也是微积分理论研究与实际应用中极其有力的工具. 无穷级数在表达函数、研究函数的性质、计算函数值及求解微分方程等方面都有着重要的应用. 研究级数及其和，可以说是研究数列及其极限的另一种形式，但无论在研究极限的存在性还是在计算这种极限的时候，这种形式都显示出很大的优越性.

7.1 常数项级数

7.1.1 无穷级数的基本概念

定义 7.1 设有数列 $u_1, u_2, \cdots, u_n, \cdots$ 则表达式

$$u_1 + u_2 + \cdots + u_n + \cdots$$

称为(常数项)无穷级数，记作

$$\sum_{n=1}^{\infty} u_n = u_1 + u_2 + \cdots + u_n + \cdots \tag{7-1}$$

其中 $u_1, u_2, \cdots, u_n, \cdots$ 叫作该级数的项，u_n 称为一般项或通项. 由于(7-1)式中的每一项都是常数，所以又叫常数项级数，简称级数.

对于(7-1)式，无穷多个数的“和”的含义是什么？如果存在，怎样求其和？下面以极限理论为工具来讨论这些问题.

在(7-1)式中取有限项，令 $S_1 = u_1, S_2 = u_1 + u_2, \cdots, S_n = u_1 + u_2 + \cdots + u_n$ 得到一个数列，称 S_n 为无穷级数(7-1)式的前 n 项部分和，记作 $\{S_n\}$.

定义 7.2 若级数 $\sum\limits_{n=1}^{\infty} u_n$ 的部分和数列 $\{S_n\}$ 的极限存在，即

$$\lim_{n \to \infty} S_n = S$$

则称级数 $\sum\limits_{n=1}^{\infty} u_n$ 收敛，S 称为级数和，记作

$$\sum_{n=1}^{\infty} u_n = u_1 + u_2 + \cdots + u_n + \cdots = S$$

若 $\lim\limits_{n \to \infty} S_n = S$ 不存在，则称级数 $\sum\limits_{n=1}^{\infty} u_n$ 发散. 发散级数没有和，但存在部分和 S_n.

在数项级数中，应用较多的是等比数列构成的级数，这类级数简称等比级数(或称几何级

数).

例 1 讨论级数 $\frac{1}{1\cdot 2}+\frac{1}{2\cdot 3}+\cdots+\frac{1}{n(n+1)}+\cdots$ 的收敛性.

解 $u_n=\frac{1}{n(n+1)}=\frac{1}{n}-\frac{1}{n+1}$,

$$S_n=\frac{1}{1\cdot 2}+\frac{1}{2\cdot 3}+\cdots+\frac{1}{n(n+1)}=\left(1-\frac{1}{2}\right)+\left(\frac{1}{2}-\frac{1}{3}\right)+\cdots+\left(\frac{1}{n}-\frac{1}{n+1}\right)=1-\frac{1}{n+1}.$$

所以$\lim\limits_{n\to\infty}S_n=\lim\limits_{n\to\infty}\left(1-\frac{1}{n+1}\right)=1$,即题设级数收敛,其和为 1.

例 2 讨论等比级数(又称为几何级数)

$$\sum_{n=0}^{\infty}aq^n=a+aq+aq^2+\cdots+aq^n+\cdots\ (a\neq 0)$$

的收敛性.

解 当 $q\neq 1$,有 $S_n=a+aq+aq^2+\cdots+aq^{n-1}=\frac{a(1-q^n)}{1-q}$.

若 $|q|<1$,有$\lim\limits_{n\to\infty}q^n=0$,则$\lim\limits_{n\to\infty}S_n=\frac{a}{1-q}$.

若 $|q|>1$,有$\lim\limits_{n\to\infty}q^n=\infty$,则$\lim\limits_{n\to\infty}S_n=\infty$.

若 $q=1$,有 $S_n=na$,$\lim\limits_{n\to\infty}S_n=\infty$.

若 $q=-1$,则级数变为

$$S_n=\underbrace{a-a+a-a+\cdots+(-1)^{n-1}a}_{n个}=\frac{1}{2}a[1-(-1)^n],$$

易见$\lim\limits_{n\to\infty}S_n$ 不存在.综上所述,当$|q|<1$ 时,等比级数收敛,且 $a+aq+aq^2+\cdots+aq^n+\cdots=\frac{a}{1-q}$.

7.1.2 无穷级数的基本性质

根据无穷级数收敛性的概念和极限运算法则,可以得出如下的基本性质.

性质 1 增加、去掉或改变级数的任意有限项,级数的收敛散性不变,但一般会改变收敛级数的和.

性质 2 级数 $\sum\limits_{n=1}^{\infty}u_n$ 与级数 $\sum\limits_{n=1}^{\infty}ku_n(k\neq 0)$ 有相同的敛散性.

显然,当 $\sum\limits_{n=1}^{\infty}u_n$ 收敛于 S 时,则 $\sum\limits_{n=1}^{\infty}ku_n$ 收敛于 kS.

性质 3 设收敛级数 $\sum\limits_{n=1}^{\infty}u_n=S_1$ 和 $\sum\limits_{n=1}^{\infty}v_n=S_2$,则它们对应项相加或相减所得的级数 $\sum\limits_{n=1}^{\infty}(u_n\pm v_n)$ 收敛于和 $S=S_1\pm S_2$.

上述性质的证明从略.

去掉级数 $\sum\limits_{n=1}^{\infty}u_n$ 的前 n 项,所得的级数 $\sum\limits_{k=n+1}^{\infty}u_k$ 称为级数 $\sum\limits_{n=1}^{\infty}u_n$ 的余项,记作 R_n,即

$$R_n=u_{n+1}+u_{n+2}+u_{n+3}+\cdots$$

由性质 1 可知，若级数 $\sum_{n=1}^{\infty} u_n$ 收敛于 S，则余项 R_n 也收敛，由于 $R_n = S - S_n$，于是有

$$\lim_{n\to\infty} R_n = \lim_{n\to\infty}(S-S_n) = S - \lim_{n\to\infty} S_n = S - S = 0$$

显然，$|R_n|$ 就是用部分和 S_n 替代级数和 S 时所产生的误差，这是利用级数作近似计算的理论依据.

例 3 判定级数 $\sum_{n=1}^{\infty} \frac{1+(-1)^n}{2^n}$ 的敛散性.

解 因为 $\sum_{n=1}^{\infty} \frac{1}{2^n}$ 和 $\sum_{n=1}^{\infty}\left(-\frac{1}{2}\right)^n$ 都是公比绝对值小于 1 的等比级数，所以都收敛，由性质 1，级数 $\sum_{n=1}^{\infty} \frac{1+(-1)^n}{2^n}$ 收敛，且

$$\sum_{n=1}^{\infty} \frac{1+(-1)^n}{2^n} = \sum_{n=1}^{\infty} \frac{1}{2^n} + \sum_{n=1}^{\infty}\left(-\frac{1}{2}\right)^n = \frac{\frac{1}{2}}{1-\frac{1}{2}} + \frac{-\frac{1}{2}}{1+\frac{1}{2}} = \frac{2}{3}$$

7.1.3 级数收敛的必要条件

定理 7.1 若级数 $\sum_{n=1}^{\infty} u_n$ 收敛，则 $\lim_{n\to\infty} u_n = 0$.

证 因为 $\sum_{n=1}^{\infty} u_n$ 收敛，存在和 $S = \lim_{n\to\infty} S_n$，故

$$\lim_{n\to\infty} u_n = \lim_{n\to\infty}(S_n - S_{n-1}) = \lim_{n\to\infty} S_n - \lim_{n\to\infty} S_{n-1} = S - S = 0$$

需要特别指出的是 $\lim_{n\to\infty} u_n = 0$， 仅是级数收敛的必要条件；绝不能由 $\lim_{n\to\infty} u_n = 0$ 就得出级数 $\sum_{n=1}^{\infty} u_n$ 收敛的结论. 但利用此结论可以判定：当 $\lim_{n\to\infty} u_n \neq 0$ 时，级数 $\sum_{n=1}^{\infty} u_n$ 一定发散.

例 4 判定级数 $\sum_{n=1}^{\infty} n\ln\frac{n}{n+1}$ 的敛散性.

解 因为 $\lim_{n\to\infty} u_n = \lim_{n\to\infty} n\ln\frac{n}{n+1} = \lim_{n\to\infty} \ln\frac{1}{\left(1+\frac{1}{n}\right)^n} = -1 \neq 0$

所以，级数 $\sum_{n=1}^{\infty} n\ln\frac{n}{n+1}$ 发散.

例 5 证明调和级数 $1+\frac{1}{2}+\frac{1}{3}+\cdots+\frac{1}{n}+\cdots$ 是发散的.

证 对题设级数按下列方式加括号

$$\left(1+\frac{1}{2}\right)+\left(\frac{1}{3}+\frac{1}{4}\right)+\left(\frac{1}{5}+\frac{1}{6}+\frac{1}{7}+\frac{1}{8}\right)+\left(\frac{1}{9}+\frac{1}{10}+\cdots+\frac{1}{16}\right)+\cdots$$
$$+\left(\frac{1}{2^m+1}+\frac{1}{2^m+2}+\cdots+\frac{1}{2^{m+1}}\right)+\cdots$$

设所得新级数为 $\sum_{m=1}^{\infty} v_m$，则易见其每一项均大于 $\frac{1}{2}$，从而当 $m\to\infty$ 时，v_m 不趋于零.

由性质 4 知 $\sum\limits_{m=1}^{\infty} v_m$ 发散，再由性质 3 的推论 1 即知，调和级数 $\sum\limits_{n=1}^{\infty} \frac{1}{n}$ 发散，证毕.

调和级数显然满足级数收敛的必要条件，但是却发散. 我们以后常常碰到它，应记住其结论.

习题 7-1

1. 写出下列级数的前四项.

(1) $\sum\limits_{n=1}^{\infty} \frac{4 \cdot 7 \cdot 10 \cdots (3n+1)}{1 \cdot 3 \cdot 5 \cdots (2n-1)}$；　　(2) $\sum\limits_{n=1}^{\infty} (-1)^n \left[1 - \frac{(n-1)^2}{n+1}\right]$.

2. 写出下列级数的通项.

(1) $-1 + \frac{1}{2} - \frac{1}{4} + \frac{1}{8} - \cdots$

(2) $\frac{a^2}{3} - \frac{a^3}{5} + \frac{a^4}{7} - \frac{a^5}{9} + \cdots$

(3) $-3 + \frac{4}{4} - \frac{5}{9} + \frac{6}{16} - \frac{7}{25} + \frac{8}{36} + \cdots$

(4) $\frac{\sqrt{x}}{2} + \frac{x}{2 \cdot 4} + \frac{x\sqrt{x}}{2 \cdot 4 \cdot 6} + \frac{x^2}{2 \cdot 4 \cdot 6 \cdot 8} + \cdots$

3. 根据级数收敛性定义，判定下列级数的敛散性.

(1) $\sum\limits_{n=1}^{\infty} \ln\left(1 + \frac{1}{n}\right)$；　　(2) $\sum\limits_{n=1}^{\infty} \frac{1}{(2n-1)(2n+1)}$；

(3) $\sum\limits_{n=1}^{\infty} \frac{1}{\sqrt{n+1} - \sqrt{n}}$；　　(4) $\sum\limits_{n=1}^{\infty} a^n$　(a 为大于 0 的常数).

4. 判定下列级数的敛散性.

(1) $\sum\limits_{n=1}^{\infty} \frac{1}{n+3}$；　　(2) $\sum\limits_{n=1}^{\infty} \frac{1}{a^n}$　$(a > 0)$；

(3) $-\frac{3}{\pi} + \frac{3^2}{\pi^2} - \frac{3^3}{\pi^3} + \cdots + \left(-\frac{3}{\pi}\right)^n + \cdots$；　　(4) $\sum\limits_{n=1}^{\infty} \frac{3 + (-1)^n}{2^n}$；

(5) $\sum\limits_{n=1}^{\infty} \frac{n}{2n+1}$；　　(6) $\sum\limits_{n=1}^{\infty} (-1)^n 2$；

(7) $\sum\limits_{n=1}^{\infty} \left(\frac{n+1}{n}\right)^n$.

7.2　正项级数及其审敛法

在级数的理论研究和实际应用中，正项级数是数项级数中比较简单，但又非常重要的一种类型. 本节将对正项级数的审敛法展开讨论.

若级数 $\sum_{n=1}^{\infty} u_n$ 的各项非负,即 $u_n \geqslant 0 \quad (n=1,2,3,\cdots)$,则称该级数为正项级数.由于

$$u_n = S_n - S_{n-1}$$

因此有

$$S_n = S_{n-1} + u_n \geqslant S_{n-1}$$

所以,正项级数的部分和的数列 $\{S_n\}$ 是单调不减的,即

$$S_1 \leqslant S_2 \leqslant S_3 \leqslant \cdots \leqslant S_n \leqslant \cdots$$

7.2.1 比较审敛法

定理 7.2 设正项级数 $\sum_{n=1}^{\infty} u_n$ 与 $\sum_{n=1}^{\infty} v_n$ 满足 $u_n \leqslant v_n \quad (n=1,2,3,\cdots)$

(1) 若 $\sum_{n=1}^{\infty} v_n$ 收敛,则 $\sum_{n=1}^{\infty} u_n$ 也收敛;

(2) 若 $\sum_{n=1}^{\infty} u_n$ 发散,则 $\sum_{n=1}^{\infty} v_n$ 也发散.

例 1 讨论 $p-$ 级数 $\sum_{n=1}^{\infty} \frac{1}{n^p}$ 的敛散性.

解 (1) 当 $p \leqslant 1$ 时,$u_n = \frac{1}{n^p} \geqslant \frac{1}{n} \quad (n=1,2,3,\cdots)$,而 $\sum_{n=1}^{\infty} \frac{1}{n}$ 发散,由定理 1 可知 $\sum_{n=1}^{\infty} \frac{1}{n^p}$ 发散.

(2) 当 $p>1$ 时

$$\begin{aligned}\sum_{n=1}^{\infty} \frac{1}{n^p} &= 1 + \left(\frac{1}{2^p} + \frac{1}{3^p}\right) + \left(\frac{1}{4^p} + \frac{1}{5^p} + \frac{1}{6^p} + \frac{1}{7^p}\right) + \left(\frac{1}{8^p} + \cdots + \frac{1}{15^p}\right) + \cdots \\ &< 1 + \left(\frac{1}{2^p} + \frac{1}{2^p}\right) + \left(\frac{1}{4^p} + \frac{1}{4^p} + \frac{1}{4^p} + \frac{1}{4^p}\right) + \left(\frac{1}{8^p} + \cdots + \frac{1}{8^p}\right) + \cdots \\ &= 1 + \frac{1}{2^{p-1}} + \frac{1}{4^{p-1}} + \frac{1}{8^{p-1}} + \cdots \\ &= 1 + \frac{1}{2^{p-1}} + \left(\frac{1}{2^{p-1}}\right)^2 + \left(\frac{1}{2^{p-1}}\right)^3 + \cdots\end{aligned}$$

以上级数是等比级数,公比 $q = \frac{1}{2^{p-1}} < 1 \quad (p>1)$,所以该级数收敛,设其和为 M. 又设 $\sum_{n=1}^{\infty} \frac{1}{n^p}$ 的部分和为 S_n,故有 $S_n < \sum_{n=1}^{\infty} \frac{1}{n^p} < M$,而 $\{S_n\}$ 是单调不减数列,根据单调有界数列存在极限定理可知,$\lim_{n\to\infty} S_n$ 存在,从而 $\sum_{n=1}^{\infty} \frac{1}{n^p}$ 收敛.

综上所述: p- 级数 $\sum_{n=1}^{\infty} \frac{1}{n^p}$ 当 $p \leqslant 1$ 时发散;当 $p>1$ 时收敛.

在使用比较判别法审敛时,需有一个敛散性已知的级数作为比较的标准.常用的这种标准级数有:等比级数、调和级数和 p- 级数.

例 2 判定下列级数的敛散性：

(1) $\sum_{n=1}^{\infty}\frac{1}{n^2+a^2}$；　　(2) $\sum_{n=1}^{\infty}\frac{1}{\sqrt{n(n+1)}}$.

解 (1) 因 $\frac{1}{n^2+a^2}\leqslant\frac{1}{n^2}\quad(n=1,2,3,\cdots)$

而 p-级数 $\sum_{n=1}^{\infty}\frac{1}{n^2}$ 收敛，所以 $\sum_{n=1}^{\infty}\frac{1}{n^2+a^2}$ 收敛.

(2) 因 $\sqrt{n(n+1)}<\sqrt{(n+1)^2}=n+1$，$\frac{1}{\sqrt{n(n+1)}}>\frac{1}{n+1}$. 而级数 $\sum_{n=1}^{\infty}\frac{1}{n+1}$ 是发散，由定理 1 可知，$\sum_{n=1}^{\infty}\frac{1}{\sqrt{n(n+1)}}$ 是发散级数.

7.2.2 比值审敛法

定理 7.3（达朗贝尔(D'Alembert)判别法）设正项级数 $\sum_{n=1}^{\infty}u_n$，如果极限

$$\lim_{n\to\infty}\frac{u_{n+1}}{u_n}=\rho$$

存在，则

(1) 当 $\rho<1$，级数收敛；

(2) 当 $\rho>1$，级数发散；

(3) 当 $\rho=1$，级数可能收敛，也可能发散.

例 3 判定下列级数的敛散性.

(1) $1+\frac{1}{1}+\frac{1}{1\cdot 2}+\frac{1}{1\cdot 2\cdot 3}+\frac{1}{1\cdot 2\cdot 3\cdot 4}+\cdots$；

(2) $\sum_{n=1}^{\infty}\frac{n!3^n}{n^n}$；　　(3) $\sum_{n=1}^{\infty}\frac{1}{(2n-1)\cdot 2n}$.

解 (1) $u_n=\frac{1}{1\cdot 2\cdot 3\cdot\cdots\cdot(n-1)}=\frac{1}{(n-1)!}$

$$\lim_{n\to\infty}\frac{u_{n+1}}{u_n}=\lim_{n\to\infty}\frac{\frac{1}{n!}}{\frac{1}{(n-1)!}}=\lim_{n\to\infty}\frac{1}{n}=0<1$$

所以，该级数收敛.

(2) $\lim_{n\to\infty}\frac{u_{n+1}}{u_n}=\lim_{n\to\infty}\frac{\frac{(n+1)!\ 3^{n+1}}{(n+1)^{n+1}}}{\frac{n!\ 3^n}{n^n}}=\lim_{n\to\infty}\frac{3}{\left(1+\frac{1}{n}\right)^n}=\frac{3}{\mathrm{e}}>1$

所以，该级数发散.

(3) $\lim_{n\to\infty}\frac{u_{n+1}}{u_n}=\lim_{n\to\infty}\frac{2n(2n-1)}{(2n+2)(2n+1)}=1$

比值判别法失效，改用其他方法.

因为 $2n > 2n-1 \geqslant n$，所以 $\dfrac{1}{2n(2n-1)} < \dfrac{1}{n^2}$，而 $\sum\limits_{n=1}^{\infty} \dfrac{1}{n^2}$ 收敛，由比较审敛法可知级数 $\sum\limits_{n=1}^{\infty} \dfrac{1}{(2n-1)\cdot 2n}$ 收敛.

比值审敛法的特点是利用级数本身的第 $n+1$ 项和第 n 项之比的极限判定其收敛性，使用起来极为方便. 值得注意的是，比值审敛法失效时（$\rho=1$），要改用其他方法.

习题 7-2

1. 用比较判别法判定下列级数的收敛性：

(1) $\sum\limits_{n=1}^{\infty} \dfrac{1}{(n+1)(n+2)}$；　　(2) $\sum\limits_{n=1}^{\infty} \dfrac{1}{\ln(1+n)}$；

(3) $\sum\limits_{n=1}^{\infty} \sqrt{\dfrac{n}{n+1}}$；　　(4) $\sum\limits_{n=1}^{\infty} \sin\dfrac{\pi}{2^n}$；

(5) $\sum\limits_{n=1}^{\infty} \dfrac{1}{\sqrt[n]{n}}$；　　(6) $\sum\limits_{n=1}^{\infty} \left(\sqrt{n^2+a^2}-\sqrt{n^2-a^2}\right) \quad (a>0)$.

2. 用比值判别法判定下列级数的收敛性：

(1) $\sum\limits_{n=1}^{\infty} \dfrac{2^n}{n!}$；　　(2) $\sum\limits_{n=1}^{\infty} \dfrac{3^n}{n^2}$；

(3) $\sum\limits_{n=1}^{\infty} \left(\dfrac{n}{2n+1}\right)^n$；　　(4) $\sum\limits_{n=1}^{\infty} \dfrac{n!}{e^{2n+1}}$；

(5) $\sum\limits_{n=1}^{\infty} \dfrac{(2n-1)!!}{3^n\cdot n!}$；　　(6) $\sum\limits_{n=1}^{\infty} n\tan\dfrac{\pi}{2^{n+1}}$.

3. 判定下列级数的收敛性.

(1) $\sum\limits_{n=1}^{\infty} \dfrac{n}{2^n}$；　　(2) $\sum\limits_{n=1}^{\infty} \dfrac{n(n+1)}{n^2+1}$；

(3) $\sum\limits_{n=1}^{\infty} \left(\dfrac{n}{n+1}\right)^n$；　　(4) $\sum\limits_{n=1}^{\infty} \dfrac{1}{1+a^n} \quad (a>0)$；

(5) $\sum\limits_{n=1}^{\infty} \dfrac{n\cos^2\dfrac{n\pi}{3}}{2^n}$.

7.3 任意项级数

既含正项又含负项的级数叫任意项级数. 它指在级数 $\sum\limits_{n=1}^{\infty} u_n$ 中总含有无穷多个正项和负项. 对级数中只有有限项是正的，或有限项是负的，总可以转化对正项级数的研究. 在任意项级数中，比较重要的是交错级数.

7.3.1 交错级数

如果在任意项级数中，正、负号交错出现，这样的任意项级数称为交错级数. 它的一般形式为

$$\sum_{n=1}^{\infty}(-1)^{n+1}u_n = u_1 - u_2 + u_3 - u_4 + \cdots + (-1)^{n+1}u_n + \cdots$$

或 $$\sum_{n=1}^{\infty}(-1)^{n}u_n = -u_1 + u_2 - u_3 + u_4 - \cdots + (-1)^{n}u_n + \cdots$$

其中 $u_n \geqslant 0 \quad (n=1,2,3,\cdots)$

如 $\sum\limits_{n=1}^{\infty}\frac{(-1)^n}{n} = -1+\frac{1}{2}-\frac{1}{3}+\frac{1}{4}-\cdots$ 是交错级数，但 $1-\frac{1}{2}-\frac{1}{3}+\frac{1}{4}-\frac{1}{5}-\frac{1}{6}+\cdots$ 不是交错级数. 下面介绍交错级数的审敛方法.

定理 7.4（莱布尼兹判别法）设交错级数 $\sum\limits_{n=1}^{\infty}(-1)^{n-1}u_n \quad (u_n \geqslant 0)$ 满足

(1) $u_n \geqslant u_{n+1} \quad (n=1,2,3,\cdots)$；

(2) $\lim\limits_{n\to\infty}u_n = 0$；

则级数 $\sum\limits_{n=1}^{\infty}(-1)^{n-1}u_n$ 收敛，和 $S \leqslant u_1$，余项绝对值 $|R_n| \leqslant u_{n+1}$.

例 1 讨论级数 $\sum\limits_{n=1}^{\infty}\frac{(-1)^n n}{n+1}$ 的敛散性.

解 $\sum\limits_{n=1}^{\infty}\frac{(-1)^n n}{n+1}$ 虽然是交错级数，但 $\lim\limits_{n\to\infty}u_n = \lim\limits_{n\to\infty}\frac{n}{n+1} = 1 \neq 0$，所以 $\sum\limits_{n=1}^{\infty}(-1)^{n-1}\frac{1}{n}$ 是发散的.

例 2 判别级数 $\sum\limits_{n=1}^{\infty}\frac{(-1)^{n-1}}{n}$ 的收敛性.

解 易见题设级数的一般项 $(-1)^{n-1}u_n = \frac{(-1)^{n-1}}{n}$ 满足：

(1) $\frac{1}{n} \geqslant \frac{1}{n+1}(n=1,2,3,\cdots)$； (2) $\lim\limits_{n\to\infty}\frac{1}{n} = 0$.

所以级数 $\sum\limits_{n=1}^{\infty}\frac{(-1)^{n-1}}{n}$ 收敛，其和 $s \leqslant 1$，用 S_n 近似 S 产生的误差 $|r_n| \leqslant \frac{1}{n+1}$.

7.3.2 绝对收敛与条件收敛

定义 7.3 若 $\sum\limits_{n=1}^{\infty}|u_n|$ 收敛，则称 $\sum\limits_{n=1}^{\infty}u_n$ 绝对收敛.

如 $\sum\limits_{n=1}^{\infty}(-1)^n\frac{1}{n^2}$ 就是绝对收敛.

定理 7.5 若 $\sum\limits_{n=1}^{\infty}|u_n|$ 收敛，则 $\sum\limits_{n=1}^{\infty}u_n$ 也收敛.

定义 7.4 若$\sum_{n=1}^{\infty}u_n$收敛，而$\sum_{n=1}^{\infty}|u_n|$发散，则称级数$\sum_{n=1}^{\infty}u_n$条件收敛.

例 3 判别级数 $\sum_{n=1}^{\infty}\frac{(-1)^{n-1}}{n^p}(p>0)$ 的收敛性.

解 由$\sum_{n=1}^{\infty}\left|\frac{(-1)^{n-1}}{n^p}\right|=\sum_{n=1}^{\infty}\frac{1}{n^p}$，易见当 $p>1$ 时，题设级数绝对收敛；

当 $0<p\leqslant 1$ 时，由莱布尼兹定理知$\sum_{n=1}^{\infty}\frac{(-1)^{n-1}}{n^p}$收敛，但$\sum_{n=1}^{\infty}\frac{1}{n^p}$发散，故题设级数条件收敛.

例 4 判别级数$\sum_{n=1}^{\infty}\frac{\sin n}{n^2}$的收敛性.

解 $\because\left|\frac{\sin n}{n^2}\right|\leqslant\frac{1}{n^2}$，而$\sum_{n=1}^{\infty}\frac{1}{n^2}$收敛，$\therefore\sum_{n=1}^{\infty}\left|\frac{\sin n}{n^2}\right|$收敛，故由定理知原级数绝对收敛.

习题 7-3

1. 判定下列级数的敛散性.

(1) $\sum_{n=1}^{\infty}(-1)^{n-1}\frac{1}{\sqrt{n}}$　　(2) $\sum_{n=1}^{\infty}\frac{(-1)^n}{n\cdot 2^n}$

(3) $\sum_{n=1}^{\infty}\frac{(-1)^{n+1}}{n^n}\sin\frac{\pi}{n+1}$　　(4) $\sum_{n=1}^{\infty}(-1)^n\frac{n!}{(2n-1)!!}$

(5) $\sum_{n=1}^{\infty}\frac{\sin\frac{n\pi}{2}}{n^3}$　　(6) $\sum_{n=1}^{\infty}(-1)^{n-1}\frac{\ln n}{n}$

2. 求下列收敛的交错级数的近似值.

(1) $\sum_{n=1}^{\infty}(-1)^{n+1}\frac{1}{n}$ (精确到 0.1)　　(2) $\sum_{n=1}^{\infty}(-1)^n\frac{1}{n^2}$ (精确到 0.01)

7.4 幂 级 数

前面讨论的是常数项级数，每一项都是常数. 从本节起，我们讨论各项都是函数的级数.

一般地，若 $u_1(x),u_2(x),\cdots,u_n(x),\cdots$都在取间 I 内有定义，则称级数

$$\sum_{n=1}^{\infty}u_n(x)=u_1(x)+u_2(x)+\cdots+u_n(x)+\cdots \tag{7-2}$$

为 x 的函数项级数.

在(7-2)中取 $x=x_0\in I$，得常数项级数

$$\sum_{n=1}^{\infty}u_n(x_0)=u_1(x_0)+u_2(x_0)+\cdots+u_n(x_0)+\cdots \tag{7-3}$$

若级数(7-3)收敛，则称 x_0 为函数项级数(7-2)的一个收敛点. 反之，称 x_0 是(7-2)的一个发散点. 收敛点全体构成的集合，称为函数项级数的收敛域.

对函数项级数(7-2)在收敛域的一个值 x_0，必有一个和 $S(x_0)$ 与之对应，即

$$S(x_0)=u_1(x_0)+u_2(x_0)+\cdots+u_n(x_0)+\cdots$$

当 x 在收敛域内取任意值时，由对应关系，必有一个确定的和值 $S(x)$ 与 x 对应. 就得到一个定义在收敛域上的和函数 $S(x)$，使得

$$S(x)=u_1(x)+u_2(x)+\cdots+u_n(x)+\cdots$$

仿照数项级数讨论，称 $S_n(x)=\sum_{k=1}^{n}u_k(x)=u_1(x)+u_2(x)+\cdots+u_n(x)$ 为函数项级数(7-2)的前 n 项部分和函数. 即

$$S_n(x)=u_1(x)+u_2(x)+\cdots+u_n(x)$$

那么在收敛域内有　$\lim\limits_{n\to\infty}S_n(x)=S(x)$

若以 $R_n(x)$ 记余项，　$R_n(x)=S(x)-S_n(x)$

则在收敛域内同样有

$$\lim_{n\to\infty}R_n(x)=0$$

例 1　求级数 $\sum\limits_{n=1}^{\infty}\frac{(-1)^n}{n}\left(\frac{1}{1+x}\right)^n$ 的收敛域.

解　由比值判别法

$$\frac{|u_{n+1}(x)|}{|u_n(x)|}=\frac{n}{n+1}\cdot\frac{1}{|1+x|}\xrightarrow{(n\to\infty)}\frac{1}{|1+x|}$$

(1) 当 $\frac{1}{|1+x|}<1 \Longrightarrow |1+x|>1$，即 $x>0$ 或 $x<-2$ 时，原级数绝对收敛.

(2) 当 $\frac{1}{|1+x|}>1 \Longrightarrow |1+x|<1$，即 $-2<x<0$ 时，原级数发散.

(3) 当 $|1+x|=1 \Longrightarrow x=0$ 或 $x=-2$，$x=0$ 时，级数为 $\sum\limits_{n=1}^{\infty}\frac{(-1)^n}{n}$ 收敛；$x=-2$ 时，级数为 $\sum\limits_{n=1}^{\infty}\frac{1}{n}$ 发散，故级数的收敛域为 $(-\infty,-2)\cup[0,+\infty)$.

7.4.1　幂级数的收敛性

定义 7.5　称函数项级数

$$\sum_{n=0}^{\infty}a_nx^n=a_0+a_1x+a_2x^2+\cdots+a_nx^n+\cdots \tag{7-4}$$

为 x 的幂级数，其中 $a_0,a_1,a_2,\cdots,a_n,\cdots$ 是任意常数，叫作幂级数的系数.

思考：(7-4)式是否一定存在收敛点？

幂级数的一般形式是

$$\sum_{n=0}^{\infty}a_n(x-x_0)^n=a_0+a_1(x-x_0)+a_2(x-x_0)^2+\cdots+a_n(x-x_0)^n+\cdots$$

它可通过变换 $y=x-x_0$ 化为(7-4)式；令 $x_0=0$ 也可得到(7-4)式. 所以我们主要讨论形如(7-4)式的幂级数.

定理 7.6 对于幂级数 $\sum_{n=0}^{\infty} a_n x^n$，如果

$$\rho=\lim_{n\to\infty}\left|\frac{a_{n+1}}{a_n}\right|$$

则当 $|x|<\frac{1}{\rho}$ 时(如果 $\rho=0$，则换 $\frac{1}{\rho}$ 为 ∞)，该级数收敛；当 $|x|>\frac{1}{\rho}$ 时，该级数发散.

证 幂级数 $\sum_{n=0}^{\infty} a_n x^n$ 各项取绝对值所得的正项级数为

$$\sum_{n=0}^{\infty}|a_n x^n| = |a_0|+|a_1 x|+|a_2 x^2|+\cdots+|a_n x^n|+\cdots \tag{7-5}$$

由比值判别法得

$$\lim_{n\to\infty}\left|\frac{a_{n+1}x^{n+1}}{a_n x^n}\right|=\lim_{n\to\infty}\left|\frac{a_{n+1}}{a_n}\right||x|=\rho|x|$$

当 $\rho|x|<1$，即 $|x|<\frac{1}{\rho}$ 时，级数(7-5)收敛. 所以，级数 $\sum_{n=0}^{\infty} a_n x^n$ 绝对收敛，因此它必然收敛；当 $\rho|x|>1$，即 $|x|>\frac{1}{\rho}$ 时，即 $\lim_{n\to\infty}\left|\frac{a_{n+1}x^{n+1}}{a_n x^n}\right|>1$

这时 $\sum_{n=0}^{\infty} a_n x^n$ 的各项的绝对值越来越大，有 $\lim_{n\to\infty} a_n x^n \neq 0$. 所以，级数 $\sum_{n=0}^{\infty} a_n x^n$ 发散.

由定理 7.6 可知，当 $\rho\neq 0$ 时，幂级数(7-4)式在以原点为中心，$\frac{1}{\rho}$ 为半径的对称区间内是收敛的. 设 $R=\frac{1}{\rho}$，则幂级数(7-4)式在 $(-R,R)$ 内收敛. 称 R 为幂级数(7-4)式的收敛半径. 在区间端点 $x=\pm R$ 处的敛散性需另行讨论，就可得到幂级数的收敛域，通常称其为幂级数的收敛区间.

例 2 求下列幂级数的收敛域：

(1) $\sum_{n=1}^{\infty}(-1)^n\frac{x^n}{n}$； (2) $\sum_{n=1}^{\infty}(-nx)^n$；

(3) $\sum_{n=1}^{\infty}\frac{x^n}{n!}$.

解 (1) $\rho=\lim_{n\to\infty}\left|\frac{a_{n+1}}{a_n}\right|=\lim_{n\to\infty}\frac{\frac{1}{n+1}}{\frac{1}{n}}=\lim_{n\to\infty}\frac{n}{n+1}=1$，所以收敛半径 $R=1$.

当 $x=1$ 时，级数成为 $\sum_{n=1}^{\infty}\frac{(-1)^n}{n}$，该级数收敛；当 $x=-1$ 时，级数成为 $\sum_{n=1}^{\infty}\frac{1}{n}$，该级数发散. 从而所求收敛域为 $(-1,1]$.

(2) 因为 $\rho=\lim_{n\to\infty}\sqrt[n]{|a_n|}=\lim_{n\to\infty} n=+\infty$，故收敛半径 $R=0$，即题设级数只在 $x=0$ 处收敛.

(3) 因为 $\rho=\lim_{n\to\infty}\left|\frac{a_{n+1}}{a_n}\right|=\lim_{n\to\infty}\frac{\frac{1}{n+1}}{\frac{1}{n}}=\lim_{n\to\infty}\frac{1}{n+1}=0$，所以收敛半径 $\rho=+\infty$，

所求收敛域为$(-\infty,+\infty)$.

7.4.2 幂级数的性质

下面列出幂级数的几个性质,略去证明.

设幂级数$\sum_{n=0}^{\infty}a_nx^n = S_1(x)$,$\sum_{n=0}^{\infty}b_nx^n = S_2(x)$,其收敛半径分别为$R_1$与$R_2$,则

$$\sum_{n=0}^{\infty}a_nx^n \pm \sum_{n=0}^{\infty}b_nx^n = \sum_{n=0}^{\infty}(a_n \pm b_n)x^n = S_1(x) \pm S_2(x)$$

其收敛半径$R=\min(R_1,R_2)$.

设幂级数$\sum_{n=0}^{\infty}a_nx^n$的和函数为$S(x)$,收敛半径为$R$,则在收敛区间$(-R,R)(R>0)$内有:

(1) 和函数$S(x)$连续.

(2) 和函数$S(x)$可导且可以逐项求导.

$$S'(x) = \left(\sum_{n=0}^{\infty}a_nx^n\right)' = \sum_{n=0}^{\infty}(a_nx^n)' = \sum_{n=1}^{\infty}na_nx^{n-1}$$

收敛半径也是R.

(3) 和函数$S(x)$可积,且可以逐项积分.即

$$\int_0^x S(x)\mathrm{d}x = \int_0^x\left(\sum_{n=0}^{\infty}a_nx^n\right)\mathrm{d}x = \sum_{n=0}^{\infty}\int_0^x a_nx^n\mathrm{d}x = \sum_{n=0}^{\infty}\frac{a_n}{n+1}x^{n+1}$$

收敛半径也是R.

值得注意的是,逐项求导或逐项积分以后,虽然收敛半径不变,但在收敛区间的端点处的敛散性可能发生变化,这时需要重新审敛端点.

例3 求幂级数$\sum_{n=1}^{\infty}\frac{x^n}{n}$的收敛区间及和函数.

解 所给幂级数$\sum_{n=1}^{\infty}\frac{x^n}{n}$的收敛半径$R=1$,其和函数为$S(x)$,在$(-1,1)$内有

$$S'(x) = \left(\sum_{n=1}^{\infty}\frac{x^n}{n}\right)' = \sum_{n=1}^{\infty}\left(\frac{x^n}{n}\right)' = \sum_{n=1}^{\infty}x^{n-1} = \frac{1}{1-x}$$

$$S(x) = \int_0^x S'(x)\mathrm{d}x = \int_0^x\frac{1}{1-x}\mathrm{d}x = -\ln(1-x)\big|_0^x = -\ln(1-x)$$

当$x=1$时,级数为$\sum_{n=1}^{\infty}\frac{1}{n}$是发散的;当$x=-1$时,级数为$\sum_{n=1}^{\infty}\frac{(-1)^n}{n}$,调和级数收敛.因此,幂级数的收敛域为$[-1,1)$,在收敛域内和函数$S(x)=-\ln(1-x)$.

例4 求幂级数$\sum_{n=0}^{\infty}(n+1)x^n$的和函数.

解 所给幂级数收敛半径$R=1$,收敛区间为$(-1,1)$,

设$S(x)=\sum_{n=0}^{\infty}(n+1)x^n$,那么

$$\int_0^x S(x)\mathrm{d}x = \int_0^x \left(\sum_{n=0}^{\infty}(n+1)x^n\right)\mathrm{d}x = \sum_{n=0}^{\infty}\int_0^x (n+1)x^n\mathrm{d}x == \sum_{n=0}^{\infty}x^{n+1}$$

$$= x + x^2 + x^3 + \cdots + x^{n+1} + \cdots$$

$$= -1 + \frac{1}{1-x}$$

所以 $$S(x) = \left(\int_0^x S(x)\mathrm{d}x\right)'_x = \left(-1 + \frac{1}{1-x}\right)'_x = \frac{1}{(1-x)^2}$$

幂级数求和的步骤如下：

(1) 对所给幂级数逐项微分或逐项积分；

(2) 求出(1) 中所得幂级数的和函数；

(3) 对(2) 中所得的幂级数的和函数进行积分或微分运算即可得到所求幂级数的和函数.

习题 7-4

1. 下列幂级数的收敛区间.

(1) $\sum\limits_{n=1}^{\infty}\frac{(-1)^n}{n}x^n$；　　(2) $\sum\limits_{n=0}^{\infty}\frac{x^n}{n!}$　$(0!=1)$；

(3) $\sum\limits_{n=1}^{\infty}\frac{x^n}{2^n\cdot n^2}$；　　(4) $\sum\limits_{n=1}^{\infty}\frac{(x-5)^n}{n}$；

(5) $\sum\limits_{n=1}^{\infty}\frac{(-1)^n}{2n+1}x^{2n+1}$；　　(6) $\sum\limits_{n=1}^{\infty}\frac{2^n}{n}x^{2n-1}$；

(7) $\sum\limits_{n=1}^{\infty}\frac{(x+2)^n}{n\cdot 2^n}$；　　(8) $\sum\limits_{n=1}^{\infty}\frac{2^n}{n}(x-1)^n$.

2. 利用逐项求导法和逐项积分法求下列幂级数的和函数.

(1) $\sum\limits_{n=1}^{\infty}\frac{(-1)^n}{n}x^n \quad |x|<1$；　　(2) $\sum\limits_{n=1}^{\infty}2nx^{2n-1} \quad |x|<1$；

(3) $\sum\limits_{n=0}^{\infty}(n+1)(n+2)x^n$；　　(4) $\sum\limits_{n=1}^{\infty}\frac{x^{n+1}}{n(n+1)}$；

(5) $\sum\limits_{n=1}^{\infty}\frac{x^{4n+1}}{4n+1}$.

3. 若 $f(x)=\sum\limits_{n=0}^{\infty}a_nx^n$，证明

(1) 当 $f(x)$ 为偶函数时，必有 $a_{2k+1}=0$　$(k=0,1,2,3,\cdots)$；

(2) 当 $f(x)$ 为奇函数时，必有 $a_{2k}=0$　$(k=0,1,2,3,\cdots)$.

7.5　函数的幂级数展开

前面讨论了幂级数在收敛域的和函数问题. 下面将研究其逆问题，即把任意一个已知函数

$f(x)$表示成一个幂级数，以及展开的幂级数是否以 $f(x)$为和函数.

7.5.1 麦克劳林级数

函数 $f(x)$的麦克劳林多项式为：

$$f(x)=f(0)+f'(0)x+\frac{f''(0)}{2!}x^2+\cdots+\frac{f^{(n)}(0)}{n!}x^n$$

当 $n\to\infty$时，函数 $f(x)$的麦克劳林多项式变成如下形式的幂级数：

$$f(x)=f(0)+f'(0)x+\frac{f''(0)}{2!}x^2+\cdots+\frac{f^{(n)}(0)}{n!}x^n+\cdots \tag{7-6}$$

以上级数称为 $f(x)$的麦克劳林级数. 那么，它是否以函数 $f(x)$为和函数呢？令(7-6)式前 $n+1$ 为 $s_{n+1}(x)$，即

$$s_{n+1}=f(x)=f(0)+f'(0)x+\frac{f''(0)}{2!}x^2+\cdots+\frac{f^{(n)}(0)}{n!}x^n$$

那么，级数(7-6)收敛于 $f(x)$的条件为

$$\lim_{n\to\infty}S_{n+1}(x)=f(x)$$

事实上 $f(x)=S_{n+1}(x)+R_n(x)$

当$\lim\limits_{n\to\infty}R_n(x)=0$ 时，有$\lim\limits_{n\to\infty}S_{n+1}(x)=f(x)$

反之，若$\lim\limits_{n\to\infty}S_{n+1}(x)=f(x)$，必有 $\lim\limits_{n\to\infty}R_n(x)=0$.

因此，麦克劳林级数(7-6)式以 $f(x)$为和函数的充要条件是麦克劳林公式中的余项$R_n(x)\to 0$(当 $n\to\infty$时).

我们得到函数 $f(x)$的幂级数展开式为：

$$f(x)=f(0)+f'(0)x+\frac{f''(0)}{2!}x^2+\cdots+\frac{f^{(n)}(0)}{n!}x^n+\cdots \tag{7-7}$$

如果 $f(x)$在 x_0 的邻域内有任意阶导数，则幂级数

$$f(x)=f(x_0)+f'(x_0)(x-x_0)+\frac{f''(x_0)}{2!}(x-x_0)^2+\cdots+\frac{f^{(n)}(x_0)}{n!}(x-x_0)^n+\cdots$$

称为泰勒级数. 令 $x_0=0$，即得马克劳林级数.

7.5.2 将函数展开成幂级数的两种方法

1. 直接展开法

利用马克劳林公式将函数展成幂级数的方法，称为直接展开法. 本方法的特点是直接计算$a_n=\frac{f^{(n)}(0)}{n!}$.　$(n=0,1,2,3,\cdots)$

例 1　试将函数 $f(x)=e^x$ 展开成 x 的幂级数.

解　$f(x)=e^x, f^{(n)}(x)=e^x \qquad (n=1,2,3,\cdots)$

$$f(0)=1, f^{(n)}(0)=1 \qquad (n=1,2,3,\cdots)$$

得到幂级数

$$1+x+\frac{x^2}{2!}+\frac{x^3}{3!}+\cdots+\frac{x^n}{n!}+\cdots$$

显然，该幂级数收敛区间为$(-\infty,+\infty)$

由于$|R_n(x)|=\left|\dfrac{e^{\xi}}{(n+1)!}x^{n+1}\right|<e^{|x|}\cdot\dfrac{|x|^{n+1}}{(n+1)!}$　（ξ 介于 0 和 x 之间），$e^{|x|}$ 是常值，级数

$\sum\limits_{n=1}^{\infty}\dfrac{|x|^{n+1}}{(n+1)!}$是绝对收敛，所以有$\lim\limits_{n\to\infty}\dfrac{|x|^{n+1}}{(n+!)!}=0$，从而，$\lim\limits_{n\to\infty}e^{|x|}\dfrac{|x|^{n+1}}{(n+!)!}=0.$

所以

$$\lim_{n\to\infty}R_n(x)=0$$

故有

$$e^x=1+x+\frac{x^2}{2!}+\frac{x^3}{3!}+\cdots+\frac{x^n}{n!}+\cdots\quad(-\infty<x<+\infty)$$

例 2　将 $f(x)=\sin x$ 展开成 x 的幂级数.

解　$f(x)=\sin x,f^{(n)}(x)=\sin\left(x+n\cdot\dfrac{\pi}{2}\right)\quad(n=1,2,3,\cdots)$

$$f(0)=0,f^{(n)}(0)=\sin\frac{n\pi}{2}\quad(n=1,2,3,\cdots)$$

当 $n=2k$ 时，$f^{(2k)}(0)=\sin k\pi=0$；

当 $n=2k+1$ 时，

$$f^{(2k+1)}(0)=\sin\frac{2k+1}{2}\pi=\sin\left(k\pi+\frac{\pi}{2}\right)=\cos k\pi=\begin{cases}1 & k\text{ 为偶数}\\-1 & k\text{ 为奇数}\end{cases}$$

得幂级数

$$x-\frac{x^3}{3!}+\frac{x^5}{5!}+\cdots+(-1)^k\frac{x^{2k+1}}{(2k+1)!}+\cdots$$

收敛区间为$(-\infty,+\infty)$，类似于例 1，可以证明

$$|R_n(x)|\to 0\quad(\text{当 } n\to\infty\text{时})$$

故有

$$\sin x=x-\frac{x^3}{3!}+\frac{x^5}{5!}+\cdots+(-1)^k\frac{x^{2k+1}}{(2k+1)!}+\cdots\quad(-\infty<x<+\infty)$$

利用逐项求导法可得

$$\cos x=1-\frac{x^2}{2!}+\frac{x^4}{4!}+\cdots+(-1)^k\frac{x^{2k}}{(2k)!}+\cdots\quad(-\infty<x<\infty)$$

直接展开法的缺点是讨论$\lim\limits_{n\to\infty}R_n(x)$是否为零是一件很烦琐的事. 而下面的方法就避开了这一问题.

2. 间接展开法

间接展开法是利用已知的函数的幂级数展开式，运用幂级数的运算（逐项相加、逐项微分和逐项积分等）和变量替换等方法求得函数的幂级数展开式.

例 3　将函数 $f(x)=\arctan x$ 展开成 x 的幂级数.

解　$\arctan x=\displaystyle\int_0^x\frac{1}{1+x^2}dx$

而$\dfrac{1}{1+x}=1-x+x^2-\cdots+(-1)^nx^n+\cdots\quad(-1<x<1)$

得$\dfrac{1}{1+x^2}=1-x^2+x^4-\cdots+(-1)^n x^{2n}+\cdots(-1<x<1)$

所以，上式两边积分得

$$\arctan x=x-\frac{x^3}{3}+\frac{x^5}{5}+\cdots+(-1)^n\frac{x^{2n+1}}{2n+1}+\cdots\quad(-1<x<1)$$

上式在端点处的收敛性讨论从略.

例 4 将函数 $f(x)=\dfrac{1}{x^2-3x+2}$展成 x 的幂级数.

解 因为 $f(x)=\dfrac{1}{x^2-3x+2}=\dfrac{1}{(x-2)(x-1)}=\dfrac{1}{1-x}-\dfrac{1}{2-x}$

而$\dfrac{1}{2-x}=\dfrac{1}{2}\cdot\dfrac{1}{1-\dfrac{x}{2}}=\dfrac{1}{2}\left[1+\dfrac{x}{2}+\left(\dfrac{x}{2}\right)^2+\cdots+\left(\dfrac{x}{2}\right)^n+\cdots\right]\quad(-2<x<2)$

$$\frac{1}{1-x}=1+x+x^2-\cdots+x^n+\cdots\quad(-1<x<1)$$

所以 $f(x)=\dfrac{1}{1-x}-\dfrac{1}{2-x}$

$$=(1+x+x^2+\cdots+x^n+\cdots)-\left(\frac{1}{2}+\frac{x}{2^2}+\frac{x^2}{2^3}+\cdots+\frac{x^n}{2^{n+1}}+\cdots\right)$$

$$=\frac{1}{2}+\frac{2^2-1}{2^2}x+\frac{2^3-1}{2^3}x^2+\cdots+\frac{2^{n+1}-1}{2^{n+1}}x^n+\cdots$$

收敛半径应取较小的一个，故 $R=1$. 收敛区间为$(-1,1)$.

间接展开法求函数的幂级数展开式，要用到几个常用函数的幂级数展开式，我们把它列在下面，便于读者查用.

$$\mathrm{e}^x=1+x+\frac{x^2}{2!}+\frac{x^3}{3!}+\cdots+\frac{x^n}{n!}+\cdots\quad(-\infty<x<+\infty)$$

$$\ln(1+x)=x-\frac{1}{2}x^2+\frac{1}{3}x^3-\cdots+(-1)^n\frac{x^{n+1}}{n+1}+\cdots\quad(-1<x\leqslant 1)$$

$$\sin x=x-\frac{x^3}{3!}+\frac{x^5}{5!}+\cdots+(-1)^n\frac{x^{2n+1}}{(2n+1)!}+\cdots\quad(-\infty<x<+\infty)$$

$$\cos x=1-\frac{x^2}{2!}+\frac{x^4}{4!}+\cdots+(-1)^n\frac{x^{2n}}{(2n)!}+\cdots\quad(-\infty<x<\infty)$$

$$\arctan x=x-\frac{x^3}{3}+\frac{x^5}{5}+\cdots+(-1)^n\frac{x^{2n+1}}{2n+1}+\cdots\quad(-1\leqslant x\leqslant 1)$$

$$(1+x)^m=1+mx+\frac{m(m-1)}{2!}x^2+\cdots+\frac{m(m-1)\cdots(m-n+1)}{n!}x^n+\cdots\quad(-1<x<1)$$

最后一个二项展开式在端点的敛散性与 m 有关，要根据 m 的值另行讨论.

习题 7-5

1. 用直接展开法将 $f(x)=a^x\quad(a>0$，且 $a\neq 1)$展开成 x 的幂级数.
2. 用间接展开法把下列函数展成 x 的幂级数.

(1) $\ln(2-x)$；　　(2) $\frac{1}{x}$；

(3) $(1+x)\ln(1+x)$；　　(4) $\frac{1}{(1+x)^2}$；

(5) $\ln(2-x-x^2)$；　　(6) $\frac{1}{x^2+3x+2}$；

(7) $\frac{1}{\sqrt{2\pi}}e^{-\frac{x^2}{2}}$.

3. 将下列函数展开成 x 的幂级数.

(1) $f(x)=\int_0^x \frac{\sin t}{t}dt$；

(2) $g(x)=\int_0^x e^{-t^2}dt$.

4. 将下列函数展开成$(x-1)$的幂级数.

(1) x^3；　　(2) $\ln x$.

5. 在小三角测量的计算中，需要将 $\ln x$ 展开成$\frac{x-1}{x}$的幂级数，试用间接展开法推导出这个幂级数展开式.

6. 把弦长为 l，矢高为 f 的圆拱长 s，按$\frac{f}{l/2}$的幂展开成幂级数.

复 习 题 七

1. 选择题

(1) 若级数$\sum\limits_{n=1}^{\infty}u_n$ 收敛于 S，级数$\sum\limits_{n=1}^{\infty}(u_n+u_{n+1})$ 则(　　).

A. 收敛于 $2S$　　B. 收敛于 $2S+u_1$　　C. 收敛于 $2S-u_1$　　D. 发散

(2) 常数项级数 $\sum\limits_{n=1}^{\infty}a_n$ 收敛，则(　　).

A. $S_n=a_1+a_2+\cdots+a_n$，$\lim\limits_{n\to\infty}S_n=0$　　B. $\lim\limits_{n\to\infty}\sum\limits_{n=1}^{\infty}a_n=0$

C. $S_n=a_1+a_2+\cdots+a_n$，$\lim\limits_{n\to\infty}S_n$ 存在　　D. $\lim\limits_{n\to\infty}a_n$ 不存在

(3) $\sum\limits_{n=1}^{\infty}a_n=S$，则按某一规律对级数添括号后所得级数(　　).

A. 仍收敛于原来的和 S　　B. 仍收敛，但不一定收敛于原来的和

C. 不一定收敛　　D. 一定发散

(4) 若级数$\sum\limits_{n=1}^{\infty}a_n^2$ 和$\sum\limits_{n=1}^{\infty}b_n^2$ 都收敛，则级数$\sum\limits_{n=1}^{\infty}a_nb_n$(　　).

A. 一定条件收敛　　B. 一定绝对收敛　　C. 一定发散　　D. 可能收敛也可能发散

(5) 设级数 $\sum_{n=1}^{\infty} a_n x^n$ 及 $\sum_{n=1}^{\infty} b_n x^n$ 的收敛半径都是R,级数 $\sum_{n=1}^{\infty}(a_n+b_n)x^n$ 的收敛半径为R_1,则必有(　　).

A. $R_1=R$　　B. $R_1<R$　　C. $R_1\geqslant R$　　D. $R_1\leqslant R$

(6) $\sum_{n=1}^{\infty}\frac{2n-1}{2n}x^{2n-1}$ 在 $|x|<2$ 的和函数求法是(　　).

A. 用$\sum_{n=1}^{\infty}\left(\frac{x}{\sqrt{2}}\right)^{2n}$ 的和函数求导得

B. 用$\sum_{n=1}^{\infty}\left(\frac{x}{\sqrt{2}}\right)^{2n}$ 的和函数求导后乘 x 得

C. 用$\sum_{n=1}^{\infty}\left(\frac{x}{\sqrt{2}}\right)^{2n}$ 的和函数除以 x 后求导再乘以 x 得

D. 用$\sum_{n=1}^{\infty}\left(\frac{x}{\sqrt{2}}\right)^{2n}$ 的和函数求导后除以 x 得

2. 填空题.

(1) 给定级数$\sum_{n=1}^{\infty}u_n$,如果$\lim_{n\to\infty}S_n=\lim_{n\to\infty}(u_1+u_2+\cdots+u_n)=S(\neq\infty)$,则称这个级数是__________,而极限值$S$叫作____________;又若$\lim_{n\to\infty}S_n$不存在,则称这个级数是________.

(2) 级数$\sum_{n=1}^{\infty}\frac{1}{n(n+1)}$ 的部分和 $S_n=$ ________,此级数的和为__________.

(3) 若正项级数$\sum_{n=1}^{\infty}u_n$ 收敛,则$\sum_{n=1}^{\infty}\frac{\sqrt{u_n}}{n}$ 是__________.

(4) 已知$\lim_{n\to\infty}nu_n=k(\neq 0)$,则$\sum_{n=1}^{\infty}u_n$ 是__________.

3. 若级数$\sum_{n=1}^{\infty}a_n^2$ 和$\sum_{n=1}^{\infty}b_n^2$ 都收敛,试证级数$\sum_{n=1}^{\infty}|a_nb_n|$,　$\sum_{n=1}^{\infty}(a_n+b_n)^2$,　$\sum_{n=1}^{\infty}\frac{|a_n|}{n}$ 都收敛.

4. 判定级数$\sum_{n=1}^{\infty}(-1)^n\frac{\ln(1+n)}{1+n}$ 的收敛性.

5. 求级数$\sum_{n=1}^{\infty}\left(\frac{a^n}{n}+\frac{b^n}{n}\right)x^n(a>0,b>0)$ 的收敛区间.

6. 求级数$\sum_{n=1}^{\infty}\frac{1}{1+x^n}$ 的收敛域.

7. 求级数$\sum_{n=1}^{\infty}(-1)^{n-1}\frac{1}{n(n+1)}x^{n+1}$ 的收敛域及和函数.

8. 判定级数$\sum_{n=1}^{\infty}\int_0^{\frac{1}{n}}\frac{\sqrt{x}}{1+x^2}\mathrm{d}x$ 的收敛性.

8 向量代数与空间解析几何

空间解析几何的产生是数学史上一个划时代的成就.法国数学家笛卡尔和费马均于十七世纪上半叶对此做出了开创性的工作.我们知道,代数学的优越性在于推理方法的程序化,鉴于这种优越性,人们产生了用代数方法研究几何问题的思想,这就是解析几何的基本思想.本章先介绍向量代数的有关知识,以此为基础再介绍空间解析几何的有关知识.

8.1 空间直角坐标系

8.1.1 空间直角坐标系

要用代数的方法研究空间图形,首先要建立空间的点与有序数组之间的联系,这个需要建立空间直角坐标系来实现,那么什么是空间坐标系呢?

类似与平面坐标系,在空间中作三条两两互相垂直且有公共原点的数轴,一般取相同的长度单位.这三条数轴分别叫 x 轴(横轴)、y 轴(纵轴)、z 轴(竖轴),它们统称为坐标轴.通常把 x 轴、y 轴放置于水平面上,而 z 轴则是铅垂线,规定它们的正向满足右手法则,即以右手握住 z 轴,握拳四个手指弯曲的方向由 x 轴到 y 轴,大拇指的指向就是 z 轴的正向(见图 8-1),这样的三条坐标轴就构成了一个空间直角坐标系.公共原点就叫坐标系的原点(或原点),记为 O.

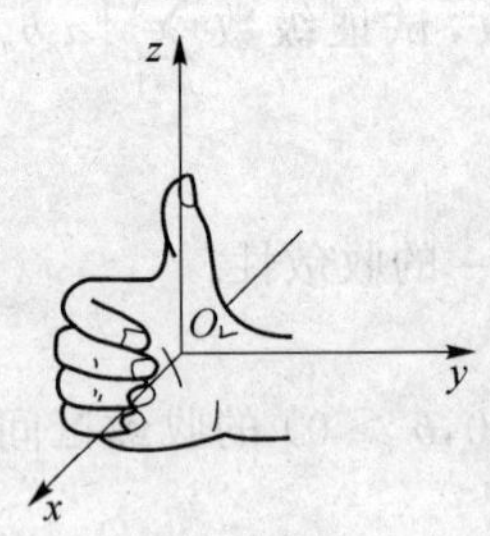

图 8-1

三条坐标轴中的任意两条都可确定一个平面,这样定出的三个平面统称为坐标面.依次叫作 xOy 面、yOz 面、zOx 面.三个坐标面把空间分成八个部分,每一部分叫作一个卦限.含有 x 轴、y 轴、z 轴正半轴的那个卦限叫作第一卦限,在 xOy 面上方的其他三个卦限,按逆时针方向分别叫作第二、第三、第四卦限;在 xOy 面下方与第一、第二、第三、第四卦限相对应的分别叫作第五、第六、第七、第八卦限.这八个卦限分别用Ⅰ、Ⅱ、Ⅲ、Ⅳ、Ⅴ、Ⅵ、Ⅶ、Ⅷ表示(见图 8-2).

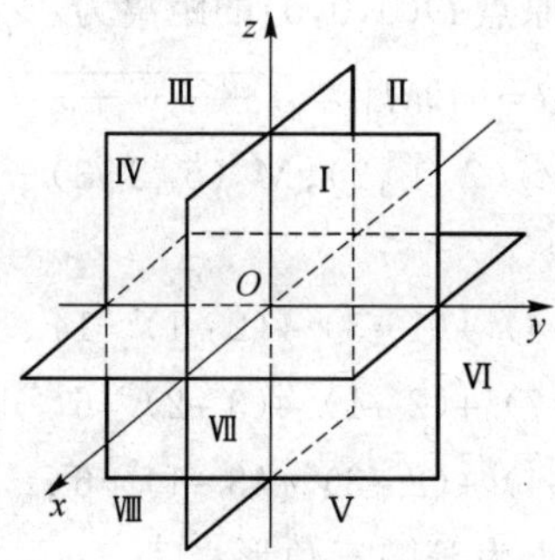

图 8-2

设 M 为空间一已知点，过点 M 分别作 x 轴、y 轴和 z 轴的垂线，垂足依次为 P、Q、R（见图 8-3），这三点在 x 轴、y 轴、z 轴上的坐标依次为 x,y,z. 于是空间的一点 M 就唯一地确定了一个有序数组 x,y,z；反过来，一个有序数组 x,y,z 也可以唯一确定空间的一点 M. 这样，空间的点 M 和有序数组 x,y,z 之间就建立了一一对应关系. 这组数叫点 M 的坐标，依次称为点 M 的横坐标，纵坐标和竖坐标. 坐标为 x,y,z 的点 M 记为 $M(x,y,z)$.

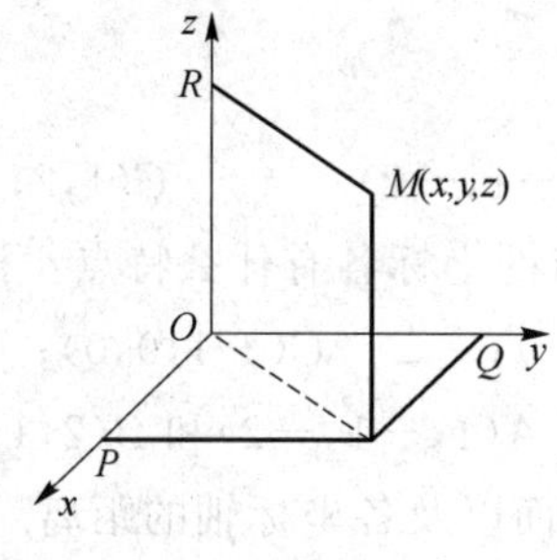

图 8-3

8.1.2 空间两点间的距离

设 $M_1(x_1,y_1,z_1)$、$M_2(x_2,y_2,z_2)$ 为空间两点. 这两点间的距离为：

$$d=|M_1M_2|=\sqrt{(x_2-x_1)^2+(y_2-y_1)^2+(z_2-z_1)^2}$$

这就是空间两点间的距离公式. 如图 8-4 所示.

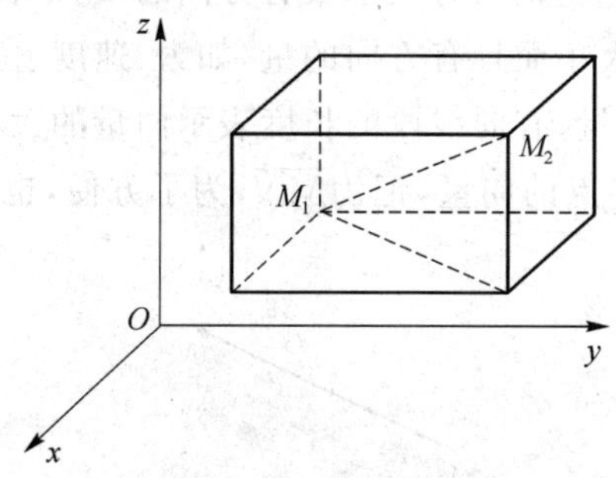

图 8-4

特别地,点 $M(x,y,z)$ 与坐标原点 $O(0,0,0)$ 的距离为:

$$d=|OM|=\sqrt{x^2+y^2+z^2}$$

例 1 求证 以 $M_1(4,3,1)$、$M_2(7,1,2)$、$M_3(5,2,3)$ 三点为顶点的三角形是一个等腰三角形.

求证 因为

$$|M_1M_2|^2=(7-4)^2+(1-3)^2+(2-1)^2=14,$$
$$|M_2M_3|^2=(5-7)^2+(2-1)^2+(3-2)^2=6,$$
$$|M_1M_3|^2=(5-4)^2+(2-3)^2+(3-1)^2=6,$$

所以 $|M_2M_3|=|M_1M_3|$,即 $M_1M_2M_3$ 为等腰三角形.

例 2 在 z 轴上求与两点 $A(-4,1,7)$ 和 $B(3,5,-2)$ 等距离的点.

解 设所求的点为 $M(0,0,z)$,依题意有 $|MA|^2=|MB|^2$,

即 $$(0+4)^2+(0-1)^2+(z-7)^2=(3-0)^2+(5-0)^2+(-2-z)^2.$$

解之得 $z=\frac{14}{9}$,所以, 所求的点为 $M\left(0,\ 0,\ \frac{14}{9}\right)$.

习题 8-1

1. 判断下列各点所在的卦限:

$A(-1,-2,-3)$; $B(1,-1,-2)$; $C(1,2,-3)$; $D(-2,1,1)$.

2. 在坐标面上和坐标轴上的点的坐标各有什么特点?指出下列各点的位置:

$A(1,-1,0)$; $B(0,1,-1)$; $C(-1,0,0)$; $D(0,0,1)$.

3. 在 x 轴上求一点 M,使它到 $A(1,-1,-2)$ 和 $B(2,1,-1)$ 的距离相等.

4. 求点 $M(-1,2,3)$ 到各坐标面以及各坐标轴的距离.

8.2 空间向量

8.2.1 向量及其几何表示

我们常遇到的量有两类,一类是只有大小没有方向的量,如长度、面积、体积、温度等,这类量称为标量.另一类是不但有大小而且有方向的量,如力、速度、位移等,这类量称为向量.

我们用有向线段来表示向量,有向线段的长度表示向量的大小,有向线段的方向表示向量的方向.如以 M 为起点 N 为终点的向量,记为 $\overrightarrow{MN}$,为了方便,也常用黑体字 $\boldsymbol{a},\boldsymbol{b},\boldsymbol{c},\cdots$ 表示向量,如图 8-5 所示.

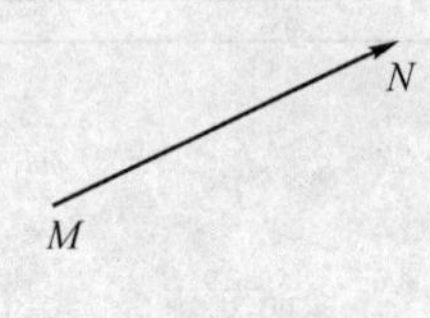

图 8-5

向量的大小称为向量的模,向量 $\boldsymbol{a}$ 的长度记为 $|\boldsymbol{a}|$. 模等于 1 的向量称为单位向量. 模等于 0 的向量称为零向量,记为 $\boldsymbol{0}$,零向量没有确定的方向. 与向量 $\boldsymbol{a}$ 的模相等而方向相反的向量称为 $\boldsymbol{a}$ 的负向量,记作 $-\boldsymbol{a}$. 如果向量 $\boldsymbol{a}$ 与 $\boldsymbol{b}$ 大小相等,方向相同,就称 $\boldsymbol{a}$ 与 $\boldsymbol{b}$ 相等,记为 $\boldsymbol{a}=\boldsymbol{b}$,这里我们不管这两个向量的起点是否相同.

如果向量 $\boldsymbol{a},\boldsymbol{b}$ 为两个非零向量,将它们的起点平移在一起时,两者正向之间的夹角定义为 $\boldsymbol{a},\boldsymbol{b}$ 的夹角,记为 $(\widehat{\boldsymbol{a},\boldsymbol{b}})$. 显然有 $(\widehat{\boldsymbol{a},\boldsymbol{b}})\in[0,\pi]$

8.2.2 向量的线性运算

向量的线性运算包括加法,减法和数乘运算.

1. 向量的加法

力或速度的合成是依平行四边形法则施行的,向量的加法是这类合成的一种抽象. 以两个向量 $\boldsymbol{a},\boldsymbol{b}$ 为邻边所做的平行四边形的对角线所表示的向量称为向量 $\boldsymbol{a}$ 与 $\boldsymbol{b}$ 的和,记为 $\boldsymbol{a}+\boldsymbol{b}$,它可由平行四边形法则得到. 如图 8-6 所示.

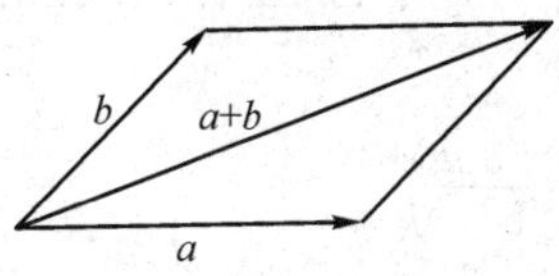

图 8-6

因为向量是自由向量,若将 $\boldsymbol{a},\boldsymbol{b}$ 平移成首尾相接状态,则相连的有向折线段起点到终点的向量也是 $\boldsymbol{a}+\boldsymbol{b}$,此时三个向量构成一个三角形,按这种几何相加法求向量的和称为三角形法则, 如图 8-7 所示.

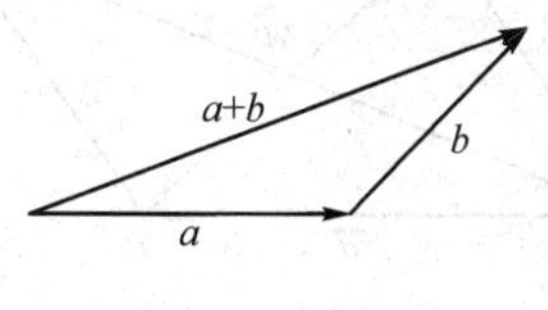

图 8-7

三角形法则可以推广到有限个向量之和,只要将前一个向量的终点作为后一个向量的起点,一直进行到最后一个向量. 从第一个向量的起点到最后一个向量的终点所连接的向量即为这多个向量之和.

容易验证,向量加法有以下性质.

交换律: $\boldsymbol{a}+\boldsymbol{b}=\boldsymbol{b}+\boldsymbol{a}$.

结合律: $(\boldsymbol{a}+\boldsymbol{b})+\boldsymbol{c}=\boldsymbol{a}+(\boldsymbol{b}+\boldsymbol{c})$.

2. 向量的减法

$\boldsymbol{a}-\boldsymbol{b}$ 定义为 $\boldsymbol{a}+(-\boldsymbol{b})$ 称 $\boldsymbol{a}-\boldsymbol{b}$ 为 $\boldsymbol{a}$ 与 $\boldsymbol{b}$ 的差,它可由三角形法则得到,如图 8-8 所示.

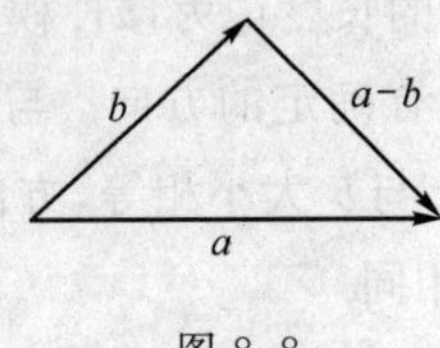

图 8-8

3. 数乘向量

我们规定实数 λ 与向量的乘积 $\lambda\boldsymbol{a}$ 为这样的一个向量,它的模 $|\lambda\boldsymbol{a}|=|\lambda||\boldsymbol{a}|$,它的方向,当 $\lambda>0$ 时 $\lambda\boldsymbol{a}$ 与 $\boldsymbol{a}$ 方向一致;当 $\lambda<0$ 时 $\lambda\boldsymbol{a}$ 与 $\boldsymbol{a}$ 方向相反;当 $\lambda=0$ 时,$\lambda\boldsymbol{a}$ 是零向量,要注意的是 $\lambda\boldsymbol{a}$ 仍是一个向量.

数乘向量满足结合律与分配律,即

$$\mu(\lambda\boldsymbol{a})=\lambda(\mu\boldsymbol{a})=(\lambda\mu)\boldsymbol{a},$$

$$(\lambda+\mu)\boldsymbol{a}=\lambda\boldsymbol{a}+\mu\boldsymbol{a},$$

$$\lambda(\boldsymbol{a}+\boldsymbol{b})=\lambda\boldsymbol{a}+\lambda\boldsymbol{b},$$

其中 λ,μ 都是实数.

此外,还可得到两个非零向量 $\boldsymbol{a}$ 与 $\boldsymbol{b}$ 平行(也称共线)的充要条件是 $\boldsymbol{a}=\lambda\boldsymbol{b}$,其中 λ 是非零常数.

例 1 化简 $\boldsymbol{a}-\boldsymbol{b}+5\left(-\frac{1}{2}\boldsymbol{b}+\frac{\boldsymbol{b}-3\boldsymbol{a}}{5}\right)$.

解 $\boldsymbol{a}-\boldsymbol{b}+5\left(-\frac{1}{2}\boldsymbol{b}+\frac{\boldsymbol{b}-3\boldsymbol{a}}{5}\right)=(1-3)\boldsymbol{a}+\left(-1-\frac{5}{2}+\frac{1}{5}\times 5\right)\boldsymbol{b}=-2\boldsymbol{a}-\frac{5}{2}\boldsymbol{b}$.

例 2 如图 8-9 所示,在平行四边形 $ABCD$ 中,设 $\overrightarrow{AB}=\boldsymbol{a}$,$\overrightarrow{AD}=\boldsymbol{b}$.试用 $\boldsymbol{a}$ 和 $\boldsymbol{b}$ 表示向量 $\overrightarrow{MA}$、$\overrightarrow{MB}$、$\overrightarrow{MC}$、$\overrightarrow{MD}$,其中 M 是平行四边形对角线的交点.

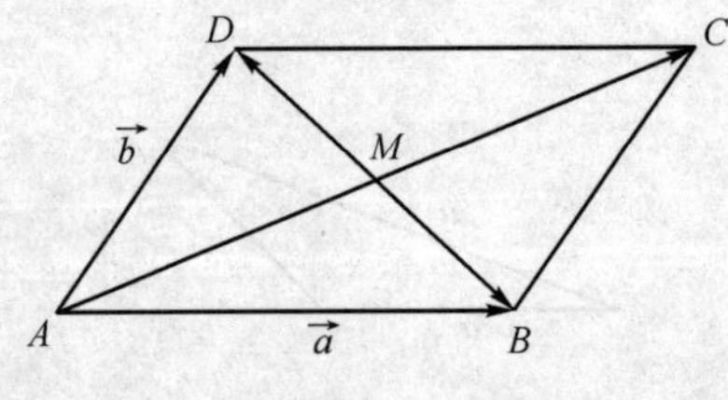

图 8-9

解 由于平行四边形的对角线互相平分,所以

$$\boldsymbol{a}+\boldsymbol{b}=\overrightarrow{AC}=2\overrightarrow{AM}=-2\overrightarrow{MA},$$

于是 $\overrightarrow{MA}=-\frac{1}{2}(\boldsymbol{a}+\boldsymbol{b})$;$\overrightarrow{MC}=-\overrightarrow{MA}=\frac{1}{2}(\boldsymbol{a}+\boldsymbol{b})$.

因为 $-\boldsymbol{a}+\boldsymbol{b}=\overrightarrow{BD}=2\overrightarrow{MD}$,所以 $\overrightarrow{MD}=\frac{1}{2}(\boldsymbol{b}-\boldsymbol{a})$;$\overrightarrow{MB}=-\overrightarrow{MD}=\frac{1}{2}(\boldsymbol{a}-\boldsymbol{b})$

8.2.3 向量的坐标表示

1. 向径的坐标表示

在直角坐标系中,起点在原点 O,终点为 M 的向量 $\overrightarrow{OM}$ 称为点 M 的向径. 记为 r 或 $\overrightarrow{OM}$(见图

8-10). 在坐标轴上分别与 x 轴，y 轴，z 轴正方向相同的单位向量，称为坐标系的基本单位向量，分别用 $\boldsymbol{i},\boldsymbol{j},\boldsymbol{k}$ 表示. 若点 M 的坐标为 (x,y,z)，有 $\overrightarrow{OA}=x\boldsymbol{i}$，$\overrightarrow{OB}=y\boldsymbol{j}$，$\overrightarrow{OC}=z\boldsymbol{k}$，由向量的加法得

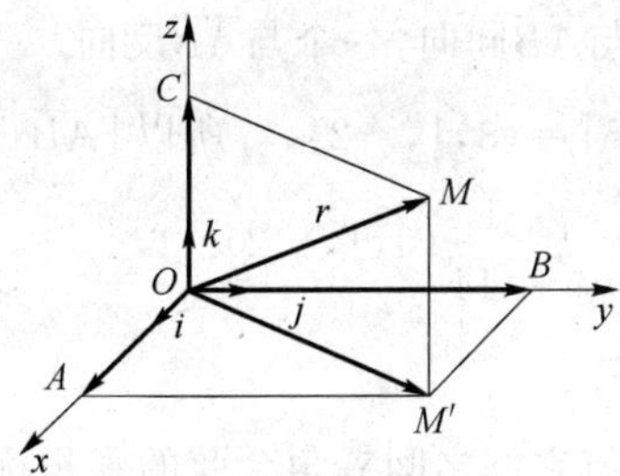

图 8-10

$$\overrightarrow{OM}=\overrightarrow{OM'}+\overrightarrow{M'M}=\overrightarrow{OA}+\overrightarrow{OB}+\overrightarrow{OC}=x\boldsymbol{i}+y\boldsymbol{j}+z\boldsymbol{k}$$

数组 x,y,z 称为向径 $\overrightarrow{OM}$ 的坐标，记为 (x,y,z)，

即
$$\overrightarrow{OM}=(x,y,z)$$

上式称为向径 $\overrightarrow{OM}$ 的坐标表示式.

2. 向量的坐标表示

设两点 $M_1(x_1,y_1,z_1)$、$M_2(x_2,y_2,z_2)$，由图 8-11 可知，以 M_1 为起点 M_2 为终点的向量

$$\overrightarrow{M_1M_2}=\overrightarrow{OM_2}-\overrightarrow{OM_1}$$

因为
$$\overrightarrow{OM_1}=x_1\boldsymbol{i}+y_1\boldsymbol{j}+z_1\boldsymbol{k} \quad \overrightarrow{OM_2}=x_2\boldsymbol{i}+y_2\boldsymbol{j}+z_2\boldsymbol{k}$$

所以
$$\overrightarrow{M_1M_2}=(x_2-x_1)\boldsymbol{i}+(y_2-y_1)\boldsymbol{j}+(z_2-z_1)\boldsymbol{k}$$

数组 x_2-x_1,y_2-y_1,z_2-z_1，叫向量 $\overrightarrow{M_1M_2}$ 的坐标，记为 $(x_2-x_1,y_2-y_1,z_2-z_1)$.

即
$$\overrightarrow{M_1M_2}=(x_2-x_1,y_2-y_1,z_2-z_1)$$

上式称为向量 $\overrightarrow{M_1M_2}$ 的坐标表示式.

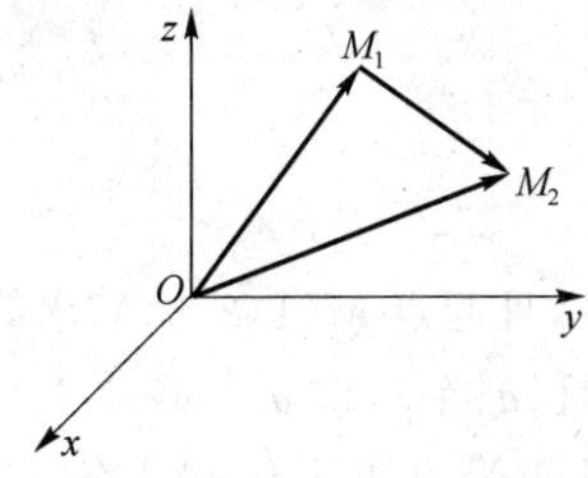

图 8-11

例 3 在 x 轴上取定一点 O 作为坐标原点. 设 A，B 是 x 轴上坐标依次为 x_1，x_2 的两个点，$\boldsymbol{i}$ 是与 x 轴同方向的单位向量，证明 $\overrightarrow{AB}=(x_2-x_1)\boldsymbol{i}$.

证 $\because OA=x_1$，$\therefore \overrightarrow{OA}=x_1\boldsymbol{i}$，同理 $\overrightarrow{OB}=x_2\boldsymbol{i}$，

于是 $\overrightarrow{AB}=\overrightarrow{OB}-\overrightarrow{OA}=x_2\boldsymbol{i}-x_1\boldsymbol{i}=(x_2-x_1)\boldsymbol{i}$.

3. 向量模的坐标表示

对于向量 $\boldsymbol{a}=a_x\boldsymbol{i}+a_y\boldsymbol{j}+a_z\boldsymbol{k}=(a_x,a_y,a_z)$，可看成以点 $M(a_x,a_y,a_z)$ 为终点的向径 $\overrightarrow{OM}$. 容易推出：

$$|\boldsymbol{a}|=|\overrightarrow{OM}|=\sqrt{a_x^2+a_y^2+a_z^2}$$

例 4 已知两点 $A(4,0,5)$ 和 $B(7,1,3)$，求与向量 $\overrightarrow{AB}$ 平行的向量的单位向量 $\boldsymbol{c}$.

解 所求向量有两个，一个与 $\overrightarrow{AB}$ 同向，一个与 $\overrightarrow{AB}$ 反向.

因为 $\overrightarrow{AB}=\{7-4,1-0,3-5\}=\{3,1,-2\}$， 所以 $|\overrightarrow{AB}|=\sqrt{3^2+1^2+(-2)^2}=\sqrt{14}$，

故所求向量为 $\boldsymbol{c}=\pm\dfrac{\overrightarrow{AB}}{|\overrightarrow{AB}|}=\pm\dfrac{1}{\sqrt{14}}(3,1,-2)$.

4. 向量的数量积及坐标表示

定义 8.1 向量 $\boldsymbol{a}$ 和 $\boldsymbol{b}$ 的模与它们之间夹角余弦的乘积称为向量 $\boldsymbol{a}$ 与 $\boldsymbol{b}$ 的数量积(也称点积或内积)，记作 $\boldsymbol{a}\cdot\boldsymbol{b}$，即 $\boldsymbol{a}\cdot\boldsymbol{b}=|\boldsymbol{a}|\,|\boldsymbol{b}|\cos(\widehat{\boldsymbol{a},\boldsymbol{b}})$. 规定 $0\leqslant(\widehat{\boldsymbol{a},\boldsymbol{b}})\leqslant\pi$.

当向量用坐标表示时有 $\boldsymbol{i}\cdot\boldsymbol{i}=\boldsymbol{j}\cdot\boldsymbol{j}=\boldsymbol{k}\cdot\boldsymbol{k}=1 \quad \boldsymbol{i}\cdot\boldsymbol{j}=\boldsymbol{j}\cdot\boldsymbol{k}=\boldsymbol{k}\cdot\boldsymbol{i}=0$.

特别地，$\boldsymbol{a}\cdot\boldsymbol{a}=|\boldsymbol{a}|^2$ 也即 $|\boldsymbol{a}|=\sqrt{\boldsymbol{a}\cdot\boldsymbol{a}}$，这就给我们提供了又一种求 $|\boldsymbol{a}|$ 的方法.

设 $\boldsymbol{a}=a_x\boldsymbol{i}+a_y\boldsymbol{j}+a_z\boldsymbol{k}$，$\boldsymbol{b}=b_x\boldsymbol{i}+b_y\boldsymbol{j}+b_z\boldsymbol{k}$ 按数量积的运算规律可得

$\boldsymbol{a}=\{a_x,a_y,a_z\} \quad \boldsymbol{b}=\{b_x,b_y,b_z\}$，即 $\boldsymbol{a}=a_x\boldsymbol{i}+a_y\boldsymbol{j}+a_z\boldsymbol{k}$，$\boldsymbol{b}=b_x\boldsymbol{i}+b_y\boldsymbol{j}+b_z\boldsymbol{k}$

$$\begin{aligned}\boldsymbol{a}\cdot\boldsymbol{b}&=(a_x\boldsymbol{i}+a_y\boldsymbol{j}+a_z\boldsymbol{k})\cdot(b_x\boldsymbol{i}+b_y\boldsymbol{j}+b_z\boldsymbol{k})\\&=a_xb_x\boldsymbol{i}\cdot\boldsymbol{i}+a_yb_x\boldsymbol{j}\cdot\boldsymbol{i}+a_zb_x\boldsymbol{k}\cdot\boldsymbol{i}\\&\quad+a_xb_y\boldsymbol{i}\cdot\boldsymbol{j}+a_yb_y\boldsymbol{j}\cdot\boldsymbol{j}+a_zb_y\boldsymbol{j}\cdot\boldsymbol{k}\\&\quad+a_xb_z\boldsymbol{k}\cdot\boldsymbol{i}+a_yb_z\boldsymbol{k}\cdot\boldsymbol{j}+a_zb_z\boldsymbol{k}\cdot\boldsymbol{k}\\&=a_xb_x+a_yb_y+a_zb_z.\end{aligned}$$

数量积的坐标表示式为 $\boldsymbol{a}\cdot\boldsymbol{b}=a_xb_x+a_yb_y+a_zb_z$.

注意：这里必须注意的是，两向量的数量积是一个数量. 当两个向量夹角为直角时，数量积为零，这时称作两向量垂直.

习题 8-2

1. 已知向量 $\overrightarrow{MN}=-\boldsymbol{i}+3\boldsymbol{j}+\boldsymbol{k}$，且起点 $M(1,2,3,)$，求终点 N 的坐标.
2. 已知向量 $\boldsymbol{a}=(2,-1,m)$，且 $|\boldsymbol{a}|=3$，求 $\boldsymbol{a}$.
3. 设力 $\boldsymbol{F}=2\boldsymbol{i}-3\boldsymbol{j}+\boldsymbol{k}$，使一质点沿直线从点 $M_1(0,1,-1)$ 移动到点 $M_2(2,1,-1)$，求力 $\boldsymbol{F}$ 所做的功.

8.3 空间平面及其方程

8.3.1 空间平面的点法式方程

由立体几何知，过一定点且与一定直线垂直的平面有且只有一个. 而定直线可用与之平行的向量来代替，因此，过一定点与一定向量垂直的平面是确定的. 与一平面垂直的非零向量叫

做该平面的法向量.

已知平面 π 过点 $M_0(x_0,y_0,z_0)$，它的一个法向量为 $\boldsymbol{n}=(A,B,C)$，求平面 π 的方程(如图 8-12).

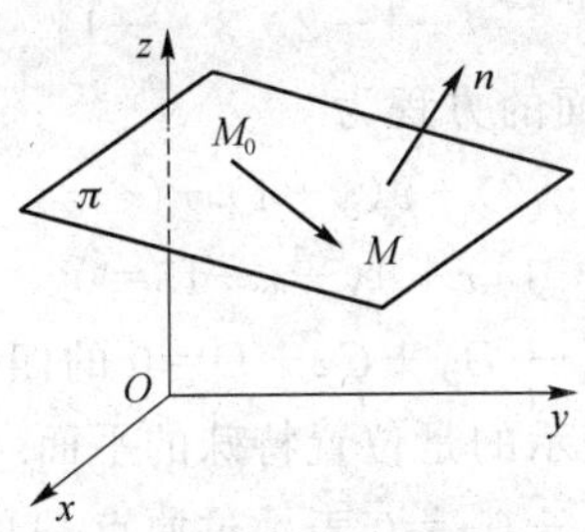

图 8-12

设点 $M(x,y,z)$ 是平面 π 上任意一点，则 $\overrightarrow{M_0M}$ 在平面 π 上，所以

$$\boldsymbol{n}\perp\overrightarrow{M_0M}\qquad \boldsymbol{n}\cdot\overrightarrow{M_0M}=0$$

而
$$\overrightarrow{M_0M}=(x-x_0,y-y_0,z-z_0)$$

因此
$$A(x-x_0)+B(y-y_0)+C(z-z_0)=0 \tag{8-1}$$

平面 π 上任意一点的坐标满足方程(8-1)；反之，不在平面 π 上的点的坐标不满足方程(8-1). 因此方程(8-1)就是平面 π 的方程，称为平面的点法式方程.

例 1 求过点 $(2,-3,0)$ 且以 $\boldsymbol{n}=(1,-2,3)$ 为法线向量的平面的方程.

解 根据平面的点法式方程，得所求平面的方程为

$$(x-2)-2(y+3)+3z=0,$$

即
$$x-2y+3z-8=0.$$

8.3.2 空间平面的一般方程

由平面的点法式方程可知，任意一个平面的方程是 x、y、z 的三元一次方程；反过来，任何一个三元一次方程

$$Ax+By+Cz+D=0 \tag{8-2}$$

(A、B、C、D 为常数，且 A、B、C 不全为零)是否都是某一平面的方程呢？

设 x_0,y_0,z_0 是方程(8-2)的一组解，则有

$$Ax_0+By_0+Cz_0+D=0$$

方程(8-2)可写成
$$Ax+By+Cz+D-(Ax_0+By_0+Cz_0+D)=0$$

即
$$A(x-x_0)+B(y-y_0)+C(z-z_0)=0$$

它表示过点 (x_0,y_0,z_0)，以 (A,B,C) 为法向量的平面.

所以，在空间直角坐标系中，平面的方程是三元一次方程，任何一个三元一次方程表示空间的一个平面. 方程(8-2)称为平面的一般方程. 它表示的平面具有法向量 $\boldsymbol{n}=(A,B,C)$.

例 2 求过三点 $M_1(2,-1,4)$、$M_2(-1,3,-2)$ 和 $M_3(0,2,3)$ 的平面的方程.

解 我们可以用 $\overrightarrow{M_1M_2}\times\overrightarrow{M_1M_3}$ 作为平面的法线向量 $\boldsymbol{n}$.

因为 $\overrightarrow{M_1M_2}=(-3,4,-6)$，$\overrightarrow{M_1M_3}=(-2,3,-1)$，

所以

$$\boldsymbol{n}=\overrightarrow{M_1M_2}\times\overrightarrow{M_1M_3}=\begin{vmatrix}\boldsymbol{i} & \boldsymbol{j} & \boldsymbol{k}\\ -3 & 4 & -6\\ -2 & 3 & -1\end{vmatrix}=14\boldsymbol{i}+9\boldsymbol{j}-\boldsymbol{k}.$$

根据平面的点法式方程,得所求平面的方程为

$$14(x-2)+9(y+1)-(z-4)=0,$$

即

$$14x+9y-z-15=0.$$

从上述例题可知,如果方程 $Ax+By+Cz+D=0$ 的四个常数 A、B、C、D 中,有一部分为零(A、B、C 不全为零),那么方程表示的是位置特殊的平面.

(1) 当 $D=0$ 时,方程 $Ax+By+Cz=0$ 表示过原点 O 的平面;

(2) 当 $C=0$ 时,方程 $Ax+By+D=0$ 表示过 xOy 面上的直线 $Ax+By+D=0$ 且平行于 z 轴的平面;

(3) 当 $C=D=0$ 时,方程 $Ax+By=0$ 表示过 z 轴的平面;

(4) 当 $B=C=0$ 时,方程 $Ax+D=0$,即 $x=-\frac{D}{A}$表示过 x 轴上的点$(-\frac{D}{A},0,0)$且垂直于 x 轴的平面;

(5) 当 $B=C=D=0$ 时,方程 $Ax=0$ 即 $x=0$ 表示 yOz 面.

8.3.3 两平面的夹角

如图 8-13 所示,把两个平面的法向量的夹角(通常指不超过$\frac{\pi}{2}$的角)叫作两平面的夹角.

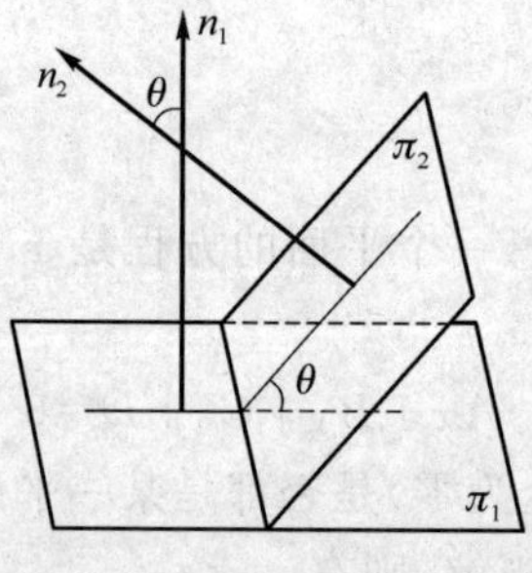

图 8-13

设两平面 π_1、π_2的方程分别为:

$$A_1x+B_1y+C_1z+D_1=0 \qquad A_2x+B_2y+C_2z+D_2=0$$

则法向量分别为:

$$\boldsymbol{n}_1=(A_1,B_1,C_1) \qquad \boldsymbol{n}_2=(A_2,B_2,C_2)$$

于是 π_1 与 π_2 的夹角的余弦为:

$$\cos\theta=\frac{|\boldsymbol{n}_1\cdot\boldsymbol{n}_2|}{|\boldsymbol{n}_1||\boldsymbol{n}_2|}=\frac{|A_1A_2+B_1B_2+C_1C_2|}{\sqrt{A_1^2+B_1^2+C_1^2}\sqrt{A_2^2+B_2^2+C_2^2}}$$

π_1 与 π_2 平行的充要条件是:

$$\frac{A_1}{A_2}=\frac{B_1}{B_2}=\frac{C_1}{C_2}$$

π_1与π_2垂直的充要条件是：

$$A_1A_2+B_1B_2+C_1C_2=0$$

例 3 研究以下各组里两平面的位置关系：

(1) $\pi_1: -x+2y-z+1=0$，$\pi_2: y+3z-1=0$；

(2) $\pi_1: 2x-y+z-1=0$，$\pi_2: -4x+2y-2z-1=0$.

解 (1) $\boldsymbol{n}_1=\{-1,2,-1\}$，$\boldsymbol{n}_2=\{0,1,3\}$且 $\cos\theta=\dfrac{|-1\times0+2\times1-1\times3|}{\sqrt{(-1)^2+2^2+(-1)^2}\cdot\sqrt{1^2+3^2}}$

$=\dfrac{1}{\sqrt{60}}$,

故两平面相交,夹角为$\theta=\arccos\dfrac{1}{\sqrt{60}}$.

(2) $\boldsymbol{n}_1=\{2,-1,1\}$,$\boldsymbol{n}_2=\{-4,2,-2\}$且$\dfrac{2}{-4}=\dfrac{-1}{2}=\dfrac{1}{-2}$,又$M(1,1,0)\in\pi_1$,

$M(1,1,0)\notin\pi_2$,故两平面平行但不重合.

习题 8-3

1. 求满足下列条件的平面方程：

(1) 经过点$A(1,0,-2)$且与平面$3x-2y+z-2=0$平行；

(2) 经过三点$A(1,0,0)$,$B(0,2,0)$,$C(0,0,3)$；

(3) 经过点$A(1,2,3)$且与xOy面平行；

(4) 已知$A(1,2,3)$,$B(-1,4,-3)$,垂直平分线段AB.

2. 求过z轴和点$(-5,2,-1)$的平面的方程.

3. 求过点$(1,2,1)$且与两直线$x=\dfrac{y}{2}=\dfrac{z-1}{3}$和$x=y=z$都平行的平面方程.

4. 求两平面$x+y+z+1=0$与$x+2y-z+4=0$的夹角的余弦.

5. 画出下列方程所表示的平面：

(1) $y=1$；　　(2) $x+y=1$；　　(4) $x+y+z=1$.

6. 求过三点$A(2,0,0)$,$B(0,-3,0)$,$C(0,0,5)$的平面方程.

7. 求过三点$A(2,3,0)$,$B(-2,-3,4)$,$C(0,6,0)$的平面方程.

8.4 空间直线及其方程

8.4.1 空间直线的点向式方程与参数方程

由立体几何知,过一定点且与一定直线平行的直线有且只有一条.而定直线可用与之平行的向量来代替,因此,过一定点与一定向量平行的直线是确定的.与一直线平行的非零向量叫作该直线的方向向量.

已知直线 L 过点 $M_0(x_0,y_0,z_0)$，它的一个方向向量为 $\boldsymbol{s}=\{m,n,p\}$，求直线 L 的方程(见图 8-14).

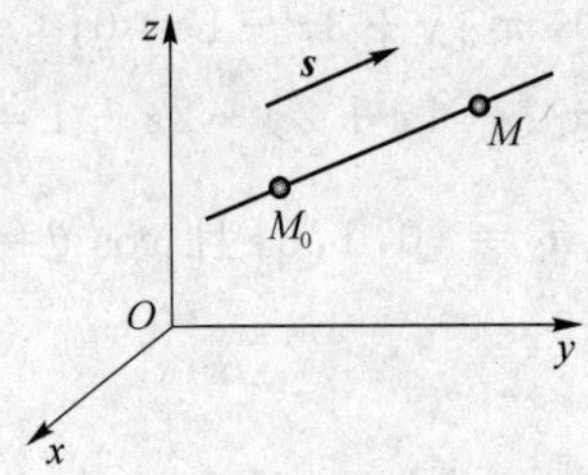

图 8-14

设点 $M(x,y,z)$ 为直线 L 上任意一点，则 $\overrightarrow{M_0M}$ 在直线 L 上，所以

$$\overrightarrow{M_0M}\parallel \boldsymbol{s}$$

而

$$\overrightarrow{M_0M}=(x-x_0,y-y_0,z-z_0)$$

因此

$$\frac{x-x_0}{m}=\frac{y-y_0}{n}=\frac{z-z_0}{p} \tag{8-3}$$

直线 L 上任意一点的坐标满足方程(8-3)；反之，不在直线 L 上的点的坐标不满足方程(8-3). 因此方程(8-3)就是直线 L 的方程，称为直线的点向式方程.

在直线的点向式方程中，引入参数 t，即令

$$\frac{x-x_0}{m}=\frac{y-y_0}{n}=\frac{z-z_0}{p}=t$$

得

$$\begin{cases}x=x_0+mt\\ y=y_0+nt\\ z=z_0+pt\end{cases}\quad (t\text{ 为参数}) \tag{8-4}$$

方程(8-4)称为直线的参数方程.

例 1 一直线过点 $A(2,-3,4)$，且与 y 轴垂直相交，求其方程.

解 因为直线和 y 轴垂直相交，所以交点为 $B(0,-3,0)$，$\boldsymbol{s}=\overrightarrow{AB}=(2,0,4)$，所求直线方程

$$\frac{x-2}{2}=\frac{y+3}{0}=\frac{z-4}{4}.$$

8.4.2 空间直线的一般方程

空间直线可看成两个平面的交线. 设两平面 π_1、π_2 的方程分别为：

$$A_1x+B_1y+C_1z+D_1=0 \qquad A_2x+B_2y+C_2z+D_2=0$$

则两个平面 π_1、π_2 的交线 L 的方程是

$$\begin{cases}A_1x+B_1y+C_1z+D_1=0\\ A_2x+B_2y+C_2z+D_2=0\end{cases} \tag{8-5}$$

方程(8-5)称为直线的一般方程.

例 2 求过点 $M(1,1,1)$ 且与直线 L：$\begin{cases}x-2y+z=0\\ 2x+2y+3z-6=0\end{cases}$ 平行的直线的方程.

解　两平面 $x-2y+z=0$、$2x+2y+3z-6=0$ 的法向量分别是 $\boldsymbol{n}_1=(1,-2,1)$、$\boldsymbol{n}_2=(2,2,3)$. 由于直线 L 是两平面的交线,则 L 与 $\boldsymbol{n}_1\times\boldsymbol{n}_2$ 平行,$\boldsymbol{n}_1\times\boldsymbol{n}_2=(-8,-1,6)$ 是所求直线的方向向量,因此,所求直线的方程为

$$\frac{x-1}{-8}=\frac{y-1}{-1}=\frac{z-1}{6}$$

怎样将直线的一般方程化为点向式方程?

8.4.3　空间两直线的夹角

空间两条直线的方向向量的夹角(通常指不超过 $\frac{\pi}{2}$ 的角)就是两直线的夹角.

设两直线 L_1、L_2 的方程分别为:

$$\frac{x-x_1}{m_1}=\frac{y-y_1}{n_1}=\frac{z-z_1}{p_1}\qquad\qquad \frac{x-x_2}{m_2}=\frac{y-y_2}{n_2}=\frac{z-z_2}{p_2}$$

则方向向量分别为:

$$\boldsymbol{s}_1=(m_1,n_1,p_1)\qquad\qquad \boldsymbol{s}_2=(m_2,n_2,p_2)$$

于是 L_1 与 L_2 的夹角的余弦为:

$$\cos\theta=\frac{|\boldsymbol{s}_1\cdot\boldsymbol{s}_2|}{|\boldsymbol{s}_1||\boldsymbol{s}_2|}=\frac{|m_1m_2+n_1n_2+p_1p_2|}{\sqrt{m_1^2+n_1^2+p_1^2}\sqrt{m_2^2+n_2^2+p_2^2}}$$

L_1 与 L_2 平行的充要条件是:

$$\frac{m_1}{m_2}=\frac{n_1}{n_2}=\frac{p_1}{p_2}$$

L_1 与 L_2 垂直的充要条件是:

$$m_1m_2+n_1n_2+p_1p_2=0$$

习题 8-4

1. 求满足下列条件的直线方程:

(1) 经过点 $A(1,0,-2)$ 且与平面 $3x-2y+z-2=0$ 垂直;

(2) 经过点 $A(1,0,0)$ 且与过两点 $B(0,2,0)$,$C(0,0,3)$ 的直线平行;

(3) 经过点 $A(1,2,3)$ 且与 xOy 面垂直.

2. 求过点 $(1,1,-2)$ 且与直线 $\begin{cases}x-2y+z-3=0\\3x-2z+1=0\end{cases}$ 平行的直线方程.

3. 求两直线 $\frac{x-1}{2}=\frac{y-2}{0}=\frac{z+1}{2}$ 与 $\begin{cases}x=2t-4\\y=-2t+1\\z=2\end{cases}$ 的夹角.

4. 求过原点且垂直于平面 $3x+8y-6z=1$ 的直线方程.

5. 写出 z 轴的一般式方程和点向式方程.

6. 求过点 $P(0,-3,2)$ 且与 $M(3,4,-7)$ 和 $N(2,7,-6)$ 的连线平行的直线方程.

7. 求经过点 $M(1,2,-3)$ 和点 $N(2,1,-1)$ 的直线方程.

8.5 空间曲面与空间曲线方程

8.5.1 曲面方程的概念

正如平面曲线与二元方程一样,空间曲面与三元方程也有类似的关系(见图 8-15).给出如下定义.

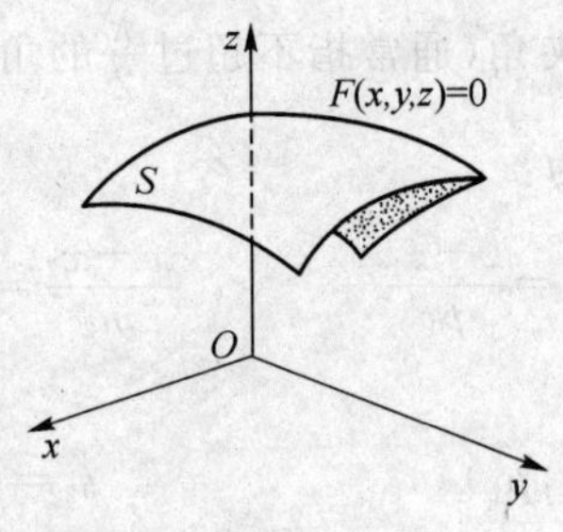

图 8-15

定义 8.2 如果曲面 S 和三元方程 $F(x,y,z)=0$ 满足:

(1) 曲面 S 上的任意一点的坐标都满足方程 $F(x,y,z)=0$;

(2) 不在曲面 S 上的点的坐标都不满足方程 $F(x,y,z)=0$.

那么称方程 $F(x,y,z)=0$ 为曲面 S 的方程,曲面 S 称为方程 $F(x,y,z)=0$ 的图形.

8.5.2 球面的方程

求以 $M_0(x_0,y_0,z_0)$为球心,R 为半径的球面的方程.

设 $M(x,y,z)$是球面上任意一点,则有

$$|M_0M|=R$$

由两点间的距离公式,得

$$(x-x_0)^2+(y-y_0)^2+(z-z_0)^2=R^2 \tag{8-6}$$

这就是以点(x_0,y_0,z_0)为球心,R 为半径的球面方程.

当 $x_0=y_0=z_0=0$ 时,得球心在原点的球面方程:

$$x^2+y^2+z^2=R^2$$

例 1 讨论下面的方程是不是球面的方程,若是求出球心坐标和半径.

(1) $x^2+y^2+z^2-2x-4y+2z+7=0$;

(2) $x^2+y^2+z^2-2x+4y+4=0$.

解 (1)由原方程配方得 $(x-1)^2+(y-2)^2+(z+1)^2=-1$

这表明原方程无解,方程不表示任何曲面,当然也就不是球面的方程.

(2) 由原方程配方得 $(x-1)^2+(y+2)^2+z^2=1$

它是以$(1,-2,0)$为球心,1 为半径的球面的方程.

8.5.3 柱面的方程

一直线 L 平行于定直线，且沿定曲线 C 移动所形成的曲面叫作柱面. 定曲线 C 叫柱面的准线，动直线 L 叫柱面的母线.

我们只讨论准线在坐标面内，母线平行于坐标轴的柱面.

求以 xOy 面上的曲线 C：$F(x,y)=0$ 为准线，母线平行于 z 轴的柱面的方程.

设 $M(x,y,z)$ 是柱面上的任意一点，过点 M 的母线与 xOy 面的交点 N 一定是在准线 C 上(图 8-16)，从而点 N 的坐标为$(x,y,0)$，它满足方程 $F(x,y)=0$，即不论点 M 的竖坐标如何，它的横坐标 x 和纵坐标 y 满足方程 $F(x,y)=0$. 因此，所求的柱面方程为

$$F(x,y)=0$$

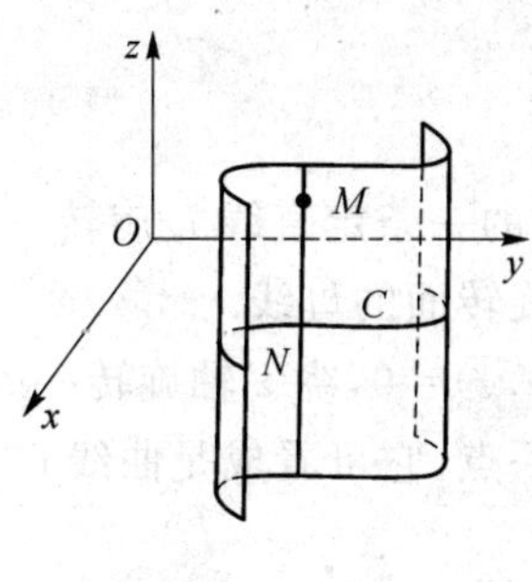

图 8-16

注意：在平面直角坐标系中，方程 $F(x,y)=0$ 表示一条平面曲线；在空间直角坐标系中，方程 $F(x,y)=0$ 表示一个以 xOy 面上的曲线 $F(x,y)=0$ 为准线，母线平行于 z 轴的柱面.

类似地，方程 $G(y,z)=0$ 表示以 yOz 面上的曲线 $G(y,z)=0$ 为准线，母线平行于 x 轴的柱面；方程 $H(x,z)=0$ 表示以 zOx 面上的曲线 $H(x,z)=0$ 为准线，母线平行于 y 轴的柱面.

例 2 试说明下列方程表示什么曲面.

(1) $x^2+y^2=R^2$；　　　　(2) $x^2=2pz(p>0)$.

解 (1)方程 $x^2+y^2=R^2$ 表示以 xOy 面上的圆 $x^2+y^2=R^2$ 为准线，母线平行于 z 轴的圆柱面(见图 8-17).

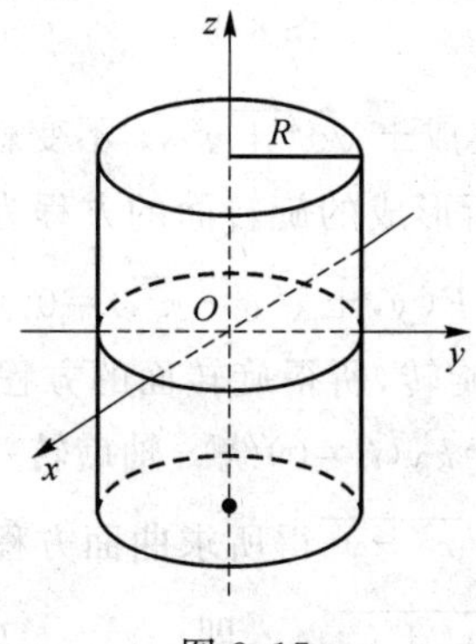

图 8-17

(2) 方程 $x^2=2pz(p>0)$表示以 zOx 面上的抛物线 $x^2=2pz$ 为准线,母线平行于 y 轴的抛物柱面(图 8-18).

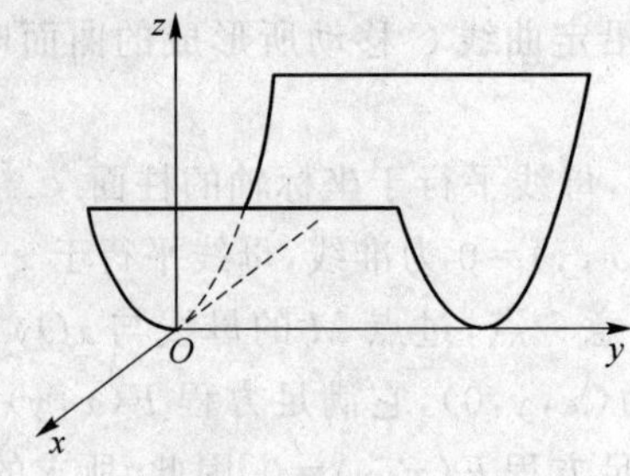

图 8-18

8.5.4 旋转曲面的方程

一平面曲线 C,绕其同一平面上的一条定直线 L 旋转一周所形成的曲面叫作旋转曲面.定直线 L 叫旋转面的轴,动曲线 C 叫旋转面的母线.

求 yOz 面上的一条曲线 $C:F(y,z)=0$,绕 z 轴旋转一周所形成的旋转面的方程.

设 $M(x,y,z)$是旋转面上任意一点,它可看成是曲线 C 上的点 $M_1(0,y_1,z_1)$旋转而成,由图 8-19 可得

$$\sqrt{x^2+y^2}=|y_1|,\text{即 } y_1=\pm\sqrt{x^2+y^2}\text{ 又 } z=z_1$$

因为点 $M_1(0,y_1,z_1)$在曲线 C 上,有 $F(y_1,z_1)=0$

因此所求曲面的方程为

$$F(\pm\sqrt{x^2+y^2},z)=0$$

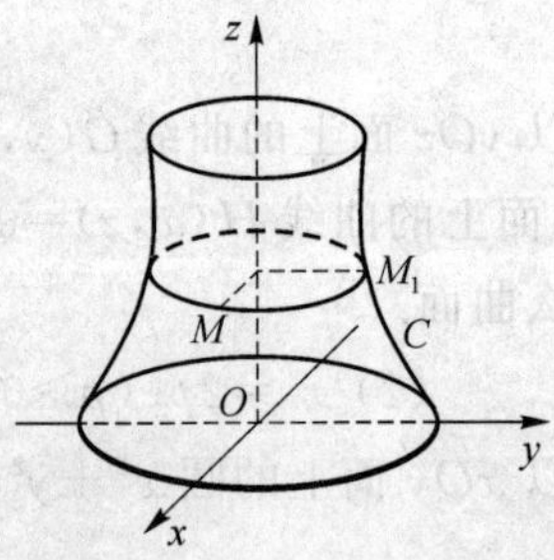

图 8-19

可见,只要将母线方程中的 y 换成$\pm\sqrt{x^2+y^2}$,z 不变就得到旋转面的方程.

同理,曲线 C 绕 y 轴旋转一周所形成的旋转面的方程为

$$F(y,\pm\sqrt{x^2+z^2})=0$$

其他坐标面上的曲线绕坐标轴旋转,所得旋转面的方程可类似得出.

例 3 求由 yOz 面上的直线 $z=ky(k\neq 0)$绕 z 轴旋转一周所形成的曲面的方程.

解 在 $z=ky$ 中,把 y 换成$\pm\sqrt{x^2+y^2}$得所求曲面方程为

$$z=\pm k\sqrt{x^2+y^2}\qquad \text{即}\qquad z^2=k^2(x^2+y^2)$$

此曲面是以原点为顶点，z 轴为轴的圆锥面(见图 8-20).

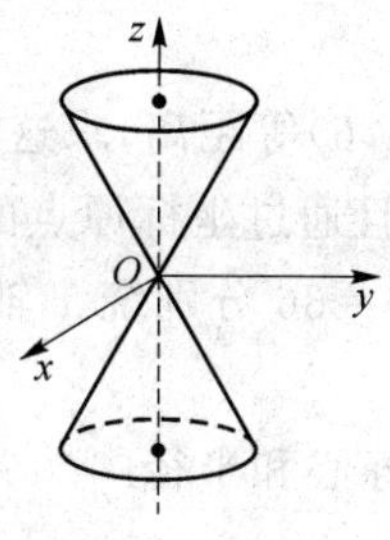

图 8-20

8.5.5 空间曲线

1. 空间曲线的一般方程

上一节我们知道，空间直线可以看成是两个平面的交线. 类似地，空间曲线可以看成是两个曲面的交线. 设两曲面 S_1，S_2 的方程分别为：

$$F(x,y,z)=0, \qquad G(x,y,z)=0$$

则两个曲面 S_1，S_2 的交线 Γ 的方程是

$$\begin{cases} F(x,y,z)=0 \\ G(x,y,z)=0 \end{cases} \tag{8-7}$$

方程(8-7)称为空间曲线的一般方程.

例如 $\begin{cases} \dfrac{x^2}{a^2}+\dfrac{y^2}{b^2}+\dfrac{z^2}{c^2}=1 \\ z=0 \end{cases}$ 和 $\begin{cases} \dfrac{x^2}{a^2}+\dfrac{y^2}{b^2}=1 \\ z=0 \end{cases}$

都表示 xOy 面上中心在原点 a、b 为半轴的椭圆. 前者是椭球面与 xOy 面的交线，后者是椭圆柱面与 xOy 面和交线.

2. 空间曲线的参数方程

上一节我们知道，空间直线 L 的参数方程为

$$\begin{cases} x=x_0+mt \\ y=y_0+nt \quad (t\in \mathbf{R}) \\ z=z_0+pt \end{cases}$$

这里的 x,y,z 都是参数 t 的一次函数. 如果 x,y,z 是参数 t 的一般函数，得方程

$$\begin{cases} x=\varphi(t) \\ y=\psi(t) \quad (t\in I) \\ z=\omega(t) \end{cases} \tag{8-8}$$

它表示一条空间曲线，称为空间曲线的参数方程.

例如
$$\begin{cases} x=a\cos\theta \\ y=a\sin\theta \quad (\theta \text{ 为参数}) \\ z=b\theta \end{cases}$$

表示一条螺旋线.

习题 8-5

1. 一动点与两定点(2,3,1)和(4,5,6)等距离,求这动点的轨迹方程.

2. 建立以点 $M(1,3,-2)$ 为球心,且通过坐标原点的球面方程.

3. 将 xOy 面上的双曲线 $4x^2-9y^2=36$ 分别绕 x 轴及 y 轴旋转一周,求所得旋转曲面的方程.

4. 求出下列方程所表示的球面的球心和半径.

(1) $x^2+y^2+z^2-2z=0$; (2) $x^2+y^2+z^2-2x+2y+z=0$.

5. yOz 面上的曲线 $y^2=z$ 分别绕 y 轴和 z 轴旋转一周,求所得旋转曲面的方程.

6. 下列方程表示什么曲面,并画草图.

(1) $x^2+y^2=2y$; (2) $y=x^2$;

(3) $x=2y^2+2z^2$; (4) $x^2+4y^2+9z^2=36$;

(5) $y^2=x^2+z^2$; (6) $y=x^2+2z^2$.

复 习 题 八

1. 已知两向量 $\boldsymbol{a}$、$\boldsymbol{b}$ 的模 $|\boldsymbol{a}|=2$、$|\boldsymbol{b}|=3$,夹角 $\theta=\frac{\pi}{3}$,求

(1) $(\boldsymbol{a}+3\boldsymbol{b})\cdot(2\boldsymbol{a}-\boldsymbol{b})$, (2) $|\boldsymbol{a}+\boldsymbol{b}|$, (3) $|\boldsymbol{a}-\boldsymbol{b}|$.

2. 设向量 $\boldsymbol{a}$ 的方向余弦 $\cos\alpha=\frac{1}{3}$,$\cos\beta=\frac{2}{3}$,$|\boldsymbol{a}|=3$,求 $\boldsymbol{a}$.

3. 求点 $M(a,b,c)$ 关于各坐标面以及各坐标轴对称的点的坐标.

4. 直线 $\frac{x-1}{2}=\frac{y}{-2}=\frac{z+2}{3}$ 与平面 $x+4y+2z+3=0$ 的位置关系是( ).

A. 垂直 B. 斜交 C. 平行 D. 直线在平面内

5. 过点 $M(1,2,3)$ 作平面 π:$2y-z+3=0$ 的垂线. 求:

(1) 垂线的方程, (2) 垂足的坐标, (3) 点到平面的距离.

6. 将直线的一般方程 $\begin{cases}x-2y+z-3=0\\3x-2z+1=0\end{cases}$,化成点向式方程和参数方程.

7. 求点 $M(1,1,2)$ 到直线 $\frac{x-1}{2}=\frac{y}{-2}=\frac{z+2}{3}$ 的距离.

8. 直线 L_1:$\frac{x-3}{5}=\frac{y+1}{2}=\frac{z-2}{4}$ 与 L_2:$\frac{x-8}{3}=y-1=\frac{z-6}{2}$ 的位置关系是( ).

A. 平行 B. 相交 C. 异面 D. 重合

9. 已知点 $A(1,1,1)$,$B(2,3,3)$,$C(3,3,2)$,求过点 A 且垂直于 A、B、C 所在平面的直线方程.

9　多元函数微分学

前面我们所讨论的函数都是只限于一个自变量的函数，简称一元函数.但是在许多实际问题中，如在自然科学和工程技术中所遇到的函数，往往依赖于两个或更多的自变量，从而产生了几个自变量的函数——多元函数，这就提出了多元函数微积分的问题.多元函数微积分是一元函数微积分的推广和发展，它们有许多相似之处，但有的地方也有着重大差别.本章在一元函数的基础上，讨论多元函数的微积分及其应用，我们以研究二元函数为主.

9.1　多元函数的基本概念

9.1.1　平面区域

1. 平面区域

一般来说，由 xOy 平面上的一条或几条曲线所围成的一部分平面或整个平面，称为平面区域，简称区域.围成区域的曲线称为区域的边界，边界上的点称为边界点.包括边界的区域称为闭区域；不包括边界的区域称为开区域.

若一个开区域或闭区域的任意两点之间的距离不超过某一常数 $M>0$，则这个区域是有界的；否则，就是无界的.例如：

$D=\{(x,y)\mid -\infty<x<+\infty,-\infty<y<+\infty\}$表示整个 xOy 坐标平面，是无界区域；

$D=\{(x,y)\mid 1\leqslant x^2+y^2\leqslant 4\}$是有界闭区域(见图 9-1)；

$D=\{(x,y)\mid x^2+y^2<4\}$是有界开区域(见图 9-2).

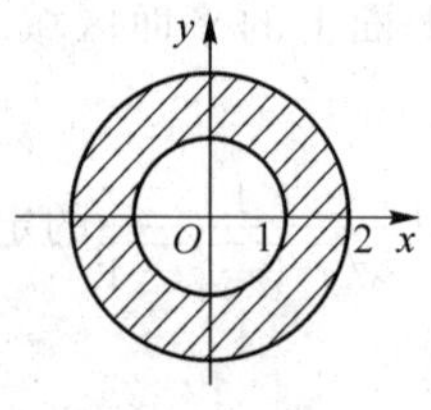

图 9-1

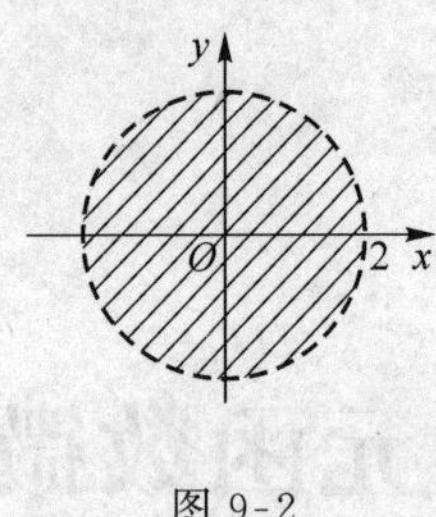

图 9-2

2. δ 邻域

在 xOy 平面上，以点 $P_0(x_0,y_0)$ 为中心，$\delta(\delta>0)$ 为半径的开区域，称为点 P_0 的 δ 邻域. 记作

$$\{(x,y)\mid\sqrt{(x-x_0)^2+(y-y_0)^2}<\delta\}$$

或简记为

$$\sqrt{(x-x_0)^2+(y-y_0)^2}<\delta$$

9.1.2 多元函数概念

定义 9.1 设有三个变量 x、y 和 z，如果当变量 x、y 在一定范围 D 内任意取一对值 (x,y) 时，按照某一确定的对应法则，变量 z 总有唯一确定的值与其对应，则称变量 z 是变量 x、y 的二元函数. 记为

$$z=f(x,y) \qquad (x,y)\in D$$

其中 x、y 称为自变量，函数 z 称为因变量；自变量 x、y 的变化范围 D 称为函数的定义域.

上述定义中，与自变量 x、y 所取的一对值 (x_0,y_0) 相对应的因变量 z 的值，称为函数在点 (x_0,y_0) 处的函数值，记作 $f(x_0,y_0)$ 或 $z\Big|_{(x_0,y_0)}$；当 (x,y) 取遍 D 中的所有数对时，对应的函数值的全体构成的数集

$$Z=\{z\,|\,z=f(x,y),(x,y)\in D\}$$

称为函数的值域.

类似地，可以定义三元函数以及三元以上的函数.

二元函数及二元以上的函数统称为多元函数.

函数的对应法则和定义域是多元函数的两个要素. 显然，我们可以用 xOy 坐标平面上的点 $P(x,y)$ 来表示二元函数的自变量取值. 因此，二元函数 $z=f(x,y)$ 的定义域是 xOy 平面上的点集，一般情况，这种点集是 xOy 平面上的平面区域. 而对于实际问题而言，多元函数的定义域往往由实际问题的具体情况确定.

例 1 求函数 $z=\sqrt{9-x^2-y^2}+\dfrac{1}{\sqrt{x^2+y^2-4}}$ 的定义域.

解 要使函数有意义，必须

$$\begin{cases}9-x^2-y^2\geqslant 0\\ x^2+y^2-4>0\end{cases}$$

故函数的定义域为

$$D=\{(x,y)\mid 4<x^2+y^2\leqslant 9\}$$

例 2 设函数 $f(x,y)=x^2+y^2-xy\tan\dfrac{x}{y}$,求 $f(tx,ty)$.

解 由题意有

$$f(tx,ty)=(tx)^2+(ty)^2-(tx)\cdot(ty)\cdot\left(\tan\frac{tx}{ty}\right)=t^2\left(x^2+y^2-xy\tan\frac{x}{y}\right)=t^2f(x,y)$$

例 3 已知函数 $f(x,y)=\dfrac{x^2-y^2}{x^2+y^2}$,求 $f(1,2)$.

解 把 $x=1,y=2$ 代入函数中即得

$$f(1,2)=-\frac{3}{5}$$

9.1.3 二元函数的极限与连续性

1. 二元函数的极限

定义 9.2 设函数 $z=f(x,y)$ 在点 $P_0(x_0,y_0)$ 的某一邻域内有定义(在点 P_0 可以没有定义),若点 $P(x,y)$ 以任意方式趋于点 $P_0(x_0,y_0)$ 时,函数 $f(x,y)$ 总趋于常数 A,则称函数 $f(x,y)$ 当点 (x,y) 趋于点 (x_0,y_0) 时以 A 为极限,记作

$$\lim_{\substack{x\to x_0\\y\to y_0}}f(x,y)=A \quad 或 \quad \lim_{(x,y)\to(x_0,y_0)}f(x,y)=A$$

为了区别于一元函数的极限,我们把二元函数的极限称为二重极限.

例 4 设 $f(x,y)=\dfrac{\sin(x^2+y^2)}{x^2+y^2}$,求 $\lim\limits_{\substack{x\to 0\\y\to 0}}f(x,y)$.

解 设 $u=x^2+y^2$,当 $(x,y)\to(0,0)$ 时,$u\to 0$. 因此

$$\lim_{\substack{x\to 0\\y\to 0}}f(x,y)=\lim_{\substack{x\to 0\\y\to 0}}\frac{\sin(x^2+y^2)}{x^2+y^2}=\lim_{u\to 0}\frac{\sin u}{u}=1$$

注意: 由于二重极限自变量个数的增多,点 (x,y) 趋向于定点 (x_0,y_0) 的方式也就很复杂,定义中要求为任意方式. 因此,点 (x,y) 从某一种或几种方式趋向于定点 (x_0,y_0) 时,$f(x,y)$ 趋向于同一数,我们不能断定函数的极限存在.

例 5 证明 $\lim\limits_{\substack{x\to 0\\y\to 0}}\dfrac{xy}{x^2+y^2}$ 不存在.

证 取 $y=kx$(k 为常数),则

$$\lim_{\substack{x\to 0\\y\to 0}}\frac{xy}{x^2+y^2}=\lim_{\substack{x\to 0\\y=kx}}\frac{x\cdot kx}{x^2+k^2x^2}=\frac{k}{1+k^2},$$

易见极限的值随 k 的变化而变化,故题设极限不存在.

例 6 证明 $\lim\limits_{\substack{x\to 0\\y\to 0}}\dfrac{x^3y}{x^6+y^2}$ 不存在.

证 取 $y=kx^3$,$\lim\limits_{\substack{x\to 0\\y\to 0}}\dfrac{x^3y}{x^6+y^2}=\lim\limits_{\substack{x\to 0\\y=kx^3}}\dfrac{x^3\cdot kx^3}{x^6+k^2x^6}=\dfrac{k}{1+k^2}$,其值随 k 的不同而变化,故极限不

存在.

这里指出,一元函数中极限的运算法则对于二重极限同样适用.

2. 二元函数的连续性

与一元函数一样,我们用函数极限说明二元函数的连续性的概念.

定义 9.3 设函数 $z=f(x,y)$ 在点 $P_0(x_0,y_0)$ 的某邻域内有定义,若

$$\lim_{\substack{x\to x_0\\ y\to y_0}} f(x,y)=f(x_0,y_0)$$

则称函数 $f(x,y)$ 在点 $P_0(x_0,y_0)$ 处连续,称点 (x_0,y_0) 为函数的连续点.

若函数 $z=f(x,y)$ 在点 (x_0,y_0) 处不满足上述定义,则称点 (x_0,y_0) 为函数的不连续点或间断点.

如果函数 $f(x,y)$ 在区域 D 内的每一点都连续,则称 $f(x,y)$ 在区域 D 上连续,或称 $f(x,y)$ 为区域 D 上的连续函数.

二元连续函数具有与一元连续函数类似的性质:

(1) 有限个连续函数的代数和仍是连续函数;

(2) 有限个连续函数的乘积仍是连续函数;

(3) 两个连续函数之商(分母不等于零)仍是连续函数;

(4) 有限个连续函数的复合函数仍是连续函数.

由基本初等函数经过有限次四则运算和复合而构成的,且可由一个式子表示的多元函数称为多元初等函数.例如

$$z=\sin\sqrt{x^2+y^2},\ f(x,y)=\frac{x^2+y^2-1}{\ln(1+x^2+y^2)}$$

等都是二元初等函数.

显然,一切多元初等函数在其定义区域内都是连续的.

有界闭区域上的二元连续函数具有如下性质:

性质 1(最大值和最小值定理) 若二元函数 $z=f(x,y)$ 在有界闭区域 D 上连续,则 $z=f(x,y)$ 在闭区域 D 上一定有最小值和最大值.

性质 2(介值定理) 设二元函数 $z=f(x,y)$ 在有界闭区域 D 上连续,$M_1(x_1,y_1)$ 和 $M_2(x_2,y_2)$ 为 D 上任意两点,则对介于 $f(x_1,y_1)$ 和 $f(x_2,y_2)$ 之间的任何一值 k,在 D 内至少存在一点 $\xi(x_0,y_0)$,使得 $f(x_0,y_0)=k$.

习题 9-1

1. 求下列函数的定义域 D,并做出 D 的图形.

(1) $z=\sqrt{4-x^2-y^2}+\dfrac{1}{\sqrt{x+y-1}}$

(2) $z=\arcsin\dfrac{x^2+y^2}{4}+\arccos\dfrac{1}{x^2+y^2}$

(3) $z=\ln(xy+x-y-1)$

2. 用不等式组表示下列曲线围成的区域 D：

(1) D 由曲线 $x=1, x=3, y=2$ 及 $y=4$ 围成.

(2) D 由曲线 $y=x^2, y=1-x^2$ 围成.

(3) D 由曲线 $y=2x, y=2$ 及 y 轴围成.

3. 设 $f(x,y)=\dfrac{xy}{x^2-y^2}$，求

(1) $f(-4,2)$ (2) $f\left(2,\dfrac{x}{y}\right)$ 及 $f(tx,ty)$

4. 求下列函数的极限.

(1) $\lim\limits_{\substack{x\to 0\\ y\to 1}}\arcsin\sqrt{x^2+y^2}$； (2) $\lim\limits_{\substack{x\to 0\\ y\to 0}}\dfrac{\sin(xy)}{y}$

5. 考察下列极限是否存在.

(1) $\lim\limits_{\substack{x\to 0\\ y\to 0}}\dfrac{x^2+y^2}{xy}$； (2) $\lim\limits_{\substack{x\to 0\\ y\to 0}}\dfrac{x-y}{x+y}$

9.2 偏 导 数

9.2.1 偏导数的概念

在一元函数中，我们由函数的变化率引入了一元函数的导数概念. 对于多元函数也有类似的问题. 在研究二元函数时，有时要讨论当其中一个自变量固定不变时，函数关于另外一个自变量的变化率问题，此时的二元函数实际上转化为一元函数，因此可以利用一元函数的导数概念，得到二元函数对某一个自变量的变化率，这正是多元函数的偏导数问题.

设二元函数 $z=f(x,y)$ 在点 (x_0,y_0) 的某邻域内有定义，当 x 在 x_0 处有改变量 Δx，而 $y=y_0$ 保持不变时，函数 $f(x,y)$ 相应的改变量

$$\Delta_x z=f(x_0+\Delta x,y_0)-f(x_0,y_0)$$

称为函数 $f(x,y)$ 关于 x 的偏改变量.

类似地，当 y 在 y_0 处有改变量 Δy，而 $x=x_0$ 保持不变时，函数 $f(x,y)$ 相应的改变量

$$\Delta_y z=f(x_0,y_0+\Delta y)-f(x_0,y_0)$$

称为函数 $f(x,y)$ 关于 y 的偏改变量.

定义 9.4 设二元函数 $z=f(x,y)$ 在点 (x_0,y_0) 的某邻域内有定义，当 $\Delta x\to 0$ 时，如果极限

$$\lim_{\Delta x\to 0}\frac{f(x_0+\Delta x,y_0)-f(x_0,y_0)}{\Delta x}$$

存在，则称此极限值为函数 $z=f(x,y)$ 在点 (x_0,y_0) 处对 x 的偏导数，记作

$$f'_x(x_0,y_0),\ \left.\frac{\partial z}{\partial x}\right|_{\substack{x=x_0\\ y=y_0}},\ \left.\frac{\partial f}{\partial x}\right|_{\substack{x=x_0\\ y=y_0}}\ 或\ \left.z'_x\right|_{\substack{x=x_0\\ y=y_0}}$$

同样，当 $\Delta y\to 0$ 时，如果极限

$$\lim_{\Delta y\to 0}\frac{f(x_0,y_0+\Delta y)-f(x_0,y_0)}{\Delta y}$$

存在，则称此极限值为函数 $z=f(x,y)$ 在点 (x_0,y_0) 处对 y 的偏导数，记作

$$f'_y(x_0,y_0),\ \left.\frac{\partial z}{\partial y}\right|_{\substack{x=x_0\\y=y_0}},\ \left.\frac{\partial f}{\partial y}\right|_{\substack{x=x_0\\y=y_0}} \text{或 } \left.z'_y\right|_{\substack{x=x_0\\y=y_0}}$$

如果 $z=f(x,y)$ 在区域 D 内每一点 (x,y) 处都有偏导数 $f'_x(x,y)$ 和 $f'_y(x,y)$，一般说来，它们都是 x,y 的二元函数，则称它们为 $z=f(x,y)$ 的偏导函数. 记作

$$f'_x(x,y),\ \frac{\partial z}{\partial x},\ \frac{\partial f}{\partial x}\quad \text{或}\quad z'_x$$

$$f'_y(x,y),\ \frac{\partial z}{\partial y},\ \frac{\partial f}{\partial y}\quad \text{或}\quad z'_y$$

今后在不致混淆的情况下，偏导函数通常简称为偏导数.

显然，函数 $f(x,y)$ 在点 (x_0,y_0) 处的偏导数就是偏导函数在点 (x_0,y_0) 处的函数值.

既然偏导数实质上看作一元函数的导数，因此，一元函数求导的方法对求偏导数完全适用，只要记住对一个自变量求偏导数时，把另一个自变量暂时看作常量就可以了.

偏导数的概念可以推广到二元以上的函数. 例如，三元函数 $u=f(x,y,z)$ 对 x 的偏导数就为

$$f'_x(x,y,z)=\lim_{\Delta x\to 0}\frac{f(x+\Delta x,y,z)-f(x,y,z)}{\Delta x}$$

也就是把自变量 y、z 看作常量保持固定不变时，u 作为变量 x 的函数的导数；其余两个偏导数类似可得.

例 1 求函数 $z=x^2\sin 2y$ 的偏导数.

解 将 y 看作常量对 x 求导数，得

$$\frac{\partial z}{\partial x}=2x\sin 2y$$

将 x 看作常量对 y 求导数，得

$$\frac{\partial z}{\partial y}=4x^2\cos 2y$$

例 2 求函数 $z=x^y(x>0)$ 的偏导数.

解 对 x 求导数时，将 y 看作常量，这时 x^y 是幂函数，有

$$\frac{\partial z}{\partial x}=yx^{y-1}$$

对 y 求导数时，将 x 看作常量，这时 x^y 是指数函数，有

$$\frac{\partial z}{\partial y}=x^y\ln x$$

例 3 求 $z=(x,y)=x^2+3xy+y^2$ 在点 $(1,\ 2)$ 处的偏导数.

解 把 y 看作常数，对 x 求导得到

$$f'_x(x,y)=2x+3y,$$

把 x 看作常数，对 y 求导得到

$$f'_y(x,y)=3x+2y$$

故所求偏导数

$$f'_x(1,2)=2\times1+3\times2=8$$
$$f'_y(1,2)=3\times1+2\times2=7$$

例 4　求 $u=\sqrt{x^2+y^2+z^2}+xy$ 的偏导数.

解　$\dfrac{\partial u}{\partial x}=\dfrac{x}{\sqrt{x^2+y^2+z^2}}+y$，　$\dfrac{\partial u}{\partial y}=\dfrac{y}{\sqrt{x^2+y^2+z^2}}+x$，　$\dfrac{\partial u}{\partial z}=\dfrac{z}{\sqrt{x^2+y^2+z^2}}$

9.2.2　高阶偏导数

设函数 $z=f(x,y)$ 在区域 D 内存在偏导函数 $\dfrac{\partial z}{\partial x}=f'_x(x,y)$，$\dfrac{\partial z}{\partial y}=f'_y(x,y)$. 如果这两个偏导函数的偏导数也存在，则称这两个偏导函数的偏导数为函数 $z=f(x,y)$ 的二阶偏导数. 依据对变量求导的次序不同而有下列四个二阶偏导数，记作

(1) $\dfrac{\partial}{\partial x}\left(\dfrac{\partial z}{\partial x}\right)=\dfrac{\partial^2 z}{\partial x^2}=f''_{xx}(x,y)=z''_{xx}$

(2) $\dfrac{\partial}{\partial y}\left(\dfrac{\partial z}{\partial x}\right)=\dfrac{\partial^2 z}{\partial x\partial y}=f''_{xy}(x,y)=z''_{xy}$

(3) $\dfrac{\partial}{\partial x}\left(\dfrac{\partial z}{\partial y}\right)=\dfrac{\partial^2 z}{\partial y\partial x}=f''_{yx}(x,y)=z''_{yx}$

(4) $\dfrac{\partial}{\partial y}\left(\dfrac{\partial z}{\partial y}\right)=\dfrac{\partial^2 z}{\partial y^2}=f''_{yy}(x,y)=z''_{yy}$

其中(2)和(3)两个偏导数也称为混合偏导数.

类似地，可以定义更高阶的偏导数. 如果函数 $z=f(x,y)$ 的二阶偏导数仍然存在偏导数，则称此偏导数为 $z=f(x,y)$ 的三阶偏导数. 一般地，$z=f(x,y)$ 的 $n-1$ 阶偏导数的偏导数称为 $z=f(x,y)$ 的 n 阶偏导数. 二阶和二阶以上的偏导数统称为高阶偏导数.

例 5　求 $z=x\ln(x+y)$ 的二阶偏导数.

解

$$\frac{\partial z}{\partial x}=\ln(x+y)+\frac{x}{x+y},\frac{\partial z}{\partial y}=\frac{x}{x+y},$$
$$\frac{\partial^2 z}{\partial x^2}=\frac{1}{x+y}+\frac{x+y-x}{(x+y)^2}=\frac{x+2y}{(x+y)^2},$$
$$\frac{\partial^2 z}{\partial y^2}=\frac{-x}{(x+y)^2},$$
$$\frac{\partial^2 z}{\partial x\partial y}=\frac{1}{x+y}+\frac{-x}{(x+y)^2}=\frac{y}{(x+y)^2},$$
$$\frac{\partial^2 z}{\partial y\partial x}=\frac{(x+y)-x}{(x+y)^2}=\frac{y}{(x+y)^2}.$$

从例 5 我们看到，函数关于 x、y 的两个混合偏导数相等：$\dfrac{\partial^2 z}{\partial y\partial x}=\dfrac{\partial^2 z}{\partial x\partial y}$. 这并非偶然，关于这一点，有下述结论：

定理 9.1　如果函数 $z=f(x,y)$ 的两个二阶混合偏导数 $\dfrac{\partial^2 z}{\partial x\partial y}$ 和 $\dfrac{\partial^2 z}{\partial y\partial x}$ 在区域 D 内连续，则在区域 D 内，必有

$$\frac{\partial^2 z}{\partial x\partial y}=\frac{\partial^2 z}{\partial y\partial x}$$

习题 9-2

1. 求下列函数的一阶偏导数：

(1) $z=x+y\cos x$　　(2) $z=\dfrac{\cos x^2}{y}$

(3) $z=\mathrm{e}^{-\frac{y}{x}}$　　(4) $z=\arctan\dfrac{x}{y}$

(5) $z=\ln\left(\dfrac{1}{\sqrt{x}}-\dfrac{1}{\sqrt{y}}\right)$　　(6) $z=\sqrt{x^2+xy+y^2}$

(7) $z=(\sin x)^{\cos y}$　　(8) $u=z^{\frac{y}{x}}$

2. 计算下列各题：

(1) 设 $f(x,y)=\mathrm{e}^{-\sin x}(x+2y)$，求 $f'_x(0,1)$、$f'_x(0,1)$；

(2) 设 $f(x,y)=x+y+(y-1)\arcsin\sqrt[3]{\dfrac{x}{y}}$，求 $f'_x\left(\dfrac{1}{2},1\right)$.

3. 曲线 $\begin{cases} z=\ln(x^2+y^2) \\ y=\sqrt{3} \end{cases}$ 在点 $(\sqrt{3},\sqrt{3},\ln 6)$ 处切线对 x 轴的倾角是多少？

4. 求下列函数的二阶偏导数：

(1) $z=x^4-4x^2y^2+y^4$　　(2) $z=\cos^2(2x+3y)$

(3) $z=\ln(xy)$　　(4) $z=\arctan(xy)$

5. 设 $u=\mathrm{e}^{xyz}$，求 $\dfrac{\partial^3 u}{\partial x^2\partial y},\dfrac{\partial^3 u}{\partial x\partial y\partial z}$.

6. 设 $u=\ln(x^2+y^2+z^2)$，求证：

$$\frac{\partial^2 u}{\partial x^2}+\frac{\partial^2 u}{\partial y^2}+\frac{\partial^2 u}{\partial z^2}=\frac{2}{x^2+y^2+z^2}$$

7. $r=\sqrt{x^2+y^2+z^2}$，$u=\dfrac{1}{r}$，　证明：$\dfrac{\partial^2 u}{\partial x^2}+\dfrac{\partial^2 u}{\partial y^2}+\dfrac{\partial^2 u}{\partial z^2}=0$.

9.3 全微分及其应用

偏导数反映函数在坐标轴方向的变化率，它只考虑一个自变量发生变化时的情形. 我们来讨论二元函数在所有自变量都有微小变化时，函数改变量的变化情况.

设函数 $z=f(x,y)$ 的两个自变量都在变化，它们分别有改变量 Δx 和 Δy，则称函数的改变量

$$\Delta z=f(x+\Delta x,y+\Delta y)-f(x,y)$$

为函数 $f(x,y)$ 在 (x,y) 处的全改变量. 全改变量是自变量改变量 Δx 与 Δy 的函数，它刻画了 $f(x,y)$ 在点 (x,y) 附近的情况，但全改变量 Δz 与 Δx、Δy 的函数关系往往比较复杂. 因此，我们引进全微分的概念，在点 (x,y) 附近可以近似代替全改变量.

定义 9.5 如果函数 $z=f(x,y)$ 在点 (x,y) 处的全改变量

$$\Delta z=f(x+\Delta x,y+\Delta y)-f(x,y)$$

可表示为

$$\Delta z=A\Delta x+B\Delta y+o(\rho)$$

其中 A、B 仅与点 (x,y) 有关，而与 Δx、Δy 无关，$o(\rho)$ 是比 $\rho(\rho=\sqrt{(\Delta x)^2+(\Delta y)^2})$ 较高阶的无穷小量，则称函数 $z=f(x,y)$ 在点 (x,y) 处可微，并称 $A\Delta x+B\Delta y$ 为函数 $z=f(x,y)$ 在点 (x,y) 处的全微分，记作

$$dz=A\Delta x+B\Delta y$$

下面我们给出 A、B 与函数 $z=f(x,y)$ 在点 (x,y) 偏导数的关系.

定理 9.2（可微的必要条件） 如果函数 $z=f(x,y)$ 在点 (x,y) 可微，则函数在该点的偏导数 $\frac{\partial z}{\partial x}$、$\frac{\partial z}{\partial y}$ 必定存在，且函数 $z=f(x,y)$ 在点 (x,y) 的全微分为

$$dz=\frac{\partial z}{\partial x}\Delta x+\frac{\partial z}{\partial y}\Delta y$$

证 设函数 $z=f(x,y)$ 在点 $P(x,y)$ 可微. 于是，对于点 P 的某个邻域内的任意一点 $M(x+\Delta x,y+\Delta y)$，有 $\Delta z=A\Delta x+B\Delta y+o(\rho)$. 特别地，当 $\Delta y=0$ 时，有

$$f(x+\Delta x,y)-f(x,y)=A\Delta x+o(|\Delta x|)$$

上式两边各除以 Δx，再令 $\Delta x\to 0$ 而取极限，得

$$\lim_{\Delta x\to 0}\frac{f(x+\Delta x,y)-f(x,y)}{\Delta x}=\lim_{\Delta x\to 0}\left[A+\frac{o(|\Delta x|)}{\Delta x}\right]=A$$

从而偏导数 $\frac{\partial z}{\partial x}$ 存在，且 $\frac{\partial z}{\partial x}=A$.

同理可证偏导数 $\frac{\partial z}{\partial y}$ 存在，且 $\frac{\partial z}{\partial y}=B$.

所以

$$dz=\frac{\partial z}{\partial x}\Delta x+\frac{\partial z}{\partial y}\Delta y$$

一般地，记 $\Delta x=dx$，$\Delta y=dy$，并分别称为自变量的微分，则函数 $z=f(x,y)$ 的全微分可写成

$$dz=\frac{\partial z}{\partial x}dx+\frac{\partial z}{\partial y}dy$$

该定理表明，偏导数 $\frac{\partial z}{\partial x}$、$\frac{\partial z}{\partial y}$ 存在是可微的必要条件，但不是充分条件. 下面我们给出可微的充分条件.

定理 9.3（可微的充分条件） 如果函数 $z=f(x,y)$ 在点 (x,y) 的某邻域内偏导数存在且连续，则函数 $z=f(x,y)$ 在点 (x,y) 处可微.

以上关于二元函数全微分的概念及全微分存在的条件，也可类似地推广到二元以上的多元函数. 例如，若函数 $u=f(x,y,z)$ 可微，则有

$$du=\frac{\partial u}{\partial x}dx+\frac{\partial u}{\partial y}dy+\frac{\partial u}{\partial z}dz$$

例 1 求函数 $z=4xy^3+5x^2y^6$ 的全微分.

解 因为

$$\frac{\partial z}{\partial x}=4y^3+10xy^6,\frac{\partial z}{\partial y}=12xy^2+30x^2y^5,$$

$$dz=(4y^3+10xy^6)dx+(12xy^2+30x^2y^5)dy.$$

例 2 计算函数 $z=e^{xy}$ 在点(2, 1)处的全微分.

解

$$\frac{\partial z}{\partial x}=ye^{xy},\frac{\partial z}{\partial y}=xe^{xy},$$

$$\left.\frac{\partial z}{\partial x}\right|_{(2,1)}=e^2,\left.\frac{\partial z}{\partial y}\right|_{(2,1)}=2e^2,$$

所求全微分

$$dz=e^2dx+2e^2dy.$$

例 3 求函数 $u=x+\sin\frac{y}{2}+e^{yz}$ 的全微分.

解 由

$$\frac{\partial u}{\partial x}=1,$$

$$\frac{\partial u}{\partial y}=\frac{1}{2}\cos\frac{y}{2}+ze^{yz},$$

$$\frac{\partial u}{\partial z}=ye^{yz},$$

故所求全微分

$$du=dx+\left(\frac{1}{2}\cos\frac{y}{2}+ze^{yz}\right)dy+ye^{yz}dz.$$

习题 9-3

1. 求函数 $z=x^2y$ 当 $x=2,y=-1,\Delta x=0.02,\Delta y=-0.01$ 时的全微分及全增量.

2. 求函数 $z=\frac{y}{x}$ 当 $x=2,y=1,dx=0.1,dy=0.2$ 时的全微分及全增量.

3. 求下列函数的全微分.

(1) $z=xy+\frac{x}{y}$　　(2) $z=e^{\frac{y}{x}}$

(3) $z=\ln(x^2+y^2)$　　(4) $u=x^{yz}$

9.4　复合函数与隐函数的微分法

9.4.1　复合函数的微分法

在一元函数微分法中，复合函数的导数是一个重要内容.对于多元函数也是如此，下面我们来讨论二元复合函数的微分法.

设函数 $z=f(u,v)$，而 $u=\varphi(x,y)$，$v=\psi(x,y)$，则

$$z=f[\varphi(x,y),\psi(x,y)]$$

为二元复合函数.其中 x、y 是自变量，而 u、v 称为中间变量.

从复合关系可以看到多元复合函数要比一元函数更复杂，如考虑$\frac{\partial z}{\partial x}$时，$y$ 不变，但 x 变化时，会影响到 u、v 都变，因此 z 的变化就有两部分：一部分是通过 u 而来，一部分是通过 v 而来.

定理 9.4　如果函数 $u=\varphi(x,y)$，$v=\psi(x,y)$在点(x,y)处的偏导数存在，而函数 $z=f(u,v)$在对应的点(u,v)处可微，则复合函数 $z=f[\varphi(x,y),\psi(x,y)]$在点$(x,y)$处的偏导数也存在，且

$$\frac{\partial z}{\partial x}=\frac{\partial z}{\partial u}\cdot\frac{\partial u}{\partial x}+\frac{\partial z}{\partial v}\cdot\frac{\partial v}{\partial x},\quad \frac{\partial z}{\partial y}=\frac{\partial z}{\partial u}\cdot\frac{\partial u}{\partial y}+\frac{\partial z}{\partial v}\cdot\frac{\partial v}{\partial y}$$

例 1　设 $z=uv+\sin t$，而 $u=\mathrm{e}^t$，$v=\cos t$，求导数$\frac{\mathrm{d}z}{\mathrm{d}t}$.

解　$$\frac{\mathrm{d}z}{\mathrm{d}t}=\frac{\partial z}{\partial u}\cdot\frac{\mathrm{d}u}{\mathrm{d}t}+\frac{\partial z}{\partial v}\cdot\frac{\mathrm{d}v}{\mathrm{d}t}+\frac{\partial z}{\partial t}=v\mathrm{e}^t-u\sin t+\cos t$$

$$=\mathrm{e}^t\cos t-\mathrm{e}^t\sin t+\cos t=\mathrm{e}^t(\cos t-\sin t)+\cos t.$$

例 2　设 $z=\mathrm{e}^u\sin v$，而 $u=xy$，$v=x+y$，求$\frac{\partial z}{\partial x}$和$\frac{\partial z}{\partial y}$.

解　$$\frac{\partial z}{\partial x}=\frac{\partial z}{\partial u}\cdot\frac{\partial u}{\partial x}+\frac{\partial z}{\partial v}\cdot\frac{\partial v}{\partial x}=\mathrm{e}^u\sin v\cdot y+\mathrm{e}^u\cos v\cdot 1$$

$$=\mathrm{e}^u(y\sin v+\cos v)=\mathrm{e}^{xy}[y\sin(x+y)+\cos(x+y)],$$

$$\frac{\partial z}{\partial y}=\frac{\partial z}{\partial u}\cdot\frac{\partial u}{\partial y}+\frac{\partial z}{\partial v}\cdot\frac{\partial v}{\partial y}=\mathrm{e}^u\sin v\cdot x+\mathrm{e}^u\cos v\cdot 1$$

$$=\mathrm{e}^u(x\sin v+\cos v)=\mathrm{e}^{xy}[x\sin(x+y)+\cos(x+y)].$$

例 3　设 $z=xy+u$，$u=\varphi(x,y)$，求$\frac{\partial z}{\partial x}$，$\frac{\partial^2 z}{\partial x^2}$，$\frac{\partial^2 z}{\partial x\partial y}$.

解　$$\frac{\partial z}{\partial x}=y+\frac{\partial u}{\partial x}=y+\varphi'_x(x,y)$$

$$\frac{\partial^2 z}{\partial x^2}=\frac{\partial}{\partial x}\left(\frac{\partial z}{\partial x}\right)=\frac{\partial}{\partial x}\left(y+\frac{\partial u}{\partial x}\right)=\frac{\partial^2 u}{\partial x^2}=\varphi''_{xx}(x,y),$$

$$\frac{\partial^2 z}{\partial x\partial y}=\frac{\partial}{\partial y}\left(\frac{\partial z}{\partial x}\right)=\frac{\partial}{\partial y}\left(y+\frac{\partial u}{\partial x}\right)=1+\frac{\partial^2 u}{\partial x\partial y}=1+\varphi''_{xy}(x,y).$$

多元复合函数的复合关系是多种多样的，我们不可能把所有的公式都写出来，也不必要把所有公式都写出来，只要我们把握住函数间的复合关系及其对某个自变量求偏导数，准确理解并用定理 9.4 即可.

9.4.2 隐函数的微分法

在前面我们已经介绍了隐函数的概念，并指出了不经过显化而直接由方程 $F(x,y)=0$ 求它所确定的隐函数的导数的方法. 但一般的二元方程不一定就能确定一个一元单值函数. 如果函数 $F(x,y)$ 有连续的一阶偏导数，且 $F(x_0,y_0)=0$，$F'_y(x_0,y_0)\neq 0$，则方程 $F(x,y)=0$ 在点 x_0 的某一邻域内能唯一确定一个单值可导的函数 $y=f(x)$. 现用多元复合函数的微分法导出这种隐函数微分法的一般公式.

设隐函数关系 $y=f(x)$ 由方程 $F(x,y)=0$ 所确定，则必有恒等式

$$F[x,f(x)]=0$$

左端可以看作是 x 的一个复合函数. 恒等式两边求导后仍然恒等，即得

$$\frac{\partial F}{\partial x}+\frac{\partial F}{\partial y}\cdot\frac{\mathrm{d}y}{\mathrm{d}x}=0$$

若 $\frac{\partial F}{\partial y}\neq 0$，则有

$$\frac{\mathrm{d}y}{\mathrm{d}x}=-\frac{\frac{\partial F}{\partial x}}{\frac{\partial F}{\partial y}}=-\frac{F'_x}{F'_y}$$

这就是由隐函数 $F(x,y)=0$ 所确定的函数 $y=f(x)$ 的导数公式.

例 4 设由方程 $xy-\mathrm{e}^x+\mathrm{e}^y=0$ 确定 y 是 x 的函数，求 $\frac{\mathrm{d}y}{\mathrm{d}x}$.

解 设 $F(x,y)=xy-\mathrm{e}^x+\mathrm{e}^y$，由于

$$F'_x(x,y)=y-\mathrm{e}^x,\quad F'_y(x,y)=x+\mathrm{e}^y$$

所以

$$\frac{\mathrm{d}y}{\mathrm{d}x}=-\frac{F'_x}{F'_y}=-\frac{y-\mathrm{e}^x}{x+\mathrm{e}^y}$$

例 5 求由方程 $x^2+y^2-1=0$ 确定的隐函数在点 $(0,1)$ 处的导数值.

解 设 $F(x,y)=x^2+y^2-1$，则 $F'_x(x,y)=2x$，$F'_y(x,y)=2y$，所以

$$\frac{\mathrm{d}y}{\mathrm{d}x}=-\frac{F'_x}{F'_y}=-\frac{x}{y},\qquad \left.\frac{\mathrm{d}y}{\mathrm{d}x}\right|_{(0,1)}=0$$

上述隐函数求导公式可以推广到多元隐函数的情形. 例如，设由含三个变量 x、y 和 z 的方程

$$F(x,y,z)=0$$

确定二元函数 $z=f(x,y)$. 这时应有恒等式

$$F[x,y,f(x,y)]=0$$

上式分别对 x 和对 y 求偏导数，得

$$\frac{\partial F}{\partial x}+\frac{\partial F}{\partial z}\cdot\frac{\partial z}{\partial x}=0,\quad \frac{\partial F}{\partial y}+\frac{\partial F}{\partial z}\cdot\frac{\partial z}{\partial y}=0$$

若$\frac{\partial F}{\partial z}\neq 0$,则有偏导数公式

$$\frac{\partial z}{\partial x}=-\frac{\frac{\partial F}{\partial x}}{\frac{\partial F}{\partial z}}=-\frac{F'_x}{F'_z},\quad \frac{\partial z}{\partial y}=-\frac{\frac{\partial F}{\partial y}}{\frac{\partial F}{\partial z}}=-\frac{F'_y}{F'_z}$$

例 6 设 $x^2+y^2+z^2-4z=0$,求$\frac{\partial z}{\partial x}$和$\frac{\partial z}{\partial y}$.

解 设 $F(x,y,z)=x^2+y^2+z^2-4z$,则

$$F'_x=2x,\quad F'_y=2y,\quad F'_z=2z-4$$

所以

$$\frac{\partial z}{\partial x}=-\frac{F'_x}{F'_z}=-\frac{2x}{2z-4}=\frac{x}{2-z}$$

$$\frac{\partial z}{\partial y}=-\frac{F'_y}{F'_z}=-\frac{2y}{2z-4}=\frac{y}{2-z}$$

习题 9-4

1. 设 $z=u^2e^{2v}$,$u=xy$,$v=2x-3y$,求 $\frac{\partial z}{\partial x}$、$\frac{\partial z}{\partial y}$.

2. 设 $z=\ln(1+uv)$,$u=x+y$,$v=x-y$,求 $\frac{\partial z}{\partial x}$、$\frac{\partial z}{\partial y}$.

3. 设 $z=u^v(u>0)$,$u=\sin x$,$v=\cos x$,求 $\frac{dz}{dx}$.

4. 设 $u=e^x(y-z)$,$y=\sin x$,$z=\cos x$,求 $\frac{du}{dx}$.

5. 设 $u=\ln(u+v)$,$u=e^{x+y^2}$,$v=\sin x$,求 $\frac{\partial z}{\partial x}$、$\frac{\partial z}{\partial y}$.

6. 设 $z=(2x+y)^{x-2y}$,求 $\frac{\partial z}{\partial x}$,$\frac{\partial z}{\partial y}$.

7. 求下列函数对各自变量的一阶偏导数. 其中 f 可微.

(1) $z=f(x^2-y^2,e^{xy})$　　(2) $z=f(2x+y,y\ln x)$

(3) $z=f(x,xy,xyz)$　　(4) $u=f(x^2+xy+xyz)$

8. 设 $z=x+f(u)$,$u=x^2+y^2$,f 可微,证明.

$$y\frac{\partial z}{\partial x}-x\frac{\partial z}{\partial y}=y$$

9. 求下列方程所确定的隐函数的导数$\frac{dy}{dx}$.

(1) $\cos y+e^{xy}-x=0$　　(2) $\ln\sqrt{x^2+y^2}=\arctan\frac{y}{x}$

10. 求下列方程所确定的隐函数 $z=z(x,y)$ 的偏导数 $\frac{\partial z}{\partial x}$、$\frac{\partial z}{\partial y}$.

(1) $z^3+3xyz=14$ (2) $x+y+z=e^{-(x+y+z)}$

(3) $\frac{x}{z}=\ln\frac{z}{y}$

11. 设 $x^3+y^3+z^3+xyz=6$ 所确定的隐函数 $z=f(x,y)$. 求 $\left.\frac{\partial z}{\partial x}\right|_{(1,2,-1)}$.

12. 设 $2\sin(x+2y-3z)=x+2y-3z$. 证明：

$$\frac{\partial z}{\partial x}+\frac{\partial z}{\partial y}=1.$$

9.5 多元函数的极值

在一元函数中，我们已经看到，利用函数的导数可以求得函数的极值，从而进一步解决一些有关最大值和最小值的应用问题. 在多元函数中也有类似问题，我们先讨论多元函数的极值问题，并进而解决实际问题中的多元函数求最大值和最小值的问题，这里着重讨论二元函数的情形.

9.5.1 二元函数的极值

定义 9.6 设函数 $z=f(x,y)$ 在点 $M_0(x_0,y_0)$ 的某邻域内有定义，如果对于该邻域内任何异于 $M_0(x_0,y_0)$ 的点 $M(x,y)$，恒有不等式 $f(x,y)<f(x_0,y_0)$ 成立，则称函数在点 $M_0(x_0,y_0)$ 取得极大值 $f(x_0,y_0)$；恒有不等式 $f(x,y)>f(x_0,y_0)$ 成立，则称函数在点 $M_0(x_0,y_0)$ 取得极小值 $f(x_0,y_0)$.

极大值和极小值统称为极值，使函数取得极值的点 $M_0(x_0,y_0)$ 称为极值点.

例 1 函数 $z=3x^2+4y^2$ 在点 $(0,0)$ 处取得极小值.

因为当 $(x,y)=(0,0)$ 时，$z=0$，当 $(x,y)\neq(0,0)$ 时，$z>0$. 因此 $z=0$ 是函数的极小值.

例 2 函数 $z=-\sqrt{x^2+y^2}$ 在点 $(0,0)$ 处取得极大值.

因为当 $(x,y)=(0,0)$ 时，$z=0$，当 $(x,y)\neq(0,0)$ 时，$z<0$. 因此 $z=0$ 是函数的极大值.

例 3 函数 $z=xy$ 在点 $(0,0)$ 处既不取得极大值也不取得极小值.

因为在点 $(0,0)$ 处的函数值为零，而在点 $(0,0)$ 的任一邻域内，总有使函数值为正的点，也有使函数值为负的点.

关于多元函数的极值问题的判定，下面给出极值存在的必要条件和充分条件.

定理 9.5(极值存在的必要条件) 设函数 $z=f(x,y)$ 在点 $M_0(x_0,y_0)$ 处存在偏导数，且在点 $M_0(x_0,y_0)$ 处取得极值，则有

$$f'_x(x_0,y_0)=0,\qquad f'_y(x_0,y_0)=0$$

证明 不妨设函数 $z=f(x,y)$ 在点 (x_0,y_0) 处取得极大值. 根据极大值的定义，对于点 (x_0,y_0) 的某一邻域内异于 (x_0,y_0) 的点 (x,y)，都有不等式

$$f(x,y)<f(x_0,y_0)$$

特殊地，在该邻域内取 $y=y_0$ 而 $x\neq x_0$ 的点，也应有不等式

$$f(x,y_0)<f(x_0,y_0)$$

这表明一元函数 $f(x,y_0)$ 在 $x=x_0$ 处取得极大值，因而必有

$$f'_x(x_0,y_0)=0$$

类似地可证

$$f'_y(x_0,y_0)=0$$

与一元函数一样，凡是使 $f'_x(x_0,y_0)=0$，$f'_y(x_0,y_0)=0$ 同时成立的点 (x_0,y_0) 称为函数 $z=f(x,y)$ 的驻点.

显然由定理 9.5 可知，可微函数的极值点必定是驻点，但函数的驻点不一定是极值点. 例如，函数 $z=xy$ 在点 $(0,0)$ 处的两个偏导数都是零，但在 $(0,0)$ 处既不取得极大值也不取得极小值. 那么怎样判定一个驻点是否是极值点呢？下面给出判定极值的充分条件.

定理 9.6(极值存在的充分条件)　设函数 $z=f(x,y)$ 在点 (x_0,y_0) 的某邻域内有一阶和二阶连续的偏导数，且满足 $f'_x(x_0,y_0)=0$，$f'_y(x_0,y_0)=0$，记

$$A=f''_{rr}(x_0,y_0),B=f''_{xy}(x_0,y_0),C=f''_{yy}(x_0,y_0)$$

则有

(1) 当 $B^2-AC<0$ 时，函数 $f(x,y)$ 在点 (x_0,y_0) 处取得极值，且当 $A<0$ 时为极大值，当 $A>0$ 时为极小值；

(2) 当 $B^2-AC>0$ 时，函数 $f(x,y)$ 在点 (x_0,y_0) 处没有极值；

(3) 当 $B^2-AC=0$ 时，函数 $f(x,y)$ 在点 (x_0,y_0) 处可能有极值，也可能没有极值，要用其他方法另作讨论.

由极值存在的必要条件和充分条件，可以得出求二元函数极值的步骤如下：

(1) 求出函数 $f(x,y)$ 的偏导数，并解方程组

$$f'_x(x,y)=0,\quad f'_y(x,y)=0$$

求出所有的驻点.

(2) 对于每一个驻点，求出对应的二阶偏导数值 A、B 和 C；

(3) 由 B^2-AC 的符号判定该驻点是否为极值点；

(4) 求出极值点上的函数值，即函数的极值.

例 4　求函数 $f(x,y)=x^3-y^3+3x^2+3y^2-9x$ 的极值.

解　求一阶偏导数

$$f'_x(x,y)=3x^2+6x-9,f'_y(x,y)=-3y^2+6y=0$$

利用极值的必要条件求驻点，解方程组

$$\begin{cases}f'_x(x,y)=3x^2+6x-9=0\\ f'_y(x,y)=-3y^2+6y=0\end{cases}$$

得函数的驻点为 $(1,0)$，$(1,2)$，$(-3,0)$，$(-3,2)$

再求出二阶偏导数

$$f''_{xx}(x,y)=6x+6,f''_{xy}(x,y)=0,f''_{yy}(x,y)=-6y+6$$

在点 $(1,0)$ 处，$B^2-AC=0-12\times6=-72<0$，且 $A>0$，所以函数在 $(1,0)$ 处有极小

值$f(1,0)=-5$；

在点(1,2)处，$B^2-AC=0-12\times(-6)=72>0$，所以 $f(1,2)$不是极值；

在点(-3,0)处，$B^2-AC=0-(-12)\times6=72>0$，所以 $f(-3,0)$不是极值；

在点(-3,2)处，$B^2-AC=0-(-12)\times(-6)=-72<0$，且$A<0$，所以函数在(-3,2)处有极大值 $f(-3,2)=31$.

应注意的问题：不是驻点也可能是极值点. 例如，函数 $z=-\sqrt{x^2+y^2}$ 在点(0,0)处有极大值，但(0,0)不是函数的驻点. 因此，在考虑函数的极值问题时，除了考虑函数的驻点外，如果有偏导数不存在的点，那么对这些点也应当考虑.

9.5.2 二元函数的最大值与最小值

我们已经知道有界闭区域 D 上的连续函数 $f(x,y)$必定存在最大值和最小值. 这时使函数取得最大值和最小值的点既可能在 D 的内部，也可能在 D 的边界上. 我们假定函数在 D 上连续、在 D 内可微且只有有限个驻点，如果函数在 D 的内部取得最大值和最小值，那么这个最大值和最小值也是函数的极大值和极小值. 因此，求最大值和最小值的一般方法是：将函数 $f(x,y)$在 D 内的所有驻点处的函数值及在 D 的边界上的最大值和最小值相互比较，其中最大的就是最大值，最小的就是最小值. 在通常遇到的实际问题中，如果根据问题的性质，知道函数 $f(x,y)$的最大值(或最小值)一定在 D 的内部取得，而函数在 D 内只有一个驻点，那么可以肯定该驻点处的函数值就是函数 $f(x,y)$在 D 上的最大值(或最小值).

例 5 要用铁板做成一个体积为 8 m^3 的有盖长方体水箱. 问当长、宽、高各取怎样的尺寸时，才能使所用材料最省？

解 设水箱的长为 x，宽为 y，则其高应为$\dfrac{8}{xy}$. 此水箱所用材料的面积为

$$A=2\left(xy+y\cdot\frac{8}{xy}+x\cdot\frac{8}{xy}\right)=2\left(xy+\frac{8}{x}+\frac{8}{y}\right)\quad(x>0,y>0)$$

由

$$\begin{cases}\dfrac{\partial A}{\partial x}=2\left(y-\dfrac{8}{x^2}\right)=0\\[2ex]\dfrac{\partial A}{\partial y}=2\left(x-\dfrac{8}{y^2}\right)=0\end{cases}$$

解得 $x=2,y=2$.

由题意可知，水箱所用材料的面积的最小值一定存在，而在定义域 $D=\{(x,y)\mid x>0,y>0\}$内只有唯一的驻点(2,2)，所以此驻点一定是 A 的最小值点. 即当 $x=2$，$y=2$ 时，A 取最小值.

所以，当水箱的长为 2 m、宽为 2 m、高为$\dfrac{8}{2\times2}=2$(m)时，水箱所用的材料最省.

从这个例子还可看出，在体积一定的长方体中，以立方体的表面积为最小.

例 6 有一宽为 24 cm 的长方形铁板，把它两边折起来做成一断面为等腰梯形的水槽(见图 9-3). 问怎样折法才能使断面的面积最大？

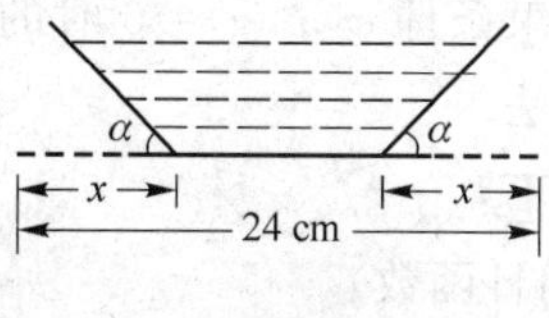

图 9-3

解 设折起来的边长为 x,倾角为 α,那么梯形断面的下底长为 $24-2x$,上底长为 $24-2x+2x\cos\alpha$,高为 $x\sin\alpha$,所以断面的面积为

$$A=\frac{1}{2}(24-2x+24-2x+2x\cos\alpha)\cdot x\sin\alpha$$

即

$$A=24x\sin\alpha-2x^2\sin\alpha+x^2\sin\alpha\cos\alpha \quad \left(0<x<12, 0<\alpha<\frac{\pi}{2}\right)$$

可见断面面积 A 是 x 和 α 的二元函数,这就是目标函数,而求使这函数取得最大值的点 (x,α).

令

$$\begin{cases}\dfrac{\partial A}{\partial x}=24\sin\alpha-4x\sin\alpha+2x\sin\alpha\cos\alpha=0\\ \dfrac{\partial A}{\partial \alpha}=24x\cos\alpha-2x^2\cos\alpha+x^2(\cos^2\alpha-\sin^2\alpha)=0\end{cases}$$

由于 $\sin\alpha\neq0, x\neq0$,上述方程组可化为

$$\begin{cases}12-2x+x\cos\alpha=0\\ 24\cos\alpha-2x\cos\alpha+x(\cos^2\alpha-\sin^2\alpha)=0\end{cases}$$

解方程组得

$$\alpha=\frac{\pi}{3}, \quad x=8$$

根据题意可知,断面面积的最大值一定存在,并且在 $D=\left\{(x,y)\mid 0<x<12, 0<\alpha<\frac{\pi}{2}\right\}$ 内取得,通过计算得知 $\alpha=\frac{\pi}{2}$ 时的函数值比 $\alpha=\frac{\pi}{3}$, $x=8$ cm 时的函数值为小. 又函数在 D 内只有一个驻点,因此可以断定,当 $x=8$ cm, $\alpha=\frac{\pi}{3}$ 时,就能使断面的面积最大.

9.5.3 条件极值与拉格朗日乘数法

上面讨论的极限问题,自变量在定义域可以任意取值,未受任何限制,通常称为无条件极值. 在实际问题中,求极值或最值时,对自变量的取值往往要附加一定的约束条件. 这类有附加条件的极值问题,称为条件极值.

例如,求表面积为 a^2 而体积为最大的长方体的体积问题. 设长方体的三棱的长为 x,y,z,则体积 $V=xyz$. 又因假定表面积为 a^2,所以自变量 x,y,z 还必须满足附加条件 $2(xy+yz+zx)=a^2$.

考虑函数 $z=f(x,y)$ 在满足约束条件 $\varphi(x,y)=0$ 时的条件极值的问题，求解这一条件极值问题的常用方法是拉格朗日乘数法.

拉格朗日乘数法的具体步骤如下：

(1) 构造辅助函数(称为拉格朗日函数)

$$F(x,y,\lambda)=f(x,y)+\lambda\varphi(x,y)$$

其中 λ 为待定常数，称为拉格朗日乘数，将原条件极值问题化为求三元函数 $F(x,y,\lambda)$ 的无条件极值问题；

(2) 由无条件极值问题的必要条件有

$$\begin{cases}F'_x(x,y,\lambda)=f'_x(x,y)+\lambda\varphi'_x(x,y)=0\\ F'_y(x,y,\lambda)=f'_y(x,y)+\lambda\varphi'_y(x,y)=0\\ F'_\lambda(x,y,\lambda)=\varphi(x,y)=0\end{cases}$$

由这方程组解出 x,y 及 λ，则其中点 (x,y) 就是所要求的可能的极值点；

(3) 判别求出的 (x,y) 是否为极值点，通常由实际问题的实际意义判定.

这种方法可以推广到自变量多于两个而条件多于一个的情形.

例 7 求表面积为 a^2 而体积为最大的长方体的体积.

解 设长方体的三棱的长为 x,y,z，则问题就是在条件

$$2(xy+yz+zx)=a^2$$

下求函数 $V=xyz$ 的最大值.

构造辅助函数(拉格朗日函数)

$$F(x,y,z,\lambda)=xyz+\lambda(2xy+2yz+2zx-a^2)$$

解方程组

$$\begin{cases}F'_x(x,y,z,\lambda)=yz+2\lambda(y+z)=0\\ F'_y(x,y,z,\lambda)=xz+2\lambda(x+z)=0\\ F'_z(x,y,z,\lambda)=xy+2\lambda(y+x)=0\\ F'_\lambda(x,y,z,\lambda)=2xy+2yz+2xz-a^2=0\end{cases}$$

得 $x=y=z=\dfrac{\sqrt{6}}{6}a$，这是唯一可能的极值点. 因为由问题本身可知最大值一定存在，所以最大值就在这个可能的极值点处取得. 此时 $V=\dfrac{\sqrt{6}}{36}a^3$.

习题 9-5

1. 求下列函数的极值.

(1) $z=4(x-y)-x^2-y^2$； (2) $z=xy(x^2+y^2-1)$； (3) $z=e^{2x}(x+2y+y^2)$.

2. 斜边为 l 的一切直角三角形中，当直角边各为多少时，直角三角形的周长最大？

3. 将一长为 l 的线段分为三段，分别围成圆、正方形和三角形，问怎样分法，才能使它们面积之和最小？

4. 经过点(1,1,1)的所有平面中，哪一个平面与三坐标面在第一卦限所围的立体体积最

小,并求最小体积.

5. 要制造一个无盖的长方体水槽,已知它的底部造价为每平方米 18 元,侧面造价每平方米 6 元,设计的总造价为 216 元,问如何选取它的尺寸,才能使水槽容积最大?

6. 设长方体内接于半径为 a 的球,长方体边长各为多少时,长方体有最大体积?

复习题九

1. 求并画出下列函数的定义域 D:

(1) $z=\sqrt{x-y}$; (2) $z=\dfrac{\sqrt{x^2+y^2-9}}{\sqrt{25-x^2-y^2}}$;

(3) $z=\arcsin\dfrac{x^2+y^2}{4}+\ln(x^2+y^2-1)$; (4) $z=\dfrac{\sqrt{4x-y^2}}{\ln(1-x^2-y^2)}$.

2. 求下列极限:

(1) $\lim\limits_{(x,y)\to(2,0)}\dfrac{(2+x)\sin(x^2+y^2)}{x^2+y^2}$; (2) $\lim\limits_{(x,y)\to(0,0)}\dfrac{1-\sqrt{xy+1}}{xy}$;

(3) $\lim\limits_{(x,y)\to(0,0)}\dfrac{(2+x)\sin(x^2+y^2)}{x^2+y^2}$; (4) $\lim\limits_{(x,y)\to(2,0)}\dfrac{\sin(xy)}{y}$;

(5) $\lim\limits_{(x,y)\to(1,0)}(1+xy)^{\frac{1}{y}}$; (6) $\lim\limits_{(x,y)\to(0,0)}\dfrac{x^2y^2}{x^2y^2+(x-y)^2}$.

3. 求下列函数的间断点或间断线:

(1) $z=\dfrac{1}{x^2+y^2-2x+6y+10}$; (2) $z=\dfrac{y^2+x}{y^2-x}$.

4. 给出偏导数 $f'_x(2,1)$的定义并说明它的几何意义.

5. $f(x,y)=(x^2-y^2)\ln(x+y)+\arctan\left[\dfrac{y}{x}\cdot e^{(x^2+y^2)}\right]$,求 $f'_x(1,0)$.

6. 先求函数 $f(x,y)$,再求其偏导数$\left.\dfrac{\partial f}{\partial x}\right|_{(1,2)}$和$\left.\dfrac{\partial f}{\partial y}\right|_{(1,2)}$:

(1) $f(x,x+y)=x^2+xy$; (2) $f\left(\dfrac{1}{x},\dfrac{1}{y}\right)=\dfrac{y-x}{xy}$.

7. 求下列函数的全微分:

(1) $z=x^y+\dfrac{x}{y}$; (2) $z=e^{(\varphi-\theta)}\cos(\varphi+\theta)$.

8. 函数 $f(x,y)=\begin{cases}\dfrac{\sqrt{|xy|}}{x^2+y^2}\sin(x^2+y^2), & 当\ x^2+y^2\neq 0,\\ 0. & 当\ x^2+y^2=0.\end{cases}$ 在点(0,0)是否

(1) 连续; (2) 可偏导; (3) 可微.

9. 求下列函数的偏导数或全导数:

(1) $z=u^v,u=(2x+y),v=x-y$; (2) $u=e^{(x-2y)}+\dfrac{1}{t},x=\sin t,y=t^3$.

10. 设有一圆锥体,它的底半径以 0.1 cm/s 的速率在增大,而高以 0.2 cm/s 的速率在减少,试求当底半径为 30 cm,高为 40 cm 时:

(1) 圆锥体体积的变化率;　　(2) 圆锥体侧面积的变化率.

11. 求由下列方程所确定的隐函数的导数或偏导数:

(1) $y=2x\arctan\dfrac{y}{x}$;　　(2) $x^2-2y^2+z^2-4x+2z-5=0$.

12. 求下列曲面在指定点 $M_0(x_0,y_0,z_0)$ 处的切平面与法线方程:

(1) $e^z-2z+xy=3$,在点 $M_0(2,1,0)$;　　(2) $z=\dfrac{6}{xy}$ 在点 $M_0(1,2,3)$.

13. 求函数 $z=x^3+y^3-3axy\quad(a>0)$ 的极值.

14. 求两种方法求函数 $z=xy$ 在条件下 $x+y=1$ 的极大值.

15. 求下列函数在指定区域上的最大值与最小值:

(1) $z=x^2-y^2$, 在 $x^2+y^2\leqslant 4$ 上;

(2) $z=x^2+2xy-4x+8y$,在 $0\leqslant x\leqslant 1,\quad 0\leqslant y\leqslant 2$ 上.

16. 求直线 $x+y=4$ 与椭圆 $\dfrac{x^2}{4}+y^2=1$ 之间的最短距离.

17. 某化工厂需造大量的表面涂以贵重质料的桶,桶的形状为无盖长方体,容积为 256 m^3. 问桶的长、宽、高各为多少时,可使所用涂料最省?

10 多元函数的积分

本章将一元函数的定积分推广到多元函数上去，主要是讲授二重积分的概念与运算.在二重积分运算方面，将重点讲授直角坐标系和极坐标系下二重积分的计算.

10.1 二重积分的概念

10.1.1 引例——求曲顶柱体的体积

设 D 是 xOy 平面上的一个有界闭区域，$z=f(x,y)$是在区域 D 上连续的二元函数，并且 $f(x,y)\geqslant 0,(x,y)\in D$.

现以 D 为底面，曲面 $z=f(x,y)$为顶面，作一个柱体，其侧面是母线与 Oz 轴平行的直线，由于这个柱体的顶是曲面，我们称它为曲顶柱体(见图 10-1).

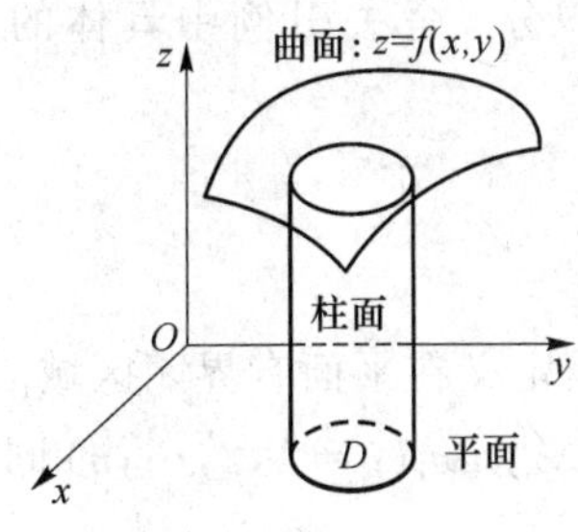

图 10-1

现在求这个曲顶柱体的体积，易见，解决这个问题的困难在于顶是曲面，联想求曲边梯形的面积，情况十分类似.我们依照第五章第一节的方法来解决这个问题.

1. 分割

将 D 任意分割为 n 个小区域 $\Delta\sigma_1,\Delta\sigma_2,\cdots,\Delta\sigma_n$，同时用 $\Delta\sigma_i(i=1,2,\cdots,n)$表示小区域的面积.相应地，整个曲顶柱体被分为 n 个小曲顶柱体.图 10-2 画出了其中第 i 个小曲顶柱体.

2. 取近似

对于每个小曲顶柱体，在底面 $\Delta\sigma_i$ 上任取一点(ξ_i,η_i)，我们可以将这个小曲顶柱体近似看成高为 $f(\xi_i,\eta_i)$的平面柱体，体积为 $f(\xi_i,\eta_i)\Delta\sigma_i(i=1,2,\cdots,n)$.

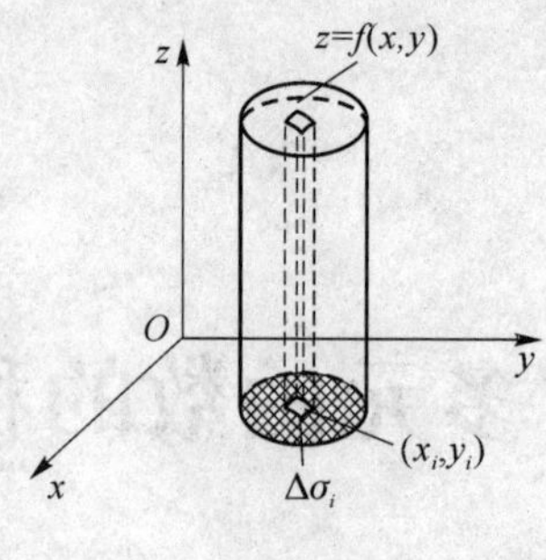

图 10-2

3. 作和

把 n 个小平顶柱体的体积加起来,便是整个曲顶柱体体积 V 的近似值,即

$$V \approx \sum_{i=1}^{n} f(\xi_i,\eta_i)\Delta\sigma_i.$$

4. 取极限

当分割的份数 n 趋于无穷且每一个小平面区域 $\Delta\sigma_i$ 收缩于一点时,上述和式的极限便是曲顶柱体体积的精确值. 用 λ 表示 n 个小平面区域的最大直径(闭区域上任意两点距离的最大者称为该区域的直径),则

$$V = \lim_{\lambda\to 0}\sum_{i=1}^{n} f(\xi_i,\eta_i)\Delta\sigma_i \tag{10-1}$$

这样,我们的问题就归结为求上述和式的极限了. 如果这个极限存在,我们就把它定义为函数 $f(x,y)$在区域 D 上的二重积分. 舍去引例中具体的几何意义,我们给出二重积分的定义.

10.1.2 二重积分的概念

定义 10.1 设 $z=f(x,y)$ 是定义在平面有界闭区域 D 上的二元函数,用曲线网将 D 任意分割成 n 个小区域 $\Delta\sigma_1,\Delta\sigma_2,\cdots,\Delta\sigma_n$, $\Delta\sigma_i(i=1,2,\cdots,n)$ 同时表示小区域 $\Delta\sigma_i$ 的面积,在每个小区域 $\Delta\sigma_i$ 中任取一点(ξ_i,η_i)作乘积 $f(\xi_i,\eta_i)$,并作和 $\sum\limits_{i=1}^{n} f(\xi_i,\eta_i)\Delta\sigma_i$. 当 n 无限增大,各小区域直径的最大值 λ 趋于零时,如果上面和式的极限

$$\lim_{\lambda\to 0}\sum_{i=1}^{n} f(\xi_i,\eta_i)\Delta\sigma_i$$

存在且与分割方法及(ξ_i,η_i)点的取法无关,则称此极限值为函数 $z=f(x,y)$ 在平面区域 D 上的二重积分,记为$\iint\limits_D f(x,y)\mathrm{d}\sigma$. 即

$$\iint\limits_D f(x,y)\mathrm{d}\sigma = \lim_{\lambda\to 0}\sum_{i=1}^{n} f(\xi_i,\eta_i)\Delta\sigma_i \tag{10-2}$$

其中 D 称为积分区域,$f(x,y)$ 称为被积函数,$f(x,y)\mathrm{d}\sigma$ 称为被积表达式,x 与 y 称为积分变量,$\iint$ 称为二重积分符号,$\mathrm{d}\sigma$ 称为面积元素,它象征着小区域的面积.

可以证明,当 $f(x,y)$ 在闭区域 D 上连续时,(10-2)式右边的极限必定存在,即此时 $f(x,y)$ 在 D 上的二重积分必定存在.

当我们用平行于 Ox 与 Oy 轴的直线网络时,$\Delta\sigma_i=\Delta x_i\cdot\Delta y_i$,二重积分 $\iint\limits_D f(x,y)\mathrm{d}\sigma$ 可写成 $\iint\limits_D f(x,y)\mathrm{d}x\mathrm{d}y$.

由引例可见,当 $f(x,y)\geqslant 0$ 时,二重积分 $\iint\limits_D f(x,y)\mathrm{d}\sigma$ 的几何意义是以 D 为底,$z=f(x,y)$ 为顶,侧面为母线平行于 z 轴的曲顶柱体的体积.即

$$V_{\text{曲顶柱体}}=\iint\limits_D f(x,y)\mathrm{d}\sigma\quad(f(x,y)\geqslant 0).$$

而当 $f(x,y)\equiv 1$ 时,有

$$A=\iint\limits_D \mathrm{d}\sigma,$$

其中 A 是平面区域 D 的面积.

如果 $f(x,y)\geqslant 0$,被积函数 $f(x,y)$ 可解释为曲顶柱体顶上的点 $(x,y,f(x,y))$ 的竖坐标,所以二重积分的几何意义就是曲顶柱体的体积.如果 $f(x,y)<0$,柱体在 xOy 面的下方,二重积分就等于曲顶柱体体积的负值.如果 $f(x,y)$ 在 D 的某些部分区域上是正的,而其余部分区域上是负的,那么二重积分 $\iint\limits_D f(x,y)\mathrm{d}\sigma$ 就等于 xOy 面上方的曲顶柱体体积与 xOy 面下方曲顶柱体体积的负值的代数和.

例 1 用二重积分的定义计算二重积分 $\iint\limits_D xy\,\mathrm{d}\sigma$,

其中 $D:0\leqslant x\leqslant 1,0\leqslant y\leqslant 1$.

解 由于 $f(x,y)=xy$ 连续,从而 $\iint\limits_D xy\,\mathrm{d}\sigma$ 存在.因此 $\lim\limits_{\lambda\to 0}\sum\limits_{i=1}^{n}f(\xi_i,\eta_i)\Delta\sigma_i$ 存在且与区域的分割方法及 (ξ_i,η_i) 的取法无关.于是可将 D 均分为 n^2 个正方形小区域 $\Delta\sigma_{ij}$(见图 10-3),$\Delta\sigma_{ij}=\dfrac{1}{n^2}$,取右上角顶点 $\left(\dfrac{i}{n},\dfrac{j}{n}\right)$ 作为代表点 (ξ_i,η_i),从而

$$f(\xi_i,\eta_i)\Delta\sigma_{ij}=\frac{i}{n}\cdot\frac{j}{n}\cdot\frac{1}{n^2},$$

对各区域求和 $\sum\limits_{i=1}^{n}\sum\limits_{j=1}^{n}\left(\dfrac{i}{n}\cdot\dfrac{j}{n}\right)\cdot\dfrac{1}{n^2}$,于是

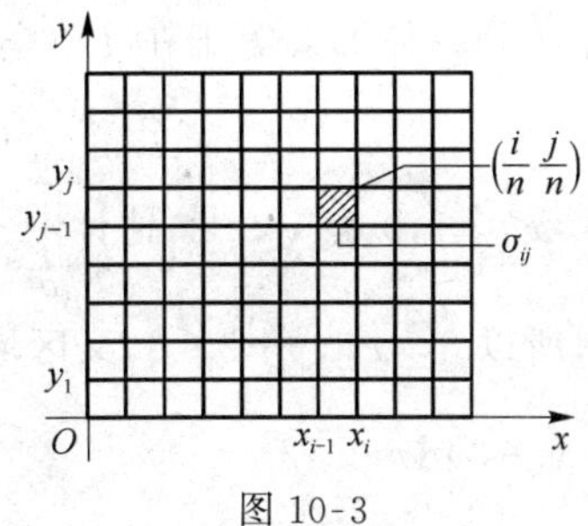

图 10-3

$$\iint_D xy\,d\sigma = \lim_{\lambda\to 0}\sum_{i=1}^{n}\sum_{j=1}^{n}\left(\frac{i}{n}\cdot\frac{j}{n}\right)\cdot\frac{1}{n^2} = \lim_{n\to\infty}\frac{1}{n^4}\sum_{i=1}^{n}i\sum_{j=1}^{n}j$$

$$= \lim_{n\to\infty}\frac{1}{n^4}\left[\frac{n(n+1)}{2}\right]^2 = \frac{1}{4}.$$

10.1.3 二重积分的性质

类似于定积分,二重积分有下列性质:

(1) 线性性质.

$$\iint_D kf(x,y)\,d\sigma = k\iint_D f(x,y)\,d\sigma \qquad (k\text{ 为常数});$$

$$\iint_D [f(x,y)\pm g(x,y)]\,d\sigma = \iint_D f(x,y)\,d\sigma \pm \iint_D g(x,y)\,d\sigma.$$

(2) 区域可加性.

若 $D=D_1+D_2$,则

$$\iint_D f(x,y)\,d\sigma = \iint_{D_1} f(x,y)\,d\sigma + \iint_{D_2} f(x,y)\,d\sigma.$$

(3) 保序性.

若 $f(x,y)\leqslant g(x,y)$,则

$$\iint_D f(x,y)\,d\sigma \leqslant \iint_D g(x,y)\,d\sigma.$$

(4) 估值定理.

若 $m\leqslant f(x,y)\leqslant M$,则

$$mS_D \leqslant \iint_D f(x,y)\,d\sigma \leqslant MS_D.$$

其中 S_D 为区域 D 的面积.

(5) 二重积分中值定理.

若 $f(x,y)$在有界闭区域 D 上连续,D 的面积为 A,则在 D 内至少存在一点(ξ,η),使得

$$\iint_D f(x,y)\,d\sigma = f(\xi,\eta)A.$$

中值定理的几何意义:以 D 为底,$z=f(x,y)$,$(f(x,y)\geqslant 0)$为曲顶的曲顶柱体体积等于一个同底的平顶柱体的体积,这个平顶柱体的高等于在 $f(x,y)$区域 D 中某点(ξ,η)的函数值 $f(\xi,\eta)$.

例 2 设区域 D 是矩形:$0\leqslant x\leqslant 1, 0\leqslant y\leqslant 2$,估计$\iint_D (x+y+3)\,d\sigma$ 的值?

解 因为 $0\leqslant x\leqslant 1, 0\leqslant y\leqslant 2$,所以 $3\leqslant x+y+3\leqslant 6$,又区域 D 面积为 $\sigma=2$,

由估值定理得 $\quad 6\leqslant \iint_D (x+y+3)\,d\sigma \leqslant 12.$

习题 10-1

1. 设 $f(x,y)$是连续函数,试求极限

$$\lim_{r\to 0}\frac{1}{\pi r^2}\iint\limits_{x^2+y^2\leqslant r^2} f(x,y)\mathrm{d}\sigma.$$

2. 估计下列二重积分的值.

(1) $I=\iint\limits_D(x^2+y^2+1)\mathrm{d}\sigma$,其中 D 为区域:$1\leqslant x^2+y^2\leqslant 4$.

(2) $I=\iint\limits_D\sin(x+y)\mathrm{d}\sigma$,其中 D 为区域:$0\leqslant x\leqslant\frac{\pi}{4},\frac{\pi}{6}\leqslant y\leqslant\frac{\pi}{4}$.

10.2 二重积分的计算

二重积分 $\iint\limits_D f(x,y)\mathrm{d}\sigma$ 中有两个积分变量,我们知道对一个变量求积分是比较容易实现的.能否将二重积分化为一次只对一个变量求积分,连续积分两次的情形呢?本节就研究如何将二重积分化为两个定积分——称为二次积分来计算.

10.2.1 直角坐标系下二重积分的计算

我们利用二重积分的几何意义来建立计算公式.假设 $z=f(x,y)\geqslant 0$ 在有界闭区域 D 上连续.记以曲面 $z=f(x,y)$为顶面,区域 D 为底面的曲顶柱体体积为 V.则

$$V=\iint\limits_D f(x,y)\mathrm{d}\sigma=\iint\limits_D f(x,y)\mathrm{d}x\mathrm{d}y.$$

按照区域的特点,把问题分为以下两种类型:

(1) 积分区域由两条竖直平行线 $x=a,x=b$ 及两条曲线 $y=\varphi_1(x),y=\varphi_2(x)$围成.(见图 10-4)该区域内点$(x,y)$的坐标表示式为$\begin{cases}a\leqslant x\leqslant b\\ \varphi_1(x)\leqslant y\leqslant\varphi_2(x)\end{cases}$,这种类型的区域称为 X 型区域.

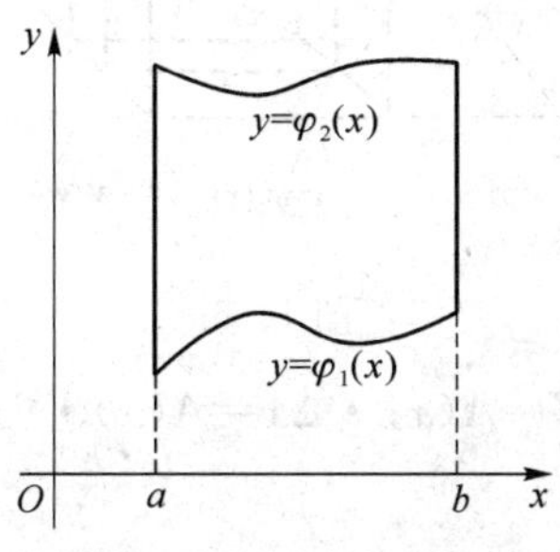

图 10-4

我们用微元法计算曲顶柱体的体积.在$[a,b]$上任取一点x_0,作平面$x=x_0$,与曲顶柱体相交的截面是以区间$[\varphi_1(x_0),\varphi_2(x_0)]$为底、$z=f(x_0,y)$为曲边的曲边梯形如图10-5所示.这一曲边梯形的面积为

$$A(x_0)=\int_{\varphi_1(x_0)}^{\varphi_2(x_0)}f(x_0,y)\mathrm{d}y.$$

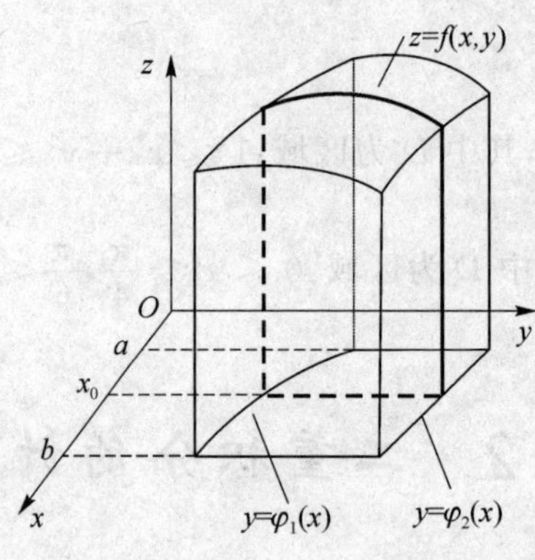

图 10-5

由于x_0的任意性,在$[a,b]$内任意一点x且平行于坐标面xy的平面与曲顶柱体相交的截面的面积为

$$A(x)=\int_{\varphi_1(x)}^{\varphi_2(x)}f(x,y)\mathrm{d}y.$$

上式中,y是积分变量,在积分过程中x保持不变,该运算是对y求偏导数的逆运算.所得到的截面面积$A(x)$一般是x的函数.

如图10-6所示,在$[a,b]$内点x处给增量Δx,对应得到一薄片曲顶柱体,其体积近似看成以$A(x)$为底、以Δx为高(厚度)薄片直柱体的体积,得到曲顶柱体的体积微元

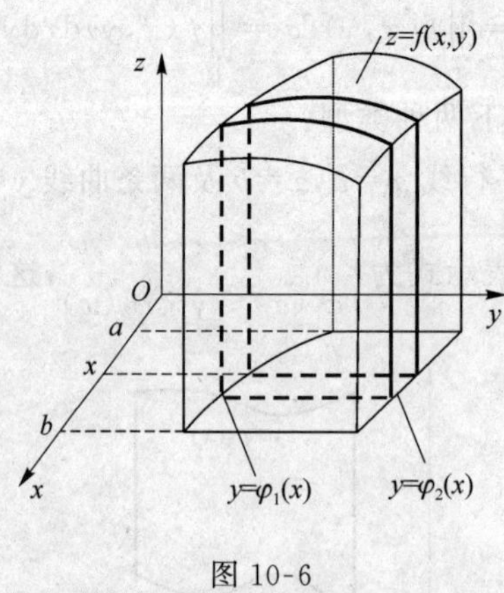

图 10-6

$$\mathrm{d}V=A(x)\cdot\Delta x=A(x)\cdot\mathrm{d}x.$$

于是曲顶柱体的体积为

$$V=\int_a^b\mathrm{d}V=\int_a^b\left[\int_{\varphi_1(x)}^{\varphi_2(x)}f(x,y)\mathrm{d}y\right]\mathrm{d}x.$$

从而得到二重积分的计算公式

$$\iint_D f(x,y)\mathrm{d}\sigma=\int_a^b\left[\int_{\varphi_1(x)}^{\varphi_2(x)}f(x,y)\mathrm{d}y\right]\mathrm{d}x,$$

或记为

$$\iint_D f(x,y)\mathrm{d}\sigma=\int_a^b\mathrm{d}x\int_{\varphi_1(x)}^{\varphi_2(x)}f(x,y)\mathrm{d}y,\tag{10-3}$$

(10-3)式右端的表达式称为二次积分,或累次积分.

对于积分区域 D 是 $\begin{cases}a\leqslant x\leqslant b\\ \varphi_1(x)\leqslant y\leqslant\varphi_2(x)\end{cases}$ 形式的二重积分化为二次积分,要注意积分次序和积分限两个问题:积分次序,按推证过程知,首先把 x 看作常数,对 y 积分,积分结果是 x 的函数,然后再对 x 积分,求得积分数值;积分上、下限如何确定是一个关键,对 x 积分的积分上、下限是两条平行线 $x=a,x=b$ 对应的值,对 y 积分的积分上、下限一般是 x 的函数,在 $[a,b]$ 内,由下向上作平行于 y 轴的直线,先与曲线 $y=\varphi_1(x)$ 相交,$\varphi_1(x)$ 为积分下限,直线后与 $y=\varphi_2(x)$ 相交,$\varphi_2(x)$ 是积分上限.

(2) 积分区域由两条水平平行线 $y=c,y=d$ 及两条曲线 $x=\psi_1(y),x=\psi_2(y)$ 围成.(见图10-7)该区域内点 (x,y) 的坐标表示式为 $\begin{cases}c\leqslant y\leqslant \mathrm{d}\\ \psi_1(y)\leqslant x\leqslant\psi_2(y)\end{cases}$,这种类型的区域称为 Y 型区域.

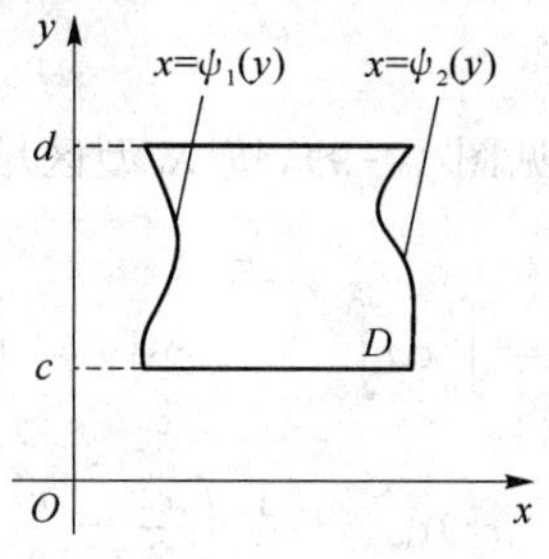

图 10-7

类似可得到计算公式

$$\iint_D f(x,y)\mathrm{d}\sigma=\int_c^d\mathrm{d}y\int_{\psi_1(y)}^{\psi_2(y)}f(x,y)\mathrm{d}x\tag{10-4}$$

关于(10-4)式中积分顺序和积分上、下限的确定与 X 型区域相似. 在公式推导过程中假设函数 $f(x,y)\geqslant 0$,实际上去掉 $f(x,y)\geqslant 0$ 公式仍然成立.

注意:计算二重积分的一般步骤是:

(1) 先画区域草图,求出边界线的交点,根据图形确定区域 D 的类型;

(2) 用平行穿线法确定积分限,化为二次积分;

(3) 如果 D 是 X 型区域,则先视 x 为常数对 y 积分,然后将第一次积分结果再对 x 积分,如果 D 是 Y 型区域,则先视 y 为常数对 x 积分,然后将第一次积分结果再对 y 积分;

(4) 有些积分区域 D 既可以看成 X 型区域也可以看成 Y 型区域,就注意结合函数选择顺序,有些区域经过分割后分成几个 X 型区域或 Y 型区域,分别计算后再求和.

如果积分区域是矩形区域 $D\begin{cases}a\leqslant x\leqslant b\\c\leqslant y\leqslant d\end{cases}$,又函数中变量可分离 $f(x,y)=f_1(x)\cdot f_2(y)$,则

$$\iint\limits_D f(x,y)\mathrm{d}\sigma=\int_a^b\mathrm{d}x\int_c^d f_1(x)f_2(y)\mathrm{d}y=\int_a^b f_1(x)\mathrm{d}x\cdot\int_c^d f_2(y)\mathrm{d}y \tag{10-5}$$

例 1 计算 $I=\iint\limits_D\frac{x^3}{1+y^2}\mathrm{d}x\mathrm{d}y$,其中 D 为:$\begin{cases}0\leqslant x\leqslant 2\\0\leqslant y\leqslant 1\end{cases}$.

解 此区域是矩形区域(见图 10-8),由(10-5)式得

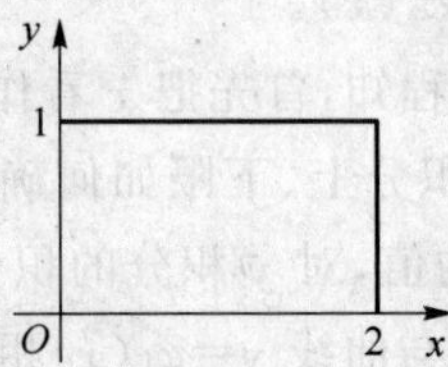

图 10-8

$$I=\iint\limits_D\frac{x^3}{1+y^2}\mathrm{d}x\mathrm{d}y=\int_0^2 x^3\mathrm{d}x\int_0^1\frac{1}{1+y^2}\mathrm{d}y=\frac{1}{4}x^4\Big|_0^2\cdot\arctan y\Big|_0^1=4\cdot\frac{\pi}{4}=\pi.$$

例 2 计算 $I=\iint\limits_D xy\mathrm{d}x\mathrm{d}y$,其中 D 为 $x^2+y^2\leqslant 1$ 在第一象限的部分.

解 区域 D 为四分之一圆面(见图 10-9),按 X 型区域计算,$\begin{cases}0\leqslant x\leqslant 1\\0\leqslant y\leqslant\sqrt{1-x^2}\end{cases}$

$$I=\iint\limits_D xy\mathrm{d}x\mathrm{d}y=\int_0^1\mathrm{d}x\int_0^{\sqrt{1-x^2}}xy\mathrm{d}y=\int_0^1 x\cdot\left(\frac{y^2}{2}\right)\Big|_0^{\sqrt{1-x^2}}\mathrm{d}x$$

$$=\frac{1}{2}\int_0^1 x(1-x^2)\mathrm{d}x=\frac{1}{2}\left(\frac{x^2}{2}-\frac{x^4}{4}\right)\Big|_0^1=\frac{1}{8}.$$

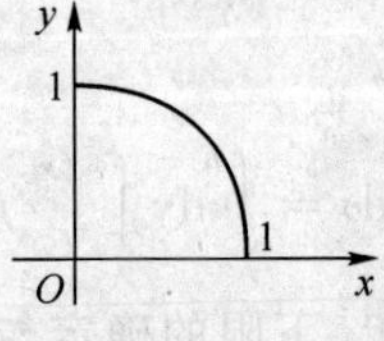

图 10-9

注意:此题也可按 Y 型区域计算.

例 3 计算 $I=\iint\limits_D x\mathrm{d}\sigma$,其中 D 是由 $y=x,y=\frac{1}{x},y=2$ 围成的区域.

解 区域 D 如图 10-10 所示,按 Y 型区域计算 $\begin{cases}1\leqslant y\leqslant 2\\\frac{1}{y}\leqslant x\leqslant y\end{cases}$.

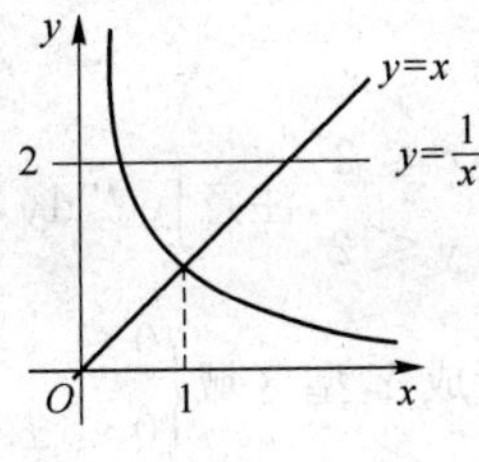

图 10-10

$$
\begin{aligned}
I &= \iint_D x\,\mathrm{d}\sigma \\
&= \int_1^2 \mathrm{d}y \int_{\frac{1}{y}}^{y} x\,\mathrm{d}x = \int_1^2 \frac{1}{2}x^2 \Big|_{\frac{1}{y}}^{y} \mathrm{d}y \\
&= \frac{1}{2}\int_1^2 \left(y^2 - \frac{1}{y^2}\right)\mathrm{d}y = \frac{1}{2}\left[\frac{1}{3}y^3 + \frac{1}{y}\right]_1^2 = \frac{11}{12}.
\end{aligned}
$$

注意:此题如按 X 型区域计算,用穿线法定积分限,入口线是分段函数,须用直线 $x=1$分割区域再计算,显得比较复杂.

例 4　计算 $I=\iint_D \mathrm{e}^{xy}x\,\mathrm{d}\sigma$,其中 D 是矩形区域$\begin{cases}0\leqslant x\leqslant 1\\ -1\leqslant y\leqslant 0\end{cases}$.

解　区域 D 是矩形,看成 X 型、Y 型均可,考虑到被积函数的情况,选择先对 y 积分方便.

$$I=\iint_D \mathrm{e}^{xy}x\,\mathrm{d}\sigma=\int_0^1\mathrm{d}x\int_{-1}^0 x\mathrm{e}^{xy}\,\mathrm{d}y=\int_0^1 \mathrm{e}^{xy}\Big|_{-1}^0\,\mathrm{d}x=\int_0^1(1-\mathrm{e}^{-x})\,\mathrm{d}x=[x+\mathrm{e}^{-x}]_0^1=\frac{1}{\mathrm{e}}.$$

例 5　改换积分次序 $\int_0^2\mathrm{d}x\int_{x^2}^{2x}f(x,y)\,\mathrm{d}y$.

解　题目中 D 按 X 型区域$\begin{cases}0\leqslant x\leqslant 2\\ x^2\leqslant y\leqslant 2x\end{cases}$,作图(见图 10-11),把 D 再看成 Y 型区域 $\begin{cases}0\leqslant y\leqslant 4\\ \frac{y}{2}\leqslant x\leqslant\sqrt{y}\end{cases}$,于是

$$\int_0^2\mathrm{d}x\int_{x^2}^{2x}f(x,y)\,\mathrm{d}y=\int_0^4\mathrm{d}y\int_{\frac{y}{2}}^{\sqrt{y}}f(x,y)\,\mathrm{d}x.$$

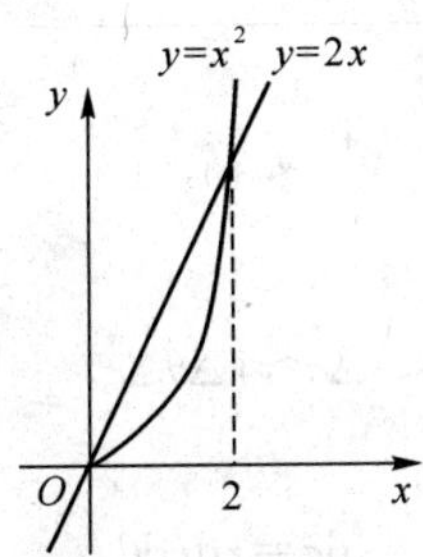

图 10-11

例 6 计算$\int_0^2 \mathrm{d}x \int_x^2 \mathrm{e}^{-y^2} \mathrm{d}y$.

解 题目中区域D按X型$\begin{cases} 0 \leqslant x \leqslant 2 \\ x \leqslant y \leqslant 2 \end{cases}$,注意$\int \mathrm{e}^{-y^2} \mathrm{d}y$不能用初等函数表示,所以考虑改换积分次序.作图(见图 10-12),把D看成Y型区域$\begin{cases} 0 \leqslant y \leqslant 2 \\ 0 \leqslant x \leqslant y \end{cases}$,于是

$$\int_0^2 \mathrm{d}x \int_x^2 \mathrm{e}^{-y^2} \mathrm{d}y = \int_0^2 \mathrm{d}y \int_0^y \mathrm{e}^{-y^2} \mathrm{d}x = \int_0^2 y \mathrm{e}^{-y^2} \mathrm{d}y = -\frac{1}{2} \mathrm{e}^{-y^2} \Big|_0^2 = \frac{1}{2}(1-\mathrm{e}^{-4}).$$

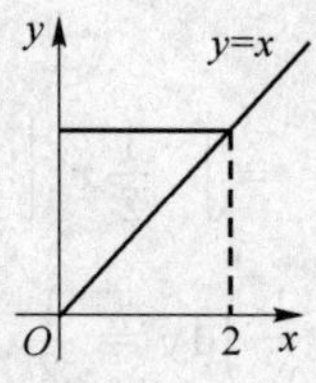

图 10-12

10.2.2 极坐标系下二重积分的计算

有些二重积分,其积分区域D的边界曲线、被积函数利用极坐标变量r,θ表达比较简单,这时我们可以考虑用极坐标来计算二重积分.

首先要把二重积分$\iint\limits_D f(x,y)\mathrm{d}\sigma$转化为极坐标下的二重积分.

设积分区域D的边界与过极点的射线相交不多于两点,或者边界的一部分是射线的一段,$f(x,y)$在D上连续,在极坐标系中,我们用以极点为圆心的同心圆族$r=c$与以极点为端点的射线族$\theta=k$分割区域D,如图 10-13 所示,

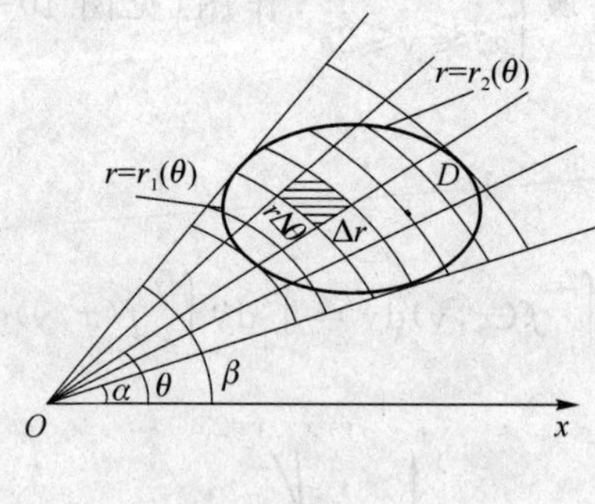

图 10-13

其任一小块的面积

$$\Delta\sigma \approx r\Delta\theta\Delta r,$$

于是可得极坐标中的面积元素

$$\mathrm{d}\sigma = r\mathrm{d}r\mathrm{d}\theta.$$

而直角坐标系与极坐标系之间的转换关系为

$$x=r\cos\theta, y=r\sin\theta.$$

这样就得到直角坐标下的二重积分变换为极坐标下的二重积分的变换公式

$$\iint\limits_D f(x,y)\mathrm{d}\sigma=\iint\limits_D f(r\cos\theta,r\sin\theta)r\mathrm{d}\theta\mathrm{d}r \tag{10-6}$$

然后化为二次积分

$$\begin{aligned}\iint\limits_D f(x,y)\mathrm{d}\sigma&=\iint\limits_D f(r\cos\theta,r\sin\theta)r\mathrm{d}\theta\mathrm{d}r,\\&=\int_\alpha^\beta\mathrm{d}\theta\int_{r_1(\theta)}^{r_2(\theta)}f(r\cos\theta,r\sin\theta)r\mathrm{d}r.\end{aligned} \tag{10-7}$$

这里$[\alpha,\beta]$是极角θ的变化区间，即积分域D介于两条射线$\theta=\alpha$与$\theta=\beta$之间.内层积分上、下限的确定如下：从极点出发在(α,β)内作一条极角为θ的有向射线去穿透区域D（见图10-14），则进入点与穿出点的极径$r_1(\theta)$与$r_2(\theta)$就分别为内层积分的下限与上限.

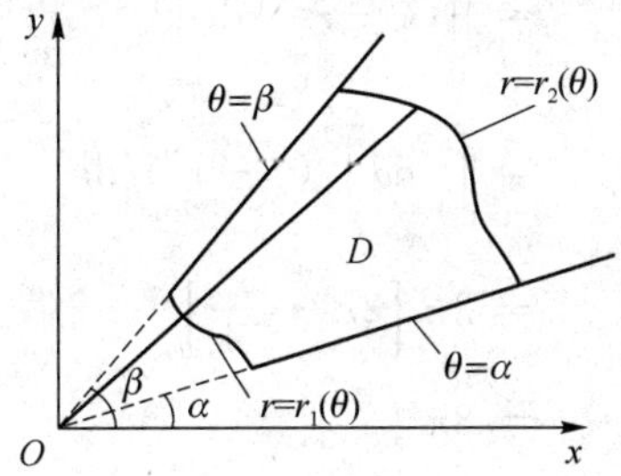

图 10-14

特别地，若极点在D内部（见图10-15），则

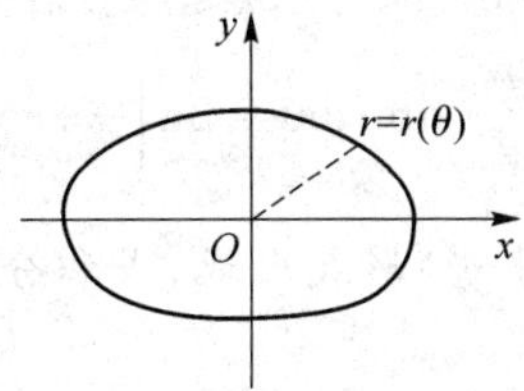

图 10-15

$$\iint\limits_D f(x,y)\mathrm{d}\sigma=\int_0^{2\pi}\mathrm{d}\theta\int_0^{r(\theta)}f(r\cos\theta,r\sin\theta)r\mathrm{d}r.$$

例 7 求旋转抛物面$z=4-x^2-y^2$与平面$z=0$所围立体的体积.

解 如图10-16所示，积分区域$D:x^2+y^2\leqslant 2^2$.在极坐标系中，D的边界方程为$r=2$，很简单，在极坐标系下计算得

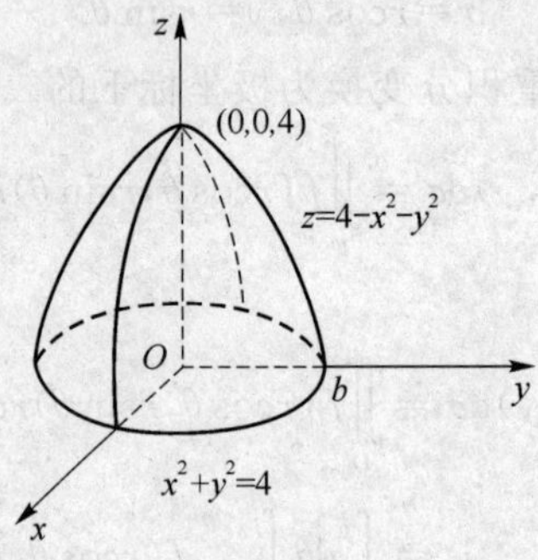

图 10-16

$$V=\iint_D(4-x^2-y^2)\mathrm{d}x\mathrm{d}y$$
$$=\iint_D(4-r^2)r\mathrm{d}r\mathrm{d}\theta$$
$$=\int_0^{2\pi}\mathrm{d}\theta\int_0^2(4-r^2)r\mathrm{d}r$$
$$=2\pi\left[2r^2-\frac{r^4}{4}\right]_0^2$$
$$=8\pi$$

例 8 计算二重积分 $\iint_D\sin\sqrt{x^2+y^2}\,\mathrm{d}x\mathrm{d}y$,其中 $D:\pi^2\leqslant x^2+y^2\leqslant 4\pi^2$.

解 积分区域 D 是环形域,故 D:

$$0\leqslant\theta\leqslant 2\pi,\pi\leqslant r\leqslant 2\pi$$

$$\iint_D\sin\sqrt{x^2+y^2}\,\mathrm{d}x\mathrm{d}y=\int_0^{2\pi}\mathrm{d}\theta\int_\pi^{2\pi}r\sin r\mathrm{d}r=2\pi\left[-r\cos r\Big|_\pi^{2\pi}+\int_\pi^{2\pi}\cos r\mathrm{d}r\right]=-6\pi^2$$

注意:当被积函数以 $f(x^2+y^2)$ 形式出现,或积分区域为圆或圆的一部分,一般采用极坐标计算较为方便.

习题 10-2

1. 计算下列二次积分:

(1) $\int_1^2\mathrm{d}x\int_1^x xy\,\mathrm{d}y$;

(2) $\int_0^{2\pi}\mathrm{d}\theta\int_0^a r^2\sin^2\theta\mathrm{d}r$.

2. 计算以下二重积分:

(1) $\iint_D(x+6y)\mathrm{d}\sigma$,$D$ 为 $y=x,y=3x,x=1$ 围成的区域;

(2) $\iint_D y\mathrm{e}^{xy}\mathrm{d}\sigma$,$D$ 为 $0\leqslant x\leqslant 1,0\leqslant y\leqslant 1$ 围成的区域;

3. 计算二重积分$\iint\limits_D (x^2+y^2)\mathrm{d}\sigma$，其中 D 由 xOy 平面上的直线 $y=2x$ 及抛物线 $y=x^2$ 所围成.

4. 变换二次积分的次序：

(1) $\int_0^1 \mathrm{d}x \int_0^x f(x,y)\mathrm{d}y + \int_1^2 \mathrm{d}x \int_0^{2-x} f(x,y)\mathrm{d}y$；

(2) $\int_0^2 \mathrm{d}x \int_0^{\frac{x^2}{2}} f(x,y)\mathrm{d}y + \int_2^{2\sqrt{2}} \mathrm{d}x \int_0^{\sqrt{8-x^2}} f(x,y)\mathrm{d}y$.

5. 按两种不同次序化下列二重积分为二次积分，试进行计算，并谈谈你的体会.

(1) $\iint\limits_D \frac{x^2}{y^2}\mathrm{d}\sigma$，其中 D 是由直线 $y=2, y=x$ 及双曲线 $y=\frac{1}{x}$ 围成的区域；

(2) $\iint\limits_D \frac{\sin x}{x}\mathrm{d}\sigma$，其中 D 是由直线 $y=x, y=0, x=2$ 所包围的区域.

复习题十

1. 设 D 为 $1\leqslant x+y\leqslant 2(x>0, y>0)$，比较大小：

(1) $\iint\limits_D (x+y)\mathrm{d}x\mathrm{d}y$ ___ $\iint\limits_D (x+y)^2\mathrm{d}x\mathrm{d}y$；　(2) $\iint\limits_D \ln(x+y)\mathrm{d}x\mathrm{d}y$ ___ $\iint\limits_D \ln^2(x+y)\mathrm{d}x\mathrm{d}y$.

2. 计算积分$\int_0^1 \mathrm{d}x \int_x^{\sqrt{x}} \frac{\sin y}{y}\mathrm{d}y$.

3. 计算积分$\int_{\frac{1}{4}}^{\frac{1}{2}} \mathrm{d}x \int_{\frac{1}{2}}^{\sqrt{x}} \mathrm{e}^{\frac{x}{y}}\mathrm{d}y + \int_{\frac{1}{2}}^1 \mathrm{d}x \int_x^{\sqrt{x}} \mathrm{e}^{\frac{x}{y}}\mathrm{d}y$.

4. 变换二次积分$\int_0^1 \mathrm{d}x \int_0^{\sqrt{x}} f(x,y)\mathrm{d}y$ 的积分顺序.

5. 利用二重积分的性质估计下列积分的值.

(1) $I=\iint\limits_D \sin^2 x \sin^2 y\mathrm{d}\sigma$，其中 D 为矩形闭区域：$0\leqslant x\leqslant \pi, 0\leqslant y\leqslant \pi$；

(2) $I=\iint\limits_D (x^2+3y^2+2)\mathrm{d}\sigma$，其中 D 是圆形闭区域：$x^2+y^2\leqslant 4$.

6. 利用直角坐标计算下列二重积分.

(1) $\iint\limits_D x\cdot\cos(x+y)\mathrm{d}x\mathrm{d}y$，其中 D 是顶点 $(0,0)$，$(\pi,0)$，(π,π) 的三角形区域；

(2) $\iint\limits_D x\sqrt{y}\,\mathrm{d}x\mathrm{d}y$，其中 D 是两条抛物线 $y=\sqrt{x}, y=x^2$ 所围成的闭区域；

(3) $\iint\limits_D xy\,dxdy$,其中 D 是由曲线 $y=\frac{1}{2}x^2-1$ 和 $y=-x+3$ 所围成的平面区域.

7. 利用极坐标计算下列二重积分.

(1) $\iint\limits_D \sin\sqrt{x^2+y^2}\,dxdy$,其中 D 是由圆周 $x=\sqrt{a^2-y^2}\ (a>0)$ 和 $x=0$ 所围成的区域;

(2) $\iint\limits_D xy\,dxdy$,其中 D 是由曲线 $y=\sqrt{1-x^2}\ (x\geqslant 0)$,$x^2+(y-1)^2=1\ (x\geqslant 0)$ 与 y 轴所围成的区域.

习题答案

习题 1-1

1. $a=b=\frac{1}{3}$.

2. (1) $(-\infty,-1)\cup(-1,1)\cup(1,+\infty)$.

(2) $[-1,0)\cup(0,1]$.

(3) $(-2,2)$.

(4) $[0,+\infty)$.

(5) $\left\{x\,\middle|\,x\neq k\pi+\frac{\pi}{2}-1,k=0,\pm1,\pm2,\cdots\right\}$.

(6) $(-\infty,0)\cup(0,3)$.

3. (1) 不同,定义域不同.

(2) 不同,值域不同.

(3) 相同.

4. (1) $-1\leqslant x\leqslant 1$.

(2) $2k\pi\leqslant x\leqslant(2k+1)\pi$.

(3) $\frac{1}{3}\leqslant x\leqslant\frac{2}{3}$.

(4) $1\leqslant x\leqslant \mathrm{e}$.

5. (1) $y=x^3-1$.

(2) $y=\frac{1-x}{1+x}$.

(3) $y=1+4\sin x$.

(4) $y=\log_2\frac{x}{1-x}$.

6. 略.

7. (1) 是,

(2) 是,

(3) 不是.

8. (1) 偶,

(2) 非奇非偶，

(3) 偶，

(4) 奇.

习题 1-2

(1) -9，

(2) 0，

(3) 0，

(4) $\frac{1}{2}$，

(5) $2x$，

(6) 2，

(7) $\frac{1}{2}$，

(8) 0，

(9) $\frac{2}{3}$，

(10) 2，

(11) $\frac{1}{5}$，

(12) -1.

习题 1-3

1. (1) ω，

(2) 3，

(3) $\frac{2}{5}$，

(4) 1，

(5) 2.

2. (1) e^{-1}，

(2) e^{2}，

(3) e^{2}，

(4) e^{-k}，

(5) 1.

习题 1-4

1. 略；
2. 略.

习题 1-5

1. 0；
2. 略；
3. 略.

复习题一

一、D； B； C； B； D； B； A； B.

二、1. 2^{2x}；2^{x^2}.

2. x^2+2x-1.

3. $\frac{1}{5}$；

4. 不存在；

5. $-\frac{1}{2}$；

6. $\frac{1}{2}$；

7. e^2；

8. e^2；

9. $\frac{3}{5}$；

10. 0.

三、略；

四、略.

习题 2-1

1. (1) $2f'(x_0)$；

(2) $5f'(x_0)$.

2. $f'(x)=-\sin x$.

3. $4x+4\sqrt{2}y-4-\pi=0$.

习题 2-2

1. (1) $y'=4x^3-4x^{-3}-\frac{1}{2}x^{-\frac{3}{2}}$;

(2) $y'=15x^2-2^x\ln 2+3e^x$;

(3) $y'=\frac{27}{2}x^{\frac{7}{2}}-\frac{3}{2}x^{\frac{1}{2}}-\frac{1}{2}x^{\frac{-3}{2}}$;

(4) $y'=2\sec^2 x+\sec x\tan x$;

(5) $y'=2x\sin x+x^2\cos x$;

(6) $y'=\cos 2x$;

(7) $y'=\frac{x^2e^x-2xe^x}{x^4}$;

(8) $y'=\frac{x\cos x-\sin x}{x^2}$;

(9) 0.

2. (1) $\frac{\sqrt{3}-1}{2}$;0.

(2) $1+\frac{\pi}{2}+\frac{\sqrt{2}}{4}$.

3. (1) $20x(2x^2+1)^4$;

(2) $-(4-2x)\sin(4x-x^2)$;

(3) $-8xe^{-4x^2}$;

(4) $\frac{x}{1+x^2}$;

(5) $-\tan(x+1)$.

习题 2-3

1. (1) $y''=2\sec^2 x\cdot\tan x$;

(2) $y''=2+\frac{1}{x^2}$;

(3) $y''=2\sec^2 x\tan x+2x\sec^4 x+4x\sec^2 x\tan^2 x$;

(4) $y''=-2e^{-x}\cos x$;

(5) $y''=\frac{1}{(1+x^2)\sqrt{1+x^2}}$;

(6) $y''=6x\ln x+5x$.

2. (1) $y^{(n)}=(n+x)\mathrm{e}^{x}$;

(2) $y^{(n)}=\begin{cases}(-1)^{n-2}(n-2)!\cdot\dfrac{1}{x^{n-1}} & n>1 \quad n>1\\ \ln x+1 & n=1 \quad n=1\end{cases}$.

3. $\dfrac{2-\ln x}{x\ln^{3}x}$.

4. $-4\csc 2x\cdot\cot 2x$.

习题 2-4

1. $(\cot x)^{\frac{1}{x}}\cdot\dfrac{-2x\csc 2x-\ln(\cot x)}{x^{2}}$.

2. $x^{\cos x}\left(\dfrac{\cos x}{x}-\sin x\cdot\ln x\right)$.

3. $-t$.

4. $\dfrac{y-2x\cos(x^{2}+y)}{\cos(x^{2}+y)-x}$.

5. 切线 $x-2y+2=0$；　　法线 $2x+y-11=0$.

习题 2-5

1. $\Delta y=0.030\,2$, $\mathrm{d}y=0.03$

2. $\mathrm{d}y\big|_{x=1,\Delta x=0.2}=0.05$

3. (1) $\mathrm{d}y=\dfrac{1}{(1+x)^{2}}\mathrm{d}x$

(2) $\mathrm{d}y=-\dfrac{x}{(1+x^{2})\sqrt{1+x^{2}}}\mathrm{d}x$

复习题二

1. (1) D;　(2) B;　(3) A;　(4) C.

2. (1) $\dfrac{3\cos x(\ln x^{3})}{x}$;

(2) $\mathrm{e}x^{\mathrm{e}-1}+\mathrm{e}^{x}+\dfrac{1}{x}$;

(3) $\mathrm{e}^{3}+\dfrac{1}{3}$;

(4) $\frac{1}{2}$；

(5) $y=\frac{1}{2\sqrt{x}}\left(x-\frac{\sqrt{2}}{2}\right)$.

3. $f'(1)=\frac{4}{3}$.

4. (1) $y''=\frac{2}{(1+x^2)^2}$.

5. $1-\pi-\frac{1}{\pi}$.

6. $\frac{1-x-y}{(x+y)e^y-1}dx$.

7. $-\frac{\tan\sqrt{x}}{2\sqrt{x}}dx$.

8. $\frac{y-2x\cos(x^2+y)}{\cos(x^2+y)-x}$.

习题 3-1

1. 略；
2. 略；
3. 略；
4. 略；
5. 略.

习题 3-2

1. (1) $\frac{a}{b}$；

(2) $\frac{3}{2}$；

(3) $-e^{-a}$；

(4) 2；

(5) 0；

(6) 0；

(7) -9；

(8) $+\infty$；

(9) $-\frac{1}{2}$；

(10) $\frac{1}{2}$.

(12) 1.

2. 略.

习题 3-3

1. (1) 单调增;

(2) 单调增;

(3) 单调减.

2. (1) 减区间$(-\infty,1)$,增区间$(1,+\infty)$;

(2) 减区间$(-\infty,0)$,增区间$(0,+\infty)$;

(3) 减区间$\left(-\infty,-\frac{1}{2}\right)$,$\left(0,\frac{1}{2}\right)$,增区间$\left(-\frac{1}{2},0\right)$,$\left(\frac{1}{2},+\infty\right)$;

(4) 增区间$(-\infty,+\infty)$.

习题 3-4

1. (1) 极小值 $f(2)=-5$,无极大值;

(2) 极大值 $f(0)=0$,极小值 $f(1)=-1$;

(3) 极大值 $f(-1)=10$,极小值 $f(3)=-22$;

(4) 极小值 $f(0)=0$,无极大值;

(5) 极小值 $f\left(-\frac{1}{2}\ln 2\right)=2\sqrt{2}$,无极大值.

2. 略.

3. (1)最小值 $f(0)=-\frac{1}{2}$,最大值 $f(\pi)=\frac{3}{2}$;

(2) 最小值 $f(0)=1$,最大值 $f(2\pi)=1+24\pi^3$.

4. $a=-2,b=-\frac{1}{2}$.

习题 3-5

1. (1) 凸;

(2) $(-\infty,0)$上凸,$(0,+\infty)$上凹;

(3) 凹.

2. (1) 凸区间$\left(-\infty,\frac{5}{3}\right)$,凹区间$\left(\frac{5}{3},+\infty\right)$,拐点$\left(\frac{5}{3},\frac{20}{27}\right)$;

(2) 凸区间$(-\infty,2)$,凹区间$(2,+\infty)$,拐点$(2,2e^{-2})$;

(3) 凹区间$(-\infty,+\infty)$,无拐点;

(4) 凸区间$(-\infty,-1)$,$(1,+\infty)$,凹区间$(-1,1)$,拐点$(-1,\ln 2)$,$(1,\ln 2)$.

3. $a=3$,$(1,-7)$为曲线的拐点,在$(-\infty,1)$上曲线为凸的,在$(1,+\infty)$上曲线是凹的.

4. $a=-\frac{3}{2}$,$b=-\frac{9}{2}$.

习题 3-6

1. (1) 水平渐近线为 $y=0$;

(2) 水平渐近线 $y=0$,垂直渐近线 $x=-2$;

(3) 水平渐近线 $y=1$,垂直渐近线 $x=0$.

2. 略.

复习题三

1. 略.

2. (1) $\frac{3}{2}$;

(2) 0;

(3) 1;

(4) 0.

3. (1) 在$(0,e)$上单调递减,在$(e,+\infty)$上单调递增.

(2) 单调减区间$\left(-\infty,-\frac{\sqrt{6}}{2}\right)$及$\left(0,\frac{\sqrt{6}}{2}\right)$,单调增区间$\left(-\frac{\sqrt{6}}{2},0\right)$及$\left(\frac{\sqrt{6}}{2},+\infty\right)$.

4. (1) 极小值 $f(-1)=-\frac{1}{2}$; 极大值 $f(1)=\frac{1}{2}$.

(2) 极大值 $f(0)=0$; 极小值 $f(1)=-1$.

(3) 极小值 $f(-1)=f(1)=2$; 无极大值.

5. 最大值 $f(1)=\frac{11}{6}$,最小值 $f(-1)=-\frac{41}{6}$.

6. 宽 5,长 10.

7. $a=-4$,$b=6$,$c=0$ $Y=-4$.

8. 略.

习题 4-1

1. (1) $\frac{2}{3}x^{\frac{3}{2}}+c,\frac{2}{3}x+c,\frac{2}{3}x^{\frac{3}{2}}+c$;

(2) $-e^{-x}+c,-e^{-x}+c,-e^{-x}+c$;

(3) $\ln(1+x^2)+c,\ln(1+x^2)+c,\ln(1+x^2)+c$;

(4) $3\ln 2\cdot 2^{3x},3\ln 2\cdot 2^{3x}$;

(5) $-2\sin 2x$.

2. (1) $-3x^{-\frac{1}{3}}+c$,

(2) $-2x^{-\frac{1}{2}}+c$,

(3) $\frac{1}{\ln 3-1}\left(\frac{3}{e}\right)^x+c$,

(4) $\tan x-\sec x+c$,

(5) $\frac{1}{2}\tan x+c$.

习题 4-2

1. (1) $\frac{1}{a}$;

(2) $\frac{1}{4}$;

(3) $\frac{2}{3}$;

(4) $\frac{1}{2}$;

(5) $-\frac{1}{5}$;

(6) $-\frac{2}{3}$;

(7) $-\frac{1}{2}$;

(8) $\frac{1}{3}$.

2. (1) $\frac{1}{3}\ln|2+3t|+C$;

(2) $-\frac{1}{22}(1-2x)^{11}+C$;

(3) $\frac{1}{2}\sin(2x-3)+C$;

(4) $-\frac{1}{3}e^{-3x}+C$;

(5) $\ln|x^2-3x+1|+C$;

(6) $\ln|\ln x|+C$;

(7) $\ln(1+e^x)+C$;

(8) $\frac{1}{2}\arctan x^2+C$;

(9) $\frac{1}{2}\arcsin\frac{2}{3}x+C$;

(10) $\sin x-\frac{1}{3}\sin^3 x+C$;

(11) $-\frac{1}{\arcsin x}+C$;

(12) $-2\cos\sqrt{x}+C$.

3. (1) $\frac{5}{6}(x+1)^{\frac{6}{5}}+C$;

(2) $\frac{2}{5}(x-1)^{\frac{5}{2}}+\frac{2}{3}(x-1)^{\frac{3}{2}}+C$;

(3) $\sqrt{2x}-\ln(1+\sqrt{2x})+C$;

(4) $x-4\sqrt{x+1}+4\ln(1+\sqrt{x+1})+C$;

(5) $\frac{1}{2}\arcsin x-\frac{1}{2}x\sqrt{1-x^2}+C$;

(6) $\sqrt{x^2-9}-3\arccos\frac{3}{x}+C$.

习题 4-3

1.

(1) $-x\cos x+\sin x+C$;

(2) $\frac{1}{3}x^3\ln x-\frac{1}{9}x^3+C$;

(3) $-xe^{-x}-e^{-x}+C$.

2.

(1) $\frac{1}{2}x^2\ln(x-1)-\frac{1}{4}x^2-\frac{1}{2}x-\frac{1}{2}\ln(x-1)+C$;

(2) $x^2\sin x+2x\cos x-2\sin x+C$;

(3) $\frac{x}{2}(\sin\ln x-\cos\ln x)+C$;

(4) $\frac{1}{2}x^2\arctan\sqrt{x}-\frac{1}{6}x\sqrt{x}+\frac{1}{2}\sqrt{x}-\frac{1}{2}\arctan\sqrt{x}+C$.

复习题四

1. (1) C;

(2) $f(x)$;

(3) $\frac{1}{a}F(ax+b)+C$;

(4) $1-\frac{4}{2x+3}$;

(5) $\frac{1}{x}+C$.

2. (1) $\frac{1}{84}(2x^2-1)^{21}+C$;

(2) $\frac{1}{2}x^2+3x+5\ln|x-3|+C$;

(3) $a^2x-\frac{9}{5}a^{\frac{4}{3}}x^{\frac{5}{3}}+\frac{9}{7}a^{\frac{2}{3}}x^{\frac{7}{3}}-\frac{1}{3}x^3+C$;

(4) $-\ln|1+\cos x|+C$;

(5) $\frac{3}{4}(1+\ln x)^{\frac{4}{3}}+C$;

(6) $\arctan(1+e^x)+C$;

(7) $\frac{1}{15}(3x+1)^{\frac{5}{3}}+\frac{1}{3}(3x+1)^{\frac{2}{3}}+C$;

(8) $2\sqrt{x}-4\sqrt[4]{x}+4\ln(1+\sqrt[4]{x})+C$;

(9) $\sqrt{x^2-1}+\ln\left|x+\sqrt{x^2-1}\right|+C$;

(10) $2\arcsin\frac{x-1}{2}+\frac{1}{2}(x-1)\sqrt{3+2x-x^2}+C$;

(11) $\tan x+\frac{1}{3}\tan^3x+C$;

(12) $x\ln(x+\sqrt{1+x^2})-\sqrt{1+x^2}+C$;

(13) $2x\sin\sqrt{x}+4\sqrt{x}\cos\sqrt{x}-4\sin\sqrt{x}+C$;

(14) $\frac{1}{3}x^3e^{x^3}-\frac{1}{3}e^{x^3}+C$;

(15) $\ln|\csc x-\cot x|+\cos x+C$;

(16) $-\sqrt{1-x^2}\arcsin x+x+C$.

3. (1) $\operatorname{arcsec}x+C$ 或 $\arccos\frac{1}{x}+C$;

(2) $\arctan\sqrt{x^2-1}+C$;

(3) $-\arcsin\frac{1}{x}+C$;

4. $\frac{x\cos x-2\sin x}{x}+C$.

习题 5-1

1. (1) $\int_0^{\pi}\sin x\mathrm{d}x$,

(2) $\int_0^4(t^2+3)\mathrm{d}t$,

(3) $\int_0^2(2+5x)\mathrm{d}x$.

2. (1) $\frac{1}{2}$,

(2) 1,

(3) $\frac{\pi}{2}$,

(4) 2.

习题 5-2

1. $\varphi(0)=0,\varphi\left(\frac{\pi}{4}\right)=1-\frac{\sqrt{2}}{2},\varphi'(0)=0,\varphi\left(\frac{\pi}{4}\right)=\frac{\sqrt{2}}{2}$.

2. $x=0$.

3. (1) 0;

(2) $a\left(a^2-\frac{a}{2}+1\right)$;

(3) $45\frac{1}{6}$;

(4) $\frac{2}{3}$;

(5) $\frac{1}{2}\ln 3$;

(6) $1-\frac{1}{\sqrt{\mathrm{e}}}$.

习题 5-3

1. (1) 0,

(2) $\frac{255}{2\ 560}$,

(3) $\ln 3$,

(4) $\frac{\pi}{3}-\frac{\sqrt{3}}{8}$,

(5) $\frac{19}{3}$,

(6) $2\ln 2-\ln 3$,

(7) $\frac{\pi}{6}$.

2. (1) 0;

(2) $\frac{8}{3}$.

习题 5-4

(1) $1-\frac{2}{e}$;

(2) 1;

(3) $\frac{1}{9}(2e^3+1)$;

(4) $\frac{1}{2}(e^{\frac{\pi}{2}}+1)$;

(5) $\frac{\pi^2}{8}-1$;

(6) $\frac{\pi}{4}-\frac{1}{2}$.

习题 5-5

1. (1) $\frac{59}{6}$,

(2) $2(e^2+1)$,

(3) $\frac{3}{2}-\ln 2$,

(4) $\frac{5}{12}$,

(5) $\frac{1}{6}$.

2. (1) $\frac{8}{3}$,

(2) $\frac{1}{2}$,

(3) $\frac{16}{3}$,

(4) $e-1$.

复习题五

一、1. $\int_0^1 x^2 dx$;

2. 1;

3. $xe^x dx$;

4. $\frac{\pi}{2}$;

5. 0;

6. $2\ln 2-1$.

二、1. A;

2. B;

3. B.

三、1. $2e-1$;

2. $1-\frac{\pi}{4}$;

3. 1;

4. $\frac{1}{2}$.

四、$\frac{13}{3}$.

五、$e-\frac{3}{2}$.

习题 6-1

1. (1) 是,二阶;

(2) 是,一阶;

(3) 不是;

(4) 是,一阶;

(5) 是,二阶;

(6) 是,三阶.

2. (1) 是;

(2) 是；

(3) 不是；

(4) 不是.

3. (1) $\frac{dy}{dx}=-\frac{x}{y}$；

(2) $ay''\pm(1+y'^2)^{\frac{3}{2}}=0$.

4. $y=2\cos x-\sin x$.

习题 6-2

1. (1) $y=\ln(e^x+C)$；

(2) $(3+y)(3-x)=C$；

(3) $y\sqrt{1+x^2}=C$；

(4) $y=Ce^{\arcsin x}$；

(5) $y=e^{Cx}$.

2. (1) $y=\frac{4}{x^2}$；

(2) $y=e^{\tan\frac{x}{2}}$；

(3) $y=\arcsin\frac{1}{1+x^2}$.

3. $y=\frac{1}{3}x^2$.

习题 6-3

1. (1) $-\frac{1}{2}e^{-\frac{2y}{x}}=\ln x+\ln C$；

(2) $y^4+2x^2y^2=C$.

2. (1) $y=\frac{1}{2}(xe^x-\frac{1}{2}e^x+ce^{-x})$；

(2) $y=ce^{-x^2}+e^{-x^2}\ln x$；

(3) $y=\frac{x}{2}\ln^2x+Cx$；

(4) $x=Ce^y-y-1$.

3. (1) $y=x-\frac{1}{2}+Ce^{-2x}$；

(2) $y=(x^2+C)\sin x$；

(3) $y=\frac{1}{1+e^x}(x+e^x+C)$；

(4) $y=\mathrm{e}^{-x^2}(x^2+C)$；

(5) $y=\frac{1}{x}(\pi-1-\cos x)$；

(6) $\rho=\frac{1}{2}\ln\theta$.

习题 6-4

1. (1) $y=C_1\mathrm{e}^x+C_2\mathrm{e}^{-2x}$；

(2) $y=C_1+C_2\mathrm{e}^{4x}$；

(3) $y=(C_1+C_2x)\mathrm{e}^{2x}$；

(4) $x=(C_1+C_2t)\mathrm{e}^{\frac{5}{2}t}$；

(5) $y=\mathrm{e}^{2x}(C_1\cos x+C_2\sin x)$；

(6) $\omega=\mathrm{e}^{2\theta}(C_1\cos\sqrt{2}\theta+C_2\sin\sqrt{2}\theta)$；

(7) $y=C_1\mathrm{e}^x+C_2\mathrm{e}^{-x}+C_3\cos x+C_4\sin x$；

(8) $y=C_1+C_2x+(C_3+C_4x)\mathrm{e}^x$.

2. (1) $y^*=A\mathrm{e}^x$；

(2) $y^*=x(Ax^2+Bx+C)$；

(3) $y^*=x(Ax+B)\mathrm{e}^{-x}$；

(4) $y^*=\mathrm{e}^x(A\cos 3x+B\sin 3x)$；

(5) $y^*=x[(Ax+B)\cos x+(Cx+D)\sin x]$；

(6) $y^*=A\cos x+B\sin x$.

3. (1) $y=-\cos x-\frac{1}{3}\sin x+\frac{1}{3}\sin 2x$；

(2) $y=-5\mathrm{e}^x+\frac{7}{2}\mathrm{e}^{2x}+\frac{5}{2}$；

(3) $y=x(x-1)\mathrm{e}^x$.

习题 6-5

1. (1) $y=\frac{1}{4}\mathrm{e}^{2x}+C_1x+C_2$；

(2) $y=\frac{1}{2}\ln^2 x+C_1\ln x+C_2$；

(3) $y=-\frac{1}{C_1x+C_2}$.

2. (1) $y=\frac{1}{2}x\sqrt{x^2+1}+\frac{1}{2}\ln(x+\sqrt{x^2+1})$；

(2) $y=\tan\left(x+\frac{\pi}{4}\right)$.

复习题六

1. (1) $\sqrt{1-y^2}-\frac{1}{3x}+C=0$;

(2) $\tan x\tan y=C$;

(3) $y=e^{1+x+\frac{1}{2}x^2+\frac{1}{3}x^3}$;

(4) $x=\frac{y^3}{2}+cy$;

(5) $y=\sin x-1+2e^{-\sin x}$;

(6) $y=e^{3x}(C_1\cos x+C_2\sin x)$;

(7) $y=C_1e^{-x}+C_2e^{-2x}$;

(8) $y=e^{-t}(4+2t)$;

(9) $y=(C_1+C_2x)e^{-x}+\frac{5}{2}x^2e^{-x}$;

(10) $y=e^{-x}-\frac{1}{10}e^{-2x}-\frac{9}{10}\cos x+\frac{3}{10}\sin x$.

2. (1) $y=\ln\left(\frac{2x}{x+1}\right)$;

(2) $y=\frac{1}{2x}e^{2x}+\frac{2}{x}-\frac{1}{2x}e^4$;

(3) $y=2e^{-\sin x}+\sin x-1$;

(4) $y=e^{4x}-e^{-x}$;

(5) $y=\frac{14}{3}\cos x-\frac{2}{3}\cos 2x$.

3. $y=\cos 3x-\frac{1}{3}\sin 3x$.

4. $y^2=1-e^x$.

5. $y=-6x^2+7x\quad\left(0\leqslant x\leqslant\frac{7}{6}\right)$.

6. $t=\frac{mv_0}{F_0}(n-1)$.

习题 7-1

1. (1) $\frac{4}{1},\frac{4\cdot 7}{1\cdot 4},\frac{4\cdot 7\cdot 10}{1\cdot 3\cdot 5},\frac{4\cdot 7\cdot 10\cdot 13}{1\cdot 3\cdot 5\cdot 7}$;

(2) $-1,\frac{2}{3},0,-\frac{4}{5}$.

2. (1) $\frac{(-1)^n}{2^{n-1}}$;

(2) $\frac{(-a)^{n+1}}{2n+1}$;

(3) $\frac{(-1)^n(n+2)}{n^2}$;

(4) $\frac{x^{\frac{n}{2}}}{2\cdot4\cdot6\cdots(2n)}$.

3. (1) 发散;

(2) 收敛;

(3) 发散;

(4) 当 $a\geqslant1$ 时;发散,当 $0<a<1$ 时;收敛.

4. (1) 发散;

(2) 当 $0<a\leqslant1$ 时,发散;当 $a>1$ 时,收敛;

(3) 收敛;

(4) 收敛;

(5) 发散;

(6) 发散;

(7) 发散.

习题 7-2

1. (1) 收敛;

(2) 发散;

(3) 发散;

(4) 收敛;

(5) 发散;

(6) 发散.

2. (1) 收敛;

(2) 发散;

(3) 收敛;

(4) 发散;

(5) 收敛;

(6) 收敛.

3. (1) 收敛;

(2) 发散;

(3) 发散;

(4) 当 $0 < a \leqslant 1$ 时，发散；当 $a > 1$ 时，收敛；

(5) 收敛.

习题 7-3

1. (1) 条件收敛；

(2) 绝对收敛；

(3) 绝对收敛；

(4) 绝对收敛；

(5) 绝对收敛；

(6) 条件收敛.

2. (1) 0.3；

(2) -0.83

习题 7-4

1. (1) $(-1,1]$；

(2) $(-\infty,+\infty)$；

(3) $[-2,2]$；

(4) $[4,6)$；

(5) $(-1,1]$；

(6) $\left(-\dfrac{1}{\sqrt{2}},\dfrac{1}{\sqrt{2}}\right)$；

(7) $[-4,0)$；

(8) $\left[\dfrac{1}{2},\dfrac{3}{2}\right)$.

2. (1) $-\ln(1+x)$；

(2) $\dfrac{2x}{(1-x^2)^2}$；

(3) $\dfrac{2}{(1-x)^3}$；

(4) $(1-x)\ln(1-x)+x$；

(5) $\dfrac{1}{2}\arctan x+\dfrac{1}{4}\ln\left|\dfrac{1+x}{1-x}\right|-x \quad (-1<x<1)$.

习题 7-5

1. $a^x=\sum\limits_{n=0}^{\infty}\frac{(x\ln a)^n}{n!}\quad(-\infty<x<+\infty)$；

2. (1) $\ln(2-x)=\ln 2-\sum\limits_{n=0}^{\infty}\frac{1}{n+1}\left(\frac{x}{2}\right)^{n+1}\quad(-2\leqslant x<2)$

(2) $\frac{1}{x}=1-(x-1)+(x-1)^2-\cdots+(-1)^n(x-1)^n+\cdots\quad(0<x<2)$；

(3) $(1+x)\ln(1+x)=\sum\limits_{n=2}^{\infty}\frac{(-1)^n}{n(n-1)}x^n\quad(-1<x\leqslant 1)$；

(4) $\frac{1}{(1+x)^2}=\sum\limits_{n=0}^{\infty}(-1)^n(n+1)x^n\quad(-1<x<1)$；

(5) $\ln(2-x-x^2)=\ln 2+\sum\limits_{n=0}^{\infty}\left[\frac{(-1)^n-2^{n+1}}{2^{n+1}(n+1)}\right]x^{n+1}\quad(-1<x<1)$；

(6) $\frac{1}{x^2+3x+2}=\sum\limits_{n=0}^{\infty}(-1)^n\frac{2^{n+1}-1}{2^{n+1}}x^n\quad(-1<x<1)$；

(7) $\frac{1}{\sqrt{2\pi}}e^{-\frac{x^2}{2}}=\frac{1}{\sqrt{2\pi}}\sum\limits_{n=0}^{\infty}(-1)^n\frac{x^{2n}}{2^n\cdot n!}\quad(-\infty<x<+\infty)$.

3. (1) $\sum\limits_{n=0}^{\infty}\frac{(-1)^n}{(2n+1)!(2n+1)}x^{2n+1}\quad(-\infty<x<+\infty)$；

(2) $\sum\limits_{n=0}^{\infty}\frac{(-1)^n}{(2n+1)n!}x^{2n+1}\quad(-\infty<x<+\infty)$.

4. (1) $x^3=1+3(x-1)+3(x-2)^2+(x-1)^3\quad(-\infty<x<+\infty)$；

(2) $\ln x=\sum\limits_{n=0}^{\infty}\frac{(-1)^{n+1}}{n+1}(x-1)^{n+1}\quad(0<x\leqslant 2)$.

5. $\ln x=\sum\limits_{n=0}^{\infty}\frac{1}{n+1}\left(\frac{x-1}{x}\right)^{n+1}\quad\left(-\frac{1}{2}\leqslant x\leqslant+\infty\right)$.

6. $s=l\left[1+\frac{2}{3}\left(f/\frac{l}{2}\right)^2-\frac{2}{15}\left(f/\frac{l}{2}\right)^4+\frac{2}{35}\left(f/\frac{l}{2}\right)^6+\cdots\right]\quad\left(-1<f/\frac{l}{2}<1\right)$.

复习题七

1. (1) C； (2) C； (3) A； (4) B； (5) C； (6) C.

2. (1) 收敛的，级数的和，发散的；

(2) $1-\frac{1}{n+1}$，1；

(3) 收敛级数；

(4) 发散的.

4. 条件收敛;

5. $a \geqslant b$ 时,$\left[-\frac{1}{a},\frac{1}{a}\right]$;$a<b$ 时,$\left[-\frac{1}{b},\frac{1}{b}\right]$;

6. $|x|>1$;

7. 收敛域$[-1,1]$;$s(x)=(1+x)\ln(1+x)-x$;

8. 收敛.

习题 8-1

1. Ⅶ,Ⅷ,Ⅴ,Ⅱ.

2. xOy 面上,yOz 面上,x 的负半轴上,z 的正半轴上.

3. $(0,0,0)$.

4. 到 xOy 面是 3,到 yOz 面是 1,到 zOx 面是 2;

到 x 轴是 $\sqrt{13}$,到 y 轴是 $\sqrt{10}$,到 z 轴是$\sqrt{5}$.

习题 8-2

1. $(0,5,4)$.

2. $(2,-1,2)$,$(2,-1,-2)$.

3. 4.

习题 8-3

1. (1) $3x-2y+z-1=0$;

(2) $6x+3y+2z-6=0$;

(3) $z=3$;

(4) $x-y+3z+6=0$.

2. $2x+5y=0$.

3. $x-2y+z+2=0$.

4. $\frac{\sqrt{2}}{3}$.

5. (1) 过 y 轴上的点$(0,1,0)$且垂直于 y 轴的平面;

(2) 过点$(1,0,0)$和点$(0,1,0)$且平行于 z 轴的平面;

(3) 过三点$(1,0,0)$、$(0,1,0)$、$(0,0,1)$的平面.

6. $\frac{x}{2}-\frac{y}{3}+\frac{z}{5}=1$.

7. $3x+2y+6z-12=0$

习题 8-4

1. (1) $\frac{x-1}{3}=\frac{y}{-2}=\frac{z+2}{1}$;

(2) $\frac{x-1}{0}=\frac{y}{-2}=\frac{z}{3}$ 或 $\begin{cases}3y+2z=0\\x=1\end{cases}$;

(3) $\frac{x-1}{0}=\frac{y-2}{0}=\frac{z-3}{1}$ 或 $\begin{cases}x=1\\y=2\end{cases}$.

2. $\frac{x-1}{4}=\frac{y-1}{5}=\frac{z+2}{6}$.

3. $\frac{\pi}{3}$.

4. $\frac{x}{3}=\frac{y}{8}=\frac{z}{-6}$.

5. $\begin{cases}x=0\\y=0.\end{cases}$ $\frac{x}{0}=\frac{y}{0}=\frac{z}{1}$.

6. $\frac{x}{-1}=\frac{y+3}{3}=\frac{z-2}{1}$.

7. $\frac{x-1}{1}=\frac{y-2}{-1}=\frac{z+3}{2}$.

习题 8-5

1. $4x+4y+10z-63=0$.
2. $x^2+y^2+z^2-2x-6y+4z=0$.
3. 绕 x 轴：$4x^2-9(y^2+z^2)=36$ 绕 y 轴：$4(x^2+z^2)-9y^2=36$.
4. (1) $(0,0,1),1$;

(2) $(1,-1,-1/2),3/2$.

5. $y^4=x^2+z^2$, $x^2+y^2=z$.
6. (1) 圆柱面；

(2) 抛物柱面；

(3) 旋转抛物面；

(4) 椭球面；

(5) 圆锥面；

(6) 椭圆抛物面.

复习题八

1.（1）-4；

（2）$\sqrt{19}$；

（3）$\sqrt{7}$.

2. $(1,2,2)$，$(1,2,-2)$.

3. 关于 xOy 面 $(a,b,-c)$，关于 yOz 面 $(-a,b,c)$，关于 zOx 面 $(a,-b,c)$；关于 x 轴 $(a,-b,-c)$，关于 y 轴 $(-a,b,-c)$，关于 z 轴 $(-a,-b,c)$.

4. D.

5.（1）$\dfrac{x-1}{0}=\dfrac{y-2}{2}=\dfrac{z-3}{-1}$ 或 $\begin{cases}y+2z-8=0\\x=1\end{cases}$；

（2）$\left(1,\dfrac{2}{5},\dfrac{19}{5}\right)$；

（3）$\dfrac{4\sqrt{5}}{5}$.

6. $\dfrac{x}{4}=\dfrac{y+\frac{5}{4}}{5}=\dfrac{z-\frac{1}{2}}{6}$ 或 $\begin{cases}x=4t\\y=5t-\dfrac{5}{4}\\z=6t+\dfrac{1}{2}\end{cases}$.

7. $\dfrac{3\sqrt{357}}{17}$.

8. B.

9. $\dfrac{x-1}{2}=\dfrac{y-1}{-3}=\dfrac{z-1}{2}$.

习题 9-1

1.（1）$\begin{cases}x^2+y^2\leqslant 4\\x+y>1\end{cases}$；

（2）$1\leqslant x^2+y^2\leqslant 4$；

（3）$\begin{cases}x>1\\y>-1\end{cases}$ 或 $\begin{cases}x<1\\y<-1\end{cases}$.

2.（1）$\begin{cases}1\leqslant x\leqslant 3\\2\leqslant y\leqslant 4\end{cases}$；

（2）$\begin{cases}-\dfrac{\sqrt{2}}{2}\leqslant x\leqslant\dfrac{\sqrt{2}}{2}\\x^2\leqslant y\leqslant 1-x^2\end{cases}$；

(3) $\begin{cases}0\leqslant x\leqslant 1\\ 2x\leqslant y\leqslant 2\end{cases}$或$\begin{cases}0\leqslant y\leqslant 2\\ 0\leqslant x\leqslant \dfrac{y}{2}\end{cases}$.

3. (1) $-\dfrac{2}{3}$;

(2) $\dfrac{2xy}{4y^2-x^2}$; $\dfrac{xy}{x^2-y^2}$.

4. (1) $\dfrac{\pi}{2}$;

(2) 0.

5. (1) 不存在;

(2) 不存在.

习题 9-2

1. (1) $1-y\sin x,\cos x$;

(2) $-\dfrac{2x\sin x^2}{y},-\dfrac{\cos x^2}{y^2}$;

(3) $\dfrac{y}{x^2}e^{-\frac{y}{x}},-\dfrac{1}{x}e^{-\frac{y}{x}}$;

(4) $\dfrac{y}{x^2+y^2},-\dfrac{x}{x^2+y^2}$;

(5) $\dfrac{\sqrt{y}}{2x(\sqrt{x}-\sqrt{y})},\dfrac{\sqrt{x}}{2y(\sqrt{y}-\sqrt{x})}$;

(6) $\dfrac{2x+y}{2\sqrt{x^2+xy+y^2}},\dfrac{2y+x}{2\sqrt{x^2+xy+y^2}}$;

(7) $\cos x\cdot\cos y\,(\sin x)^{\cos y-1},-(\sin x)^{\cos y}\sin y(\ln\sin x)$;

(8) $-\dfrac{y}{x^2}z^{\frac{y}{x}}\ln z,\dfrac{1}{x}z^{\frac{y}{x}}\ln z,\dfrac{y}{xz}z^{\frac{y}{x}}$.

2. (1) $-1,2$;

(2) 1.

3. $\dfrac{\pi}{6}$.

4. (1) $z''_{xx}=12x^2-8y^2,z''_{yy}=12y^2-8x^2,z''_{xy}=-16xy$;

(2) $z''_{xx}=-8\cos(4x+6y),z''_{xy}=-12\cos(4x+6y),z''_{yy}=-18\cos(4x+6y)$;

(3) $z''_{xx}=-\dfrac{1}{x^2},\quad z''_{xy}=0,\quad z''_{yy}=-\dfrac{1}{y^2}$;

(4) $z''_{xx}=\dfrac{2xy^3}{(1+x^2y^2)^2},z''_{xy}=\dfrac{1-x^2y^2}{(1+x^2y^2)^2},z''_{yy}=\dfrac{2x^3y}{(1+x^2y^2)^2}$.

5. $\dfrac{\partial^3 u}{\partial x^2\partial y}=yz(2z+xyz^2)e^{xyz},\quad \dfrac{\partial^3 u}{\partial x\partial y\partial z}=(1+3xyz+x^2y^2z^2)e^{xyz}$.

6. 略.

7. 略.

习题 9-3

1. $\Delta z=-0.1004404$，　$dz=-0.12$.

2. $\Delta z\approx 0.0714$，　$dz=0.075$.

3. (1) $\left(y+\frac{1}{y}\right)dx+\left(x-\frac{x}{y^2}\right)dy$；

(2) $e^{\frac{t}{x}}\left(\frac{dy}{x}-\frac{ydx}{y^2}\right)$；

(3) $\frac{2}{x^2+y^2}(xdy+ydx)$；

(4) $x^{yz}\left(\frac{yz}{x}dx+z\ln xdy+y\ln xdz\right)$

习题 9-4

1. $\frac{\partial z}{\partial x}=(2xy^2+4x^2y^2)e^{2x-3y}$，

$\frac{\partial z}{\partial y}=(2x^2y-6x^2y^2)e^{2x-3y}$.

2. $\frac{\partial z}{\partial x}=\frac{2x}{1+x^2-y^2}$，

$\frac{\partial z}{\partial y}=\frac{2y}{1+x^2-y^2}$.

3. $\frac{dy}{dx}\cos^2 x\ (\sin x)^{\cos x-1}-(\sin x)^{\cos x+1}\ln\sin x$.

4. 2

5. $\frac{\partial z}{\partial x}=\frac{e^{x+y^2}+\cos x}{e^{x+y^2}+\sin x}$，

$\frac{\partial z}{\partial x}=\frac{2ye^{x+y^2}}{e^{x+y^2}+\sin x}$.

6. $\frac{\partial z}{\partial x}=\left[\frac{2x-4y}{2x+y}+\ln(2x+4y)\right](2x+4y)^{x-2y}$，

$\frac{\partial z}{\partial y}=\left[\frac{x-2y}{2x+y}-2\ln(2x+4y)\right](2x+4y)^{x-2y}$.

7. (1) $\frac{\partial z}{\partial x}=2xf'_1+ye^{xy}f'_2$，

$\frac{\partial z}{\partial y}=-2yf'_1+xe^{xy}f'_2$；

(2) $\frac{\partial z}{\partial x}=2xf'_1+\frac{y}{x}f'_2$,

$\frac{\partial z}{\partial y}=f'_1+\ln x\cdot f'_2$;

(3) $\frac{\partial u}{\partial x}=f'_1+yf'_2+yzf'_3$,

$\frac{\partial u}{\partial y}=xf'_2+xzf'_3$,

$\frac{\partial u}{\partial z}=xyf'_3$;

(4) $\frac{\partial u}{\partial x}=(2x+y+yz)f'$,

$\frac{\partial u}{\partial y}=(x+xz)f'$,

$\frac{\partial u}{\partial z}=xyf'$.

8. 略.

9. (1) $\frac{\mathrm{d}y}{\mathrm{d}x}=\frac{1-y\mathrm{e}^{xy}}{x\mathrm{e}^{xy}-\sin y}$;

(2) $\frac{\mathrm{d}y}{\mathrm{d}x}=\frac{x+y}{x-y}$.

10. (1) $\frac{\partial z}{\partial x}=-\frac{yz}{xy+z^2}$,

$\frac{\partial z}{\partial y}=-\frac{xz}{xy+z^2}$;

(2) $\frac{\partial z}{\partial x}=-1$,

$\frac{\partial z}{\partial y}=-1$;

(3) $\frac{\partial z}{\partial x}=-\frac{z}{x+z}$,

$\frac{\partial z}{\partial y}=-\frac{z^2}{y(x+z)}$.

11. $-\frac{1}{5}$.

12. 略.

习题 9-5

1. (1) 极大值 $f(2,-2)=8$;

(2) 极大值 $f\left(\pm\frac{1}{2},\mp\frac{1}{2}\right)=\frac{1}{8}$,极小值 $f\left(\mp\frac{1}{2},\pm\frac{1}{2}\right)=\frac{1}{8}$;

(3) 极小值 $f\left(\frac{1}{2},-1\right)=-\frac{e}{2}$.

2. $\frac{\sqrt{2}l}{2}$.

3. $\frac{\pi l}{\pi+4+3\sqrt{3}}$,

$\frac{4l}{\pi+4+3\sqrt{3}}$,

$\frac{3\sqrt{3}l}{\pi+4+3\sqrt{3}}$.

4. $\frac{9}{2}$.

5. 长宽为 2,高为 3.

6. 边长为$\frac{2a}{\sqrt{3}}$.

复习题九

1. (1) $D=\{(x,y)\,|\,x\geqslant y\}$;

(2) $D=\{(x,y)\,|\,9\leqslant x^2+y^2<25\}$;

(3) $D=\{(x,y)\,|\,1<x^2+y^2\leqslant 4\}$;

(4) $D=\{(x,y)\,|\,y^2\leqslant 4x, x^2+y^2<1, x\neq 0, y\neq 0\}$.

2. (1) $\sin 4$;

(2) $\frac{-1}{2}$;

(3) 2;

(4) 2;

(5) e;

(6) 不存在.

3. (1) 间断点$(1,-3)$;

(2) 间断线 $y^2=x$.

4. $f'_x(2,1)=\lim\limits_{\Delta x\to 0}\frac{f(2+\Delta x,1)-f(2,1)}{\Delta x}$,几何上表示曲面 $z=f(x,y)$ 与平面 $y=1$ 的交线 C:$\begin{cases} z=f(x,y), \\ y=1. \end{cases}$在点(2,1) 处的切线对 x 轴的斜率.

5. $f'_x(1,0)=1$.

6. (1) $f(x,y)=xy$,$\left.\frac{\partial f}{\partial x}\right|_{(1,2)}=2$,$\left.\frac{\partial f}{\partial y}\right|_{(1,2)}=1$;

(2) $f(x,y)=x-y$,$\left.\frac{\partial f}{\partial x}\right|_{(1,2)}=1$,$\left.\frac{\partial f}{\partial y}\right|_{(1,2)}=-1$.

7. (1) $dz=\left(yx^{y-1}+\frac{1}{x}\right)dx+\left(x^y\ln x-\frac{x}{y^2}\right)dy$;

(2) $dz=e^{(\varphi-\theta)}[\cos(\varphi+\theta)-\sin(\varphi+\theta)]d\varphi-e^{(\varphi-\theta)}[\cos(\varphi+\theta)+\sin(\varphi+\theta)]d\theta$.

8. (1) 连续;

(2) 可偏导;

(3) 不可微.

9. (1)$u'_x=(2x+y)^{x-y}\left[\ln(2x+y)+\frac{2(x-y)}{2x+y}\right]$,

$u'_y=(2x+y)^{x-y}\left[-\ln(2x+y)+\frac{x-y}{2x+y}\right]$;

(2) $\frac{du}{dt}=e^{(\sin t-2t^3)}(\cos t-6t^2)-\frac{1}{t^2}$.

10. (1) $20\pi(cm^3/s)$;(2)$2\pi(cm^2/s)$.

11. (1) $\frac{dy}{dx}=\frac{y}{x}$;

(2) $z'_x=\frac{2-x}{z+1}$, $z'_y=\frac{2y}{z+1}$.

12. (1) 切平面: $x+2y-z-4=0$,

法线: $\frac{x-2}{1}=\frac{y-1}{2}=\frac{z}{-1}$;

(2) 切平面: $6x+3y+2z-18=0$,

法线: $\frac{x-1}{6}=\frac{y-2}{3}=\frac{z-3}{2}$;

13. 极小值 $f(a,a)=-a^3$.

14. 极大值 $f\left(\frac{1}{2},\frac{1}{2}\right)=\frac{1}{4}$.

15. (1) 最大值 $f(\pm 2,0)=4$, 最小值 $f(0,\pm 2)=-4$;

(2) 最大值 $f(1,2)=17$, 最小值 $f(1,0)=-3$.

16. $d_{最短}=\left(2-\frac{\sqrt{5}}{2}\right)\sqrt{2}$.

17. 长 8 米,宽 8 米,高 4 米时所用涂料最省.

习题 10-1

1. $f(0,0)$.

2. (1) $\frac{\pi}{6}\leqslant I\leqslant\frac{\pi}{2}$;

(2) $\frac{\pi^2}{96}\leqslant I\leqslant\frac{\pi^2}{48}$.

习题 10-2

1. (1) $\frac{9}{8}$;

(2) $\frac{\pi a^3}{3}$.

2. (1) $\frac{26}{3}$;

(2) $e-2$.

3. $\frac{216}{35}$.

4. (1) $\int_0^1 dy \int_y^{2-y} f(x,y)dx$;

(2) $\int_0^2 dy \int_{\sqrt{2y}}^{\sqrt{8-y^2}} f(x,y)dx$.

5. (1) $\frac{81}{182}$;

(2) $1-\cos 2$.

复习题十

1. $<$, $>$.
2. $1-\sin 1$.
3. $\frac{1}{2}\left(\frac{3}{4}e-e^{\frac{1}{2}}\right)$.
4. $\int_0^1 dy \int_{x^2}^1 f(x,y)dx$.
5. 略.
6. (1) $-\frac{3}{2}\pi$;

(2) $\frac{6}{55}$;

(3) -72.

7. (1) $\pi(\sin a - a\cos a)$;

(2) $\frac{9}{16}$.

参 考 文 献

[1] 丁殿坤,吕端良.大学数学辅导教程.上海:上海交通大学出版社,2013.

[2] 武莹莹,吕端良.高等数学.北京:高等教育出版社,2009.

[3] 同济大学数学系.高等数学.6 版.北京:高等教育出版社,2006.